农村劳动力转移技能培训丛书

防水工初级技能

叶 刚 主编

金盾出版社

内容提要

本书是一本简明、实用的防水工基础读物，书中根据《防水工国家职业标准》对初级工的要求，介绍了防水工的基本知识和工作要求。内容包括：概述、建筑识图与防水构造、常用建筑防水材料、常用施工机具、卷材防水层铺贴方法、防水屋面施工、地下工程防水施工、密封与堵漏施工以及厕浴间的防水施工等。

本书可作为农村劳动力转移技能培训和防水工人自学用书，也可供相关专业的职业技术教育作参考。

图书在版编目(CIP)数据

防水工初级技能/叶刚主编. —北京：金盾出版社，2009.3
(农村劳动力转移技能培训丛书)
ISBN 978-7-5082-5383-1

Ⅰ. 防…　Ⅱ. 叶…　Ⅲ. 建筑防水—工程施工—技术培训—教材
Ⅳ. TU761.1

中国版本图书馆 CIP 数据核字(2008)第 141927 号

金盾出版社出版、总发行
北京太平路 5 号(地铁万寿路站往南)
邮政编码：100036　电话：68214039　83219215
传真：68276683　网址：www.jdcbs.cn
封面印刷：北京百花彩印有限公司
正文印刷：京南印刷厂
装订：桃园装订有限公司
各地新华书店经销

开本：850×1168 1/32　印张：10.5　字数：310 千字
2009 年 3 月第 1 版第 1 次印刷
印数：1～11 000 册　定价：19.00 元

编写说明

改革开放以来，农村经济建设得到了长足的发展。近几年，我国政府又提出了一系列构建和谐社会和建设社会主义新农村的政策措施，使农村的城市化进程进一步加快，近两亿农民从农业岗位向城镇转移，带来了农村剩余劳动力就业等一系列新的问题。城镇岗位吸收农民工就业，面临农村剩余劳动力数量大和转岗农民素质低两大难题，提高农民工素质迫在眉睫。鉴于此，政府于2006年在全国启动了“农村劳动技能就业计划”，计划要求在五年内对4000万农村劳动者进行非农技能培训，年均培训800万人。

为了响应国家做好服务“三农”工作的号召，全面提高农村人口的综合素质和职业技能，满足亿万农村劳动力转岗就业的需求，我们在深入调查研究的基础上，精心策划组织编写了《农村劳动力转移技能培训丛书》。本套丛书具有以下特点：

1. **以就业为导向**。把国家经济建设对人才的需求与农村进城务工人员上岗就业联系起来，为国家经济建设提供强有力的智力支持和人才保证，是我们编写这套丛书的出发点和落脚点。以就业为导向的实质是以市场需求为导向，市场需要什么人才，我们就为什么人才传授知识和技能。为此，我们在认真分析研究的基础上，首批推出了涉及机械、建筑、汽车及摩托车、电工、电子等国家支柱产业中24个热门岗位的培训教材，以解决这些岗位人才培训的需要。

2. **以技能培训为核心**。在内容设置上，本套丛书以满足就业人员上岗需要为基本目标，以《国家职业标准》中相应工种对初级工的要求为依据，以职业活动为主线，以职业技能为核心，从现阶段我国青壮年农民的整体素质和实际需要出发，突出基本操作技能和操作规范的传授。通过培训使务工人员获得上岗必备的素质，尽快地适应岗位需要，并为提高操作技术打下基础。

3. **内容实用，通俗易懂**。本套丛书延续金盾版图书"一看就懂，一用就灵"和"多讲怎么做，少讲为什么"的一贯风格。文字叙述简明扼要，传授知识图文并茂、形象直观。既可供各级各类培训机构做短期培训教材使用，也可供有一定文化水平的读者自学。

金盾出版社是全国服务"三农"的优秀出版社，从建社之初，就以"服务三农"为己任。在以往的岁月里，广大农民兄弟怀揣金盾图书，发展种植、养殖，走上了致富的康庄大道。同样，我们也相信，在新的历史条件下，广大农民兄弟仍然会怀揣金盾图书，昂首挺胸走出大山，走出田野，在务工的道路上再创辉煌。

金盾出版社

前　言

防水是各类建筑物的重要功能之一。建筑防水工程技术是保证工程结构不受水侵蚀的一项专门技术。近年来，随着防水新材料、新技术、新施工工艺的不断出现，对防水工的整体素质提出了更高的要求，建筑防水工程技术水平成为制约企业产品质量、经济效益和发展速度的重要要素之一。为适应建筑业的高速、可持续发展，大力提高防水工的技术水平是当务之急。

本书根据中华人民共和国劳动和社会保障部、建设部颁布的《防水工国家职业标准》中对初级工的要求，结合新颁布的有关技术规范、质量验收规范和防水技术最新发展，针对目前防水工人的实际情况和施工现场的实际需要，在吸收、借鉴国内外先进经验的基础上编写，供防水工人技能培训和自学用。

本书以技能操作和技能培养为主线，重点介绍了建筑识图与防水构造、常用建筑防水材料、常用施工机具、卷材防水层铺贴方法、防水屋面施工、地下工程防水施工简介、密封与堵漏施工以及厕浴间的防水施工等内容。

本书由叶刚主编，参加编写工作的有张颖、刘卫东、刘国民、叶昕、王新菊等同志。由于作者水平有限，不足之处在所难免，欢迎读者提出宝贵意见和建议。

作　者

目　录

第一章 概 述

第一节 防水工程的重要性和防水工程的分类

一、防水工程的重要性

防水工程是保证建筑物及构筑物的结构不受水的侵蚀，内部空间不受水危害的一项分部工程。它涉及地下室、墙身、楼地面、屋顶等诸多部位，不仅受到外界气候和环境的影响，还与地基不均匀沉降和主体结构的变位密切相关。

建筑防水工程的质量直接影响到建筑的使用功能和寿命。各种状态的水对建筑物不同部位造成的渗漏或损坏，不同程度地影响到人民生活和生产能否正常进行，所以，在设计合理使用年限内，防止雨水及生产、生活用水的渗漏和地下水的侵蚀，确保建筑结构、室内装潢和产品不受污损，为人们提供一个舒适和安全的空间环境，是防水工程的重要任务。

目前，我国在防水材料、防水设计、防水施工以及工程使用维修等方面仍存在许多不尽如人意的地方，建筑工程中的屋面渗漏、厕浴间漏水、地下工程和房屋地下室渗漏、外墙壁板板缝渗漏等现象，成了常见的质量通病。国家建设部曾有报告分析，发生渗漏的原因，22%是材料问题，设计占 18%，施工占 45%，管理占 15%，可见，房屋渗漏的问题相当严重，是建筑工程中亟待解决的问题。

近年来，随着社会的发展，防水工程的方方面面都有了较大的发展，大大降低了建筑工程的渗漏率。防水工程是一项系统工程，随着材料、设计、施工、管理等各方面的进步，防水工程正向着杜绝渗漏的目标迈进。

二、防水工程的分类

(一)按设防部位分类

可分为屋面防水、地下防水、外墙防水、卫生间和地面防水、贮水池和贮液池防水等。

(二)按防水方法分类

一般可分为复合防水和结构自防水两大类。具体如下框图:

- 防水方法
  - 复合防水
    - 大面与局部采用
    - 不同材料复合——大面为卷材，节点为涂膜；变形较大处用高弹性、高延伸率卷材
    - 同一防水层采用不同材料复合(Ⅲ级防水屋面)
      - 卷材复合——合成高分子防水卷材≥1mm；高聚物改性沥青防水卷材≥2mm
      - 涂膜复合——合成高分子防水涂膜≥1mm；高聚物改性沥青防水涂膜≥1.5mm
    - 多道设防采用不同防水层复合
      - Ⅰ级防水层面三道设防
        - 刚性+卷材+涂膜
        - 刚性+卷材+卷材
        - 卷材+卷材+涂膜
      - Ⅱ级防水层面二道设防
        - 卷材+涂膜
        - 卷材+刚性
        - 刚性+涂膜
    - 复合防水卷材
      - 面层——无机材料或高耐久性面层
      - 中层——具有蠕变性、较厚的缓冲层
      - 底层——具有高黏性的粘结层
  - 结构自防水
    - 混凝土防水层
      - 普通防水混凝土
      - 外加剂防水混凝土
        - 引气剂防水混凝土
        - 减水剂防水混凝土
        - 三乙醇胺防水混凝土
        - 氯化铁防水混凝土
        - 膨胀水泥防水混凝土
    - 水泥砂浆防水层
      - 刚性多层普通水泥砂浆防水
      - 聚合物水泥砂浆防水
      - 掺外加剂水泥砂浆防水

(三)按材料品种分类

一般可分为卷材防水、涂膜防水、刚性材料防水、建筑密封材料防

水、堵漏材料防水等，详见下图：

- 防水材料品种
  - 卷材防水
  - 涂膜防水
  - 密封材料防水
    - 改性沥青密封材料
    - 合成高分子密封材料
  - 混凝土防水
  - 粉状憎水材料防水
  - 渗漏剂防水

（四）按材料性能分类

基本上可分为刚性防水和柔性防水两大类。详见下图：

- 防水材料性能
  - 刚性防水
    - 刚性防水屋面
      - 普通细石混凝土屋面
      - 补偿收缩混凝土屋面
      - 预应力混凝土屋面
      - 钢纤维混凝土屋面
      - 块体刚性防水屋面
      - 白灰炉渣防水屋面
    - 块材防水屋面
      - 俯仰瓦屋面
        - 小青瓦屋面——多见于乡镇建筑
        - 琉璃瓦屋面——多为寺庙、宫殿等古建筑屋面，现也用于一些局部装饰
      - 平瓦屋面
        - 黏土平瓦屋面——多用于坡屋顶的民用建筑
        - 水泥平瓦屋面——多用于坡屋顶的民用建筑
        - 油毡瓦屋面——一种新型屋面做法，瓦的规格为1000mm×333mm
      - 波形瓦屋面
        - 石棉水泥波形瓦
          - 大波瓦
          - 中波瓦
          - 小波瓦
        - 玻璃纤维氯镁氧水泥波形瓦
        - 玻璃钢波形瓦
    - 结构自防水
      - 混凝土防水
      - 防水砂浆防水
  - 柔性防水
    - 卷材防水
    - 涂膜防水
    - 金属防水屋面
    - 隔热屋面
    - 粉状憎水材料屋面

第二节　影响防水工程质量的因素及防治措施

一、影响防水工程质量的因素

(一)材料因素

建筑防水的目的,是保证建筑物在设计耐用年限内,不会因为雨水、地下水、生活及生产用水、生活和生产污水等因素的作用而发生渗漏。这要求防水层必须能抵御大气、紫外线、臭氧的老化,耐酸碱的侵蚀,承受各种外力的冲击。

一个建筑物防水质量的好坏与所采用的防水材料有很大的关系,随着建材工业的发展,防水材料的品种五花八门,其材料的品种、档次见表1-1。

表1-1　防水材料的品种及档次(费用)

材料品种	档次	材料品种	档次
1. 沥青油毡	(低)(热)	16. 水乳胶泥	(低)(冷)
2. 三元乙丙橡胶卷材	(高)(冷)	17. 胶泥	(中、低)(热)
3. 复合三元乙丙卷材	(中)(冷)	18. 聚氨酯煤焦油密封膏	(高)(冷)
4. 聚氯乙烯卷材	(中)(冷)	19. 聚氨酯密封膏	(高)(冷)
5. 氯化聚乙烯卷材	(中)(冷)	20. 有机硅密封膏	(高)(冷)
6. 改性沥青卷材	(中)(热)(冷)	21. 丙烯酸密封膏	(中)(冷)
7. 沥青铝箔卷材	(低)(热)(冷)	22. 聚氯乙烯胶泥	(中、低)(热)
8. 沥青砂面卷材	(低)(热)(冷)	23. 沥青玛帝脂	(低)(热)
9. 沥青彩砂卷材(柔毡)	(低)(热)(冷)	24. 热沥青	(低)(热)
10. 聚氨酯煤焦油涂料	(高)(冷)	25. 普通防水混凝土	
11. SBS改性沥青涂料	(中)(冷)	26. 外加剂防水混凝土	
12. 氯丁橡胶沥青涂料	(中)(冷)	27. 有机硅防水砂浆	
13. 丙烯酸涂料	(中)(冷)	28. 氯丁胶乳水泥砂浆	
14. 有机硅涂料	(中)(冷)	29. “确保时”防水粉	
15. 再生胶涂料	(低)(冷)	30. M1500水泥密封剂	

注:表中括号内高、中、低为档次;冷、热分别为冷施工和热施工。

应根据建筑物的防水部位、类型、重要程度、使用功能、结构特点、耐久年限、气候条件和工程的具体情况，选择与之相匹配的防水材料，使建筑物在要求的使用年限内不发生渗漏现象。建筑物重要性和防水材料选择关系见表 1-2，结构类型和材料选择关系见表 1-3。

表 1-2 建筑物重要性和防水材料选择关系表

重要性	建筑物类型	防水材料档次
特别重要	核电站和发电厂的总控制室、电子计算机机房、通讯设备室、高级研究设施、重要机关办公室、古建筑(仿)、重要设施、公共体育馆、礼堂、铸造车间、洁净车间等	高档
重要	变电所、配电房、电话机房、高层住宅、宾馆、饭店、医院、百货公司、重要仓库、书库、博物馆、美术馆、机关大楼、试验室等	中档、高档
一般	学校、住宅、仓库、汽车库、办公楼、一般工厂、车间、旅馆等	低档、中档

表 1-3 结构类型和材料选择关系表

结构类型	防水材料档次	防水材料种类
刚性屋面	低档、中档	卷材、涂料
保温屋面	中档、高档	卷材、涂料
上人屋面	中档、高档	卷材
一般屋面	中档、低档	卷材、涂料
大板屋面	中档、低档	涂料、嵌缝膏
形状复杂屋面	中档、高档	涂料
厕浴间	中档、高档	涂料
厨房	低档、中档	涂料
地面防潮	低档	卷材、涂料
地下工程	中档、高档	卷材、涂料
墙面	中档	涂料
高层建筑	中档、高档	卷材、涂料
大屋顶	中档、高档	卷材

（二）设计因素

当前，建筑工程发展很快，各类建筑物对防水工程的要求也大不相同，各类防水材料发展迅速，品种繁多，要求防水设计人员要熟悉不同建筑的不同要求，对新材料的性能、适用范围、使用条件等情况要了解清楚。具体设计时还必须结合实践经验，确定合理的防水处理方法，尤其是要精心设计细部构造节点，尽量减少设计不当的地方。

（三）施工因素

不少渗漏的现实证明，发生渗漏的主要原因是施工不当造成的。影响防水工程施工质量的主要因素有：

(1)施工队伍不具有相关的防水资质。

(2)施工单位不重视防水工程质量控制和管理，如防水施工与其他施工工序混乱，交叉颠倒，屋面防水层已做好，但瓦工或水暖工还在上面工作，使防水层破坏；厨房、厕所的防水层已完工，但水暖工却发现上下水管或卫生洁具的孔眼对不上，需重新凿眼，人为破坏了防水层的完整性。

(3)技术人员施工前交底不细、不详；施工过程中检查不周、不严导致渗漏。

(4)操作人员不具备相关的上岗证，不了解防水工程知识、不掌握相关的防水施工操作规程，操作马马虎虎，检查制度不落实，使工程隐患得以蒙混过关。

（四）使用维护因素

已投入使用的屋面应有专人维护管理。有些屋面常年无人管理和维护，树叶、尘土、碎纸等杂物堆积，堵塞雨水管导致排水不畅，屋面积水，使防水层脱层、腐烂；随风飘落的植物种子滋生，根须扎入防水层中，破坏了防水层的完整性；屋面上安装太阳能热水器、水箱、电视天线、广告标语牌等设施时，在屋面上凿眼打洞，防水层破坏后，恢复不及时或恢复质量不好，降低了防水层的耐用年限。

二、提高防水工程质量的措施

（一）设计要认真贯彻技术标准

房屋建筑工程的防水工程设计时，设计人员应掌握各种防水材料的性能及其设计原则与细部构造的特点;同时还应适应结构工程设计的特点和需要,坚持"因地制宜,按需选材,刚柔结合,综合治理"的设计思路,认真贯彻《屋面工程技术规范》,同时应执行防水构造标准图集以及地方建设行政主管部门编写的地方规程、推荐做法,不断提高设计水平及标准化程度。

(二)优选防水材料

1. 选择适宜的防水材料,提高新型防水材料的应用率

新型防水材料品种繁多,并形成了高、中、低不同档次,分别具有不同特性和各自的应用范围。应根据建筑物的等级、性质、功能和构造等特点以及本地区的环境条件,选择适宜的防水材料,如高分子防水卷材和改性沥青防水卷材,适用于屋面及地下防水工程,耐老化性能好的可用于外露工程。防水涂料固化后,形成无接缝的整体防水层,适用于形状复杂的防水工程、厕浴间防水工程、地下防水工程,以及三、四级屋面防水工程和一、二级屋面多道设防中的一道防水层。目前市场上防水材料品种繁多,选材时严格要求做到以下几点:

(1)严格按设计文件中注明使用的防水材料品种、规格、性能要求,选用符合质量标准要求的防水材料。

(2)严禁使用国家明令禁止的防水材料。建设部公告第659号《关于发布建设事业"十一五"推广应用和限制禁止使用技术(第一批)的公告》规定:聚乙烯膜层厚度在0.5mm以下的聚乙烯丙纶等复合防水卷材不得用于房屋建筑的屋面工程和地下防水工程;S型聚氯乙烯防水卷材、焦油型聚氨酯防水涂料、水性聚氯乙烯焦油防水涂料禁止用于房屋建筑的防水工程;石油沥青纸胎油毡不得用于防水等级为Ⅰ、Ⅱ级的建筑屋面及各类地下防水工程;沥青复合胎柔性防水卷材不得用于防水等级为Ⅰ、Ⅱ、Ⅲ级的建筑屋面及各类地下工程防水工程。

2. 选材必须和施工方案设计及施工条件要求相结合

当工程可能出现变形裂缝时,应优先选用具有高强度、高延伸率的防水材料,当采用材料延伸率较低时,应以点粘法、条粘法或空铺法来弥补。外防内贴的地下防水工程,不应采用防水涂料,尽量采用冷作业施工方法。

（三）坚持实行防水材料质量使用认证检测制度

对进入市场的防水材料，定期进行随机抽样检验，通过抽查，确认一批质量可靠的防水材料。对产品技术指标先进且具有良好耐久性、可靠性和稳定性的优质防水材料，通过适当形式向广大用户公布和推荐。通过对进入现场的防水材料的抽样检测，杜绝因原材料的低劣、生产控制不当而造成的残次品，杜绝将假冒伪劣防水材料用于防水工程。

（四）选择有防水专业资质的施工队伍进行防水施工

防水施工的专业性、技术性较强，必须由防水专业队伍（或防水专业施工人员）施工。防水工应经过培训，能正确理解和掌握防水工程施工的操作要领，持证上岗，使防水工程质量得到保证。

（五）认真组织防水工程施工

防水工程设计一般只是对材料及工程设计的总体要求进行了规定。施工前，还需根据现场的具体情况，如环境条件、季节条件、施工顺序，以及具体部位操作要求等，制定具体施工方案，并认真实施。对重要的分项工程要编制有针对性的质量控制措施。如卫生间防水工程质量控制要点如下：

(1)防水施工宜采用涂膜防水，厚度不小于1.2mm，或者按国家相关规范要求进行。

(2)卫生间基层表面应平整，用1∶3水泥砂浆找平、压光，不得有松动、空鼓、起砂、开裂等缺陷。

(3)防水施工前，应先将楼板清理干净，找平层应平整光滑，转角处应做成半径为20mm的圆角。

(4)厨房、卫生间有防水要求的楼板周边除门洞口外，应向上做一道高度不小于180mm的混凝土返台，且应与楼板一同浇筑，楼地面标高应比室内其他房间低20～30mm；墙面1.8m高度范围内应采用防水砂浆。

(5)楼板地面面层施工前，应将穿墙管道、地漏等设施周围留宽、深为20mm×20mm的沟槽，在沟槽内填塞柔性密封材料，形成密封胶环；地漏口应比相邻地面低3～5mm。

(6)穿楼面的管道周围应做高、宽分别为20mm和30mm的挡水台。

(7)预留洞封堵完毕后，应对管根部做 24h 围水试验，无渗漏后方可进行下道工序施工。

(8)有防水要求的楼地面面层施工完毕后，应做 24h 蓄水试验，蓄水高度不小于 20～30mm。有渗漏现象的严禁验收，并应进行处理。

防水工程施工前，施工单位要组织对施工图的会审，通过会审，掌握施工图中的细部构造及有关要求。施工中，对防水工程中的主要部位进行严格的质量控制和检查，完工后，屋面、墙面、厕浴间均应分别根据情况进行浇水、喷淋或蓄水试验。

(六)重视防水工程维护保养和管理

防水工程施工往往和结构工程施工等互相结合，防水工程施工完成后，必须要有对成品的保护措施，杜绝因下道工序破坏而造成的渗漏。使用中也要经常进行保养、检查，以延长使用寿命。完善防水工程的保修期制度，防水工程竣工后，在保修期内出现渗漏，施工单位必须负责返修，费用由责任方负责。逾期渗漏的维修应委托防水专业队进行。

第三节　初级防水工职业要求

2002 年国家职业标准《防水工》对该工种的各级技术岗位作了明确的规定，其中，初级工的标准如下。

一、基本要求

(一)职业道德

包括职业道德基本知识和职业守则。

(二)基础知识

主要有：识图知识和房屋构造基本知识；常用防水材料知识；常用工具、机械知识；卷材防水施工知识；涂膜防水施工知识；防水工程渗漏防治知识；安全生产知识和有关的法律知识等。

二、工作要求

初级工的工作要求见表 1-4。

表 1-4 初级工工作要求

职业功能	工作内容	技能要求	相关知识
一、工前准备	(一)识图	1. 能够正确识读建筑的图示和图例 2. 能够正确识读房屋防水工程构造图 3. 能够正确识读地下工程构造图	1. 建筑识图知识 2. 建筑施工图、防水节点构造知识
	(二)材料准备	1. 能够正确选择所使用的常用防水材料 2. 能够正确搬运、储存常用防水材料	1. 常用卷材的品种、技术指标、质量要求和用途 2. 常用沥青的名称、性能、质量、标号 3. 常用沥青玛帝脂的配合比
	(三)工具准备	能够正确选用常用工具	手工工具的种类和用途
二、防水施工	(一)防水卷材的施工	1. 能够按配料单调制沥青玛帝脂及冷底子油和熔沥青 2. 能够按要求正确铺贴平面、立面的卷材	1. 熔沥青的操作知识 2. 冷底子油的操作工艺 3. 防水施工对基层处理要求的知识 4. 卷材铺贴的顺序、方法和质量要求
	(二)沥青制品的铺筑	1. 能够涂刷防潮沥青和嵌填伸缩缝 2. 能够拌制沥青砂浆、沥青混凝土并进行铺贴	1. 防潮沥青和嵌填伸缩缝的涂刷方法 2. 沥青砂浆和沥青混凝土的配制方法
三、检查修补	(一)检查	1. 能够进行卷材防水外观质量检查 2. 能够进行卷材防水的蓄水、淋水试验	沥青基卷材防水工程质量检查方法
	(二)修补	能够进行防水层的修补	沥青基卷材防水的修补知识

第二章　建筑识图与防水构造

第一节　建筑识图基本知识

在现代化生产中，一切工程建设都离不开图纸。一般建筑工程的施工图分为建筑施工图与结构施工图两大类。建筑施工图说明房屋各层平面布置，立面、剖面形式，建筑各部结构和结构详图。结构施工图说明房屋的结构构造类型、构造平面布置、构件尺寸、材料和施工要求等。

建筑工程的施工图是施工的依据，施工人员只有熟悉工程图纸，了解设计意图，掌握工程的重点和难点，合理安排施工顺序，才能保证按时按质、高效有序地完成施工任务。

一、施工图的形式

(一)图幅与图框

1. 图幅

为了使图纸管理规范，所有设计图纸的幅面均应符合国家标准，见表2-1。

表2-1　幅面及图框尺寸

尺寸代号	幅面代号				
	A0	A1	A2	A3	A4
$b \times l$	841×1189	594×841	420×594	297×420	210×297
c	10			5	
a	25				

注：b、l、c、a 含义见图2-1。

2. 图框

图框即图纸的边框，用粗实线绘制。图纸幅面可以横式使用，也可以立式使用。一般 A0～A3 幅面的图纸宜横式使用，如图 2-1 所示；必要时也可采用图 2-2 所示的立式；A4 图纸一般宜立式使用，如图 2-3 所示。

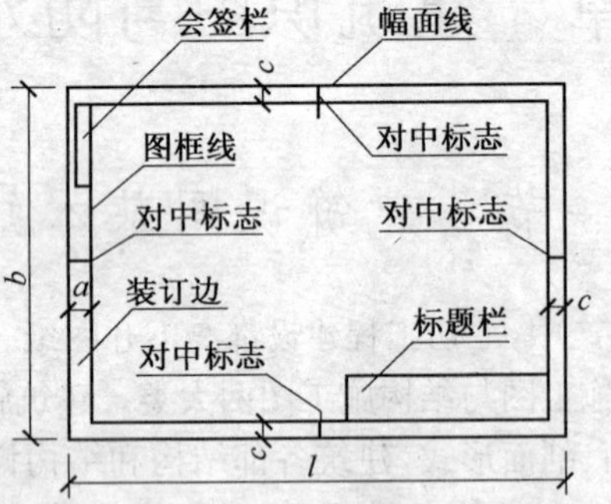

图 2-1 A0～A3 横式幅面

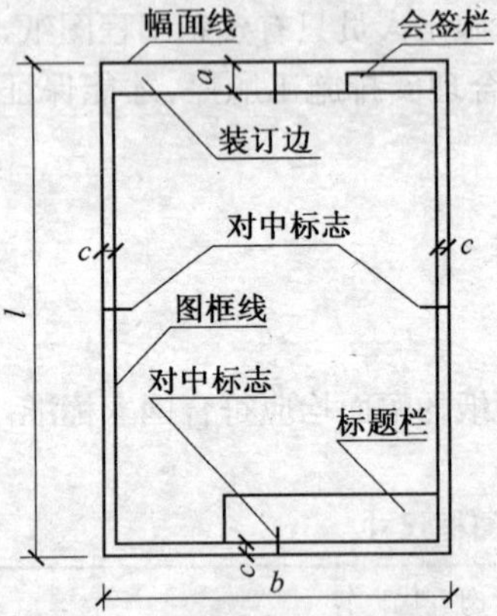

图 2-2 A0～A3 立式幅面

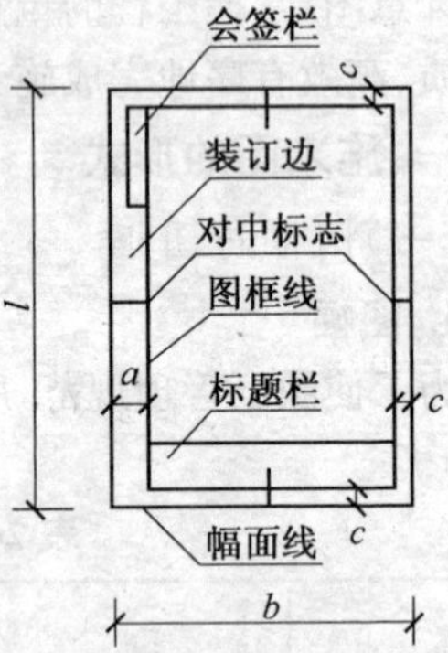

图 2-3 A4 幅面

3. 图标、图签

图标是说明设计单位、工程名称、图名、图号等的标志。它画在图框线内图幅的右下角，图标的形式及规格如图 2-4 所示。

图签是供需要会签的图纸使用，其尺寸为 75mm×20mm，栏内应填写会签人员所代表的专业、姓名、日期。其形式见图 2-5。

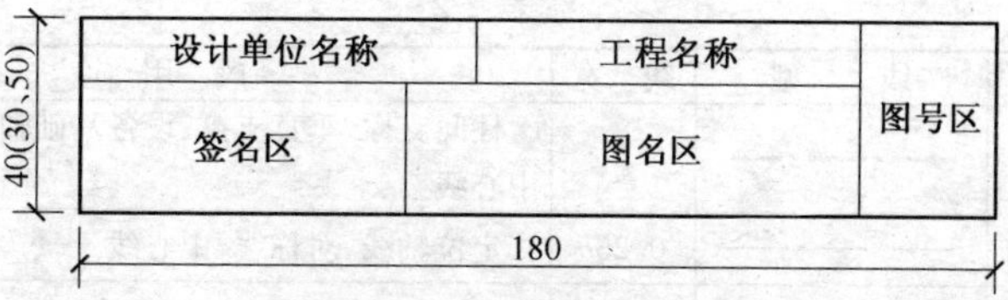

图 2-4　图标的形式及规格

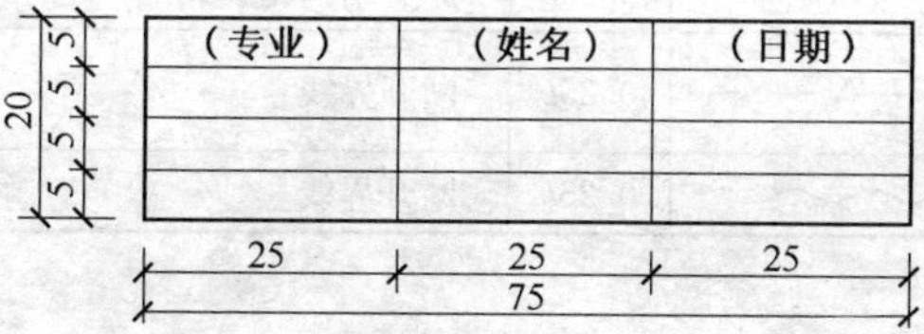

图 2-5　图签

（二）图线与字体

1. 图线

在建筑工程图中为了分清主次，绘图时必须采用不同线型和不同线宽的图线。表 2-2 是工程图中常用的线型。

表 2-2　图线

名称		线　型	线宽	一般用途
实线	粗	━━━━━━	b	螺栓、主钢筋线、结构平面图中的单线结构构件线、钢木支撑及系杆线，图名下横线、剖切线
	中	──────	$0.5b$	结构平面图及详图中剖到或可见的墙身轮廓线、基础轮廓线、钢及木结构轮廓线、箍筋线、板钢筋线
	细	──────	$0.25b$	可见的钢筋混凝土构件的轮廓线、尺寸线、标注引出线，标高符号，索引符号
虚线	粗	━ ━ ━ ━ ━	b	不可见的钢筋、螺栓线，结构平面图中不可见的单线结构构件线及钢、木支撑线
	中	─ ─ ─ ─ ─	$0.5b$	结构平面图中的不可见构件、墙身轮廓线及钢、木构件轮廓线
	细	- - - - - -	$0.25b$	基础平面图中的管沟轮廓线、不可见的钢筋混凝土构件轮廓线

续表 2-2

名称		线型	线宽	一般用途
单点长画线	粗		b	柱间支撑、垂直支撑、设备基础轴线图中的中心线
	细		$0.25b$	定位轴线、对称线、中心线
双点长画线	粗		b	预应力钢筋线
	细		$0.25b$	原有结构轮廓线
折断线			$0.25b$	断开界线
波浪线			$0.25b$	断开界线

2. 字体

工程图中的汉字应采用长仿宋字。字母和数字的书写应符合表2-3的规定。

表 2-3　拉丁字母、阿拉伯数字、罗马数字书写规则

		一般字体	窄体字
字母高	大写字母	h	h
	小写字母(上下均无延伸)	$(7/10)h$	$(10/14)h$
小写字母向上或向下延伸部分		$(3/10)h$	$(4/14)h$
笔画宽度		$(1/10)h$	$(1/14)h$
间隔	字母间	$(2/10)h$	$(2/16)h$
	上下行底线间最小间隔	$(14/10)h$	$(20/14)h$
	文字间最小间隔	$(4/10)h$	$(6/14)h$

注:表中 h 为字高。

(三)比例、符号、尺寸标注、标高

1. 比例

施工图都是经过缩小(或放大)后绘成的建筑物或零部件图,所绘制的图样的大小与实物的大小之比称为比例。比例应用阿拉伯数字表示,如 1∶5、1∶20 等分别表示图上 1mm 代表实物的 5mm 和 20mm。一张工程图可以只用一个比例时,应将比例书写在图标内。一张图内有多个比例时,则每个图样下均应标注比例。

2. 符号

图样内的符号包括索引符号和详图符号。

(1)索引符号。施工图某一局部或构件如需另画详图,应以索引符号索引,如图 2-6 和图 2-7 所示。

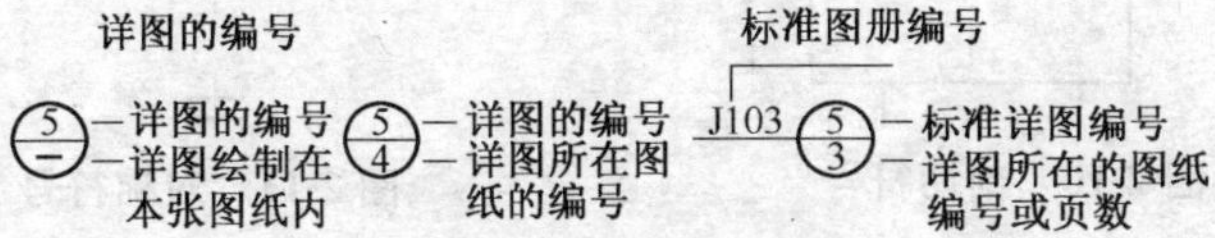

图 2-6　索引符号

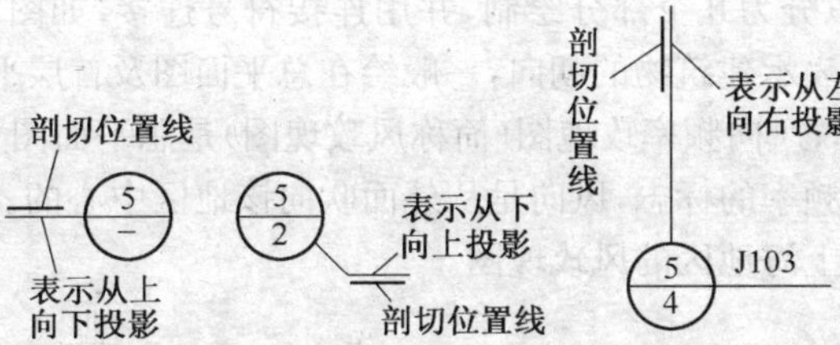

图 2-7　索引剖面详图的索引符号

(2)详图符号。详图符号如图 2-8 所示。图中左图表示该详图与被索引图样在同一张图纸;右图表示详图与被索引图样不在同一张图纸。

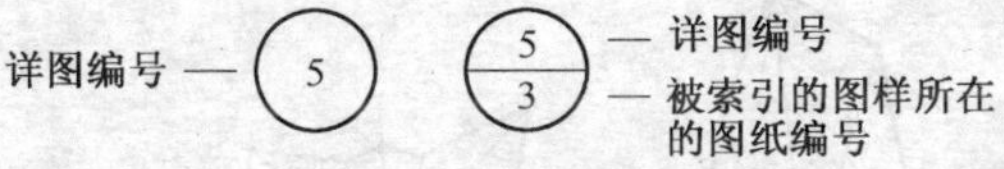

图 2-8　详图符号

(3)引出线、剖切符号、对称符号。引出线如图 2-9 所示,用于建筑物的某些部位需要用文字或详图加以说明时,用引出线从该部位引出并加说明。为了了解物体内部的组成情况,可以用一个假想的平面将物体切开,在切开处用剖切符号表示,如图 2-10 所示。对称符号表示构配件是对称图形,绘图时可仅画出对称图形的一半,如图 2-11 所示。

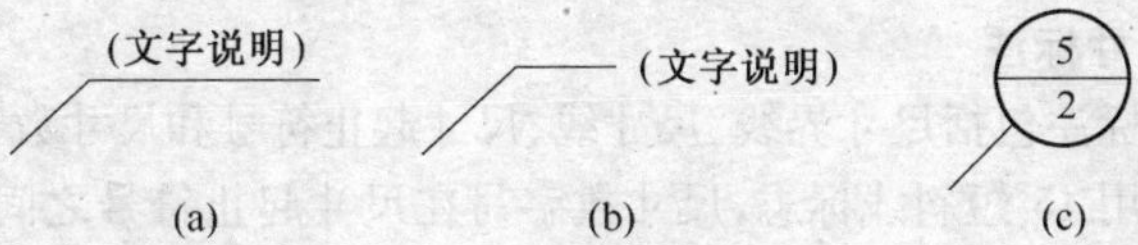

图 2-9　引出线

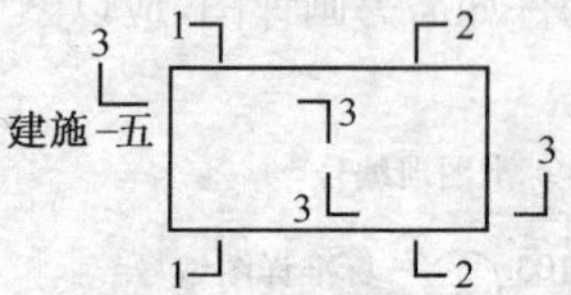

图 2-10　剖切符号

图 2-11　对称符号

(4)连接符号、指北针、风向频率玫瑰图。一个构配件当绘制位置不够时，可以分为几个部分绘制，并用连接符号连接，如图 2-12 所示；指北针用于表示建筑物的朝向，一般绘在总平面图及首层平面图上，如图 2-13 所示；风向频率玫瑰图(简称风玫瑰图)是总平面图上表示该地区常年风向频率的标志，风向是从外面吹向该地区中心的。图 2-14 是北京地区和上海地区的风玫瑰图。

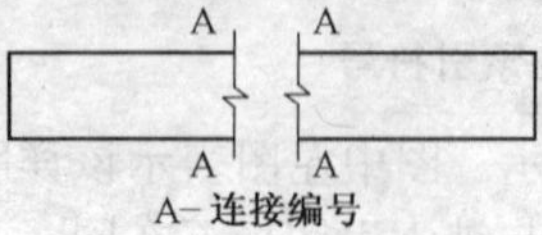

图 2-12　连接符号

图 2-13　指北针

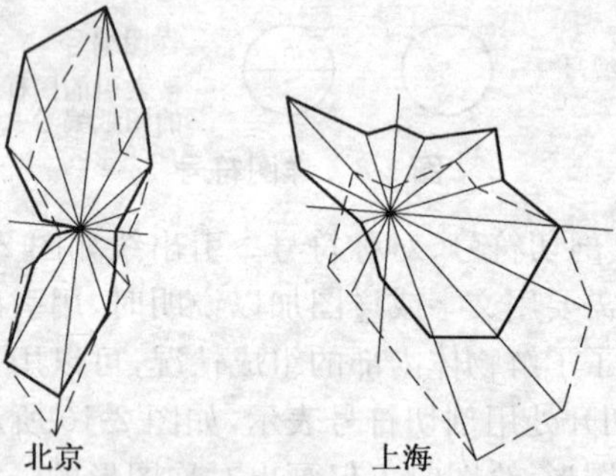

图 2-14　风向频率玫瑰图

3. 尺寸标注

尺寸标注包括尺寸界线、尺寸线、尺寸起止符号和尺寸数字。尺寸起止符号用 45°短斜线标志，尺寸数字写在尺寸起止符号之间，用来表示这一段尺寸的大小。施工图上的尺寸数字，除了标高以 m 为单位标注外,其余一律以 mm 为单位标注。图 2-15 为尺寸组成图。

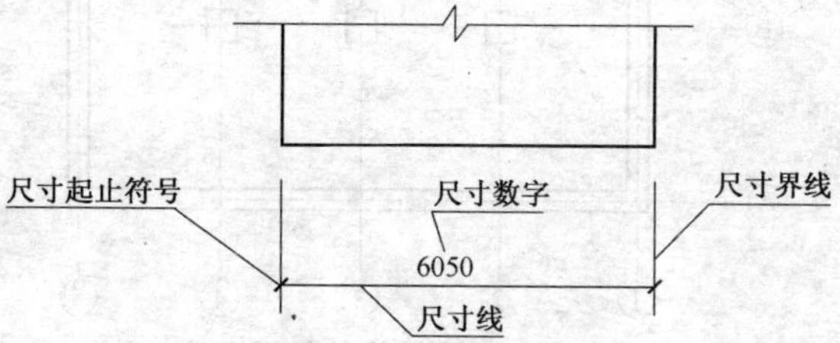

图 2-15　尺寸组成

4. 标高

在施工图上还要标明某一部分的高度,称为标高。标高分为:

(1)绝对标高。是以平均海平面作为大地水准面,将其高程作为零点(我国以青岛黄海平面为基准),计算地面地物高度的基准点。地面地物与基准点的高度差称为绝对标高。总平面图上的室外绝对标高用黑色三角形表示,如▼ 35.30 表示该处的绝对标高为 35.30m。

(2)相对标高。相对标高亦称建筑标高,是以所建房屋的首层室内地面的高度作为零点(写作±0.000),来计算该房屋与它的相对高差。高差的多少称为标高。比零点高的部位称为正标高,比零点低的部位称为负标高。正标高不必在数字前加“+”号;负标高要在数字前加“-”号。标高符号见图 2-16。

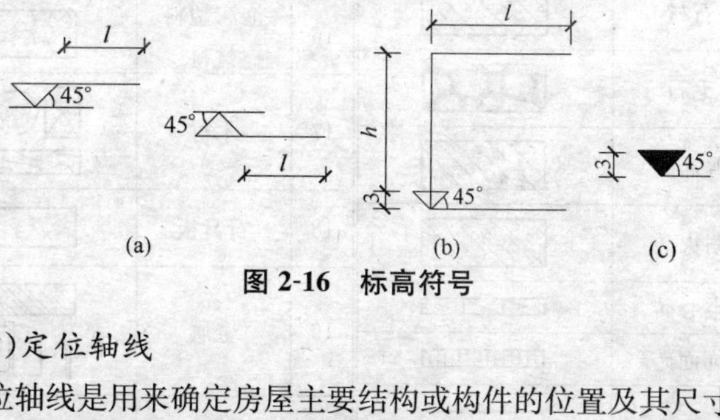

图 2-16　标高符号

(四)定位轴线

定位轴线是用来确定房屋主要结构或构件的位置及其尺寸的。平面图上定位轴线的编号横向应用阿拉伯数字从左至右顺序编写,纵向轴线编号用大写字母,从下而上顺序编写,如图 2-17 所示。

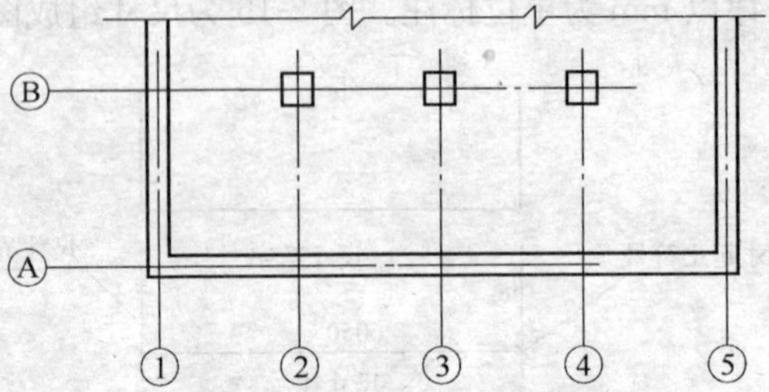

图 2-17　定位轴线的编写顺序

（五）图例

图例是建筑施工图纸上用图形来表示一定含意的符号。常用建筑材料图例见表 2-4、部分构造及配件图例见表 2-5、常用构件代号见表 2-6。

表 2-4　常用建筑材料图例

序号	名　称	图　例	序号	名　称	图　例
1	自然土壤		12	混凝土	
2	夯实土壤		13	钢筋混凝土	
3	砂、灰土	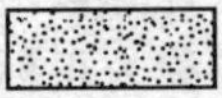	14	多孔材料	
4	砂砾石、碎砖三合土	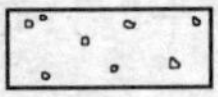	15	纤维材料	
5	石材		16	泡沫塑料材料	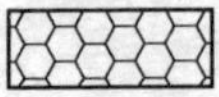
6	毛石		17	木材	
7	普通砖		18	石膏板	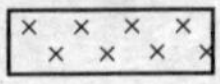
8	耐火砖		19	金属	
9	空心砖				
10	饰面砖				
11	焦渣、矿渣	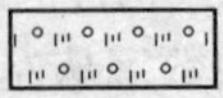	20	网状材料	

续表 2-4

序号	名　称	图　例	序号	名　称	图　例
21	液体	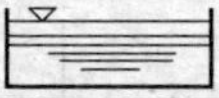	24	塑料	
22	玻璃		25	防水材料	
23	橡胶		26	粉刷	

表 2-5　部分构造及配件图例

序号	名称	图　例	序号	名称	图　例
1	墙体		7	检查孔	
2	隔断		8	孔洞	
3	栏杆		9	墙预留洞	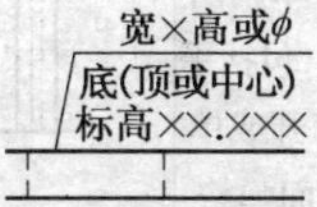
4	楼梯	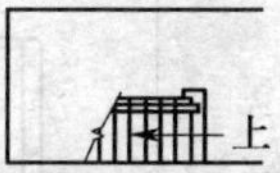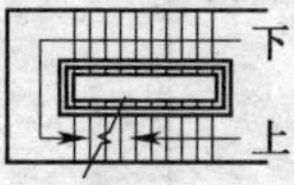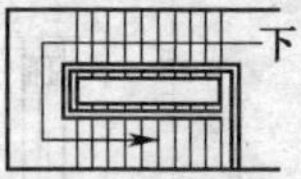	10	墙预留槽	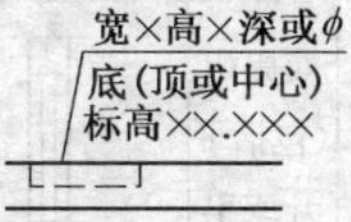
5	坡道	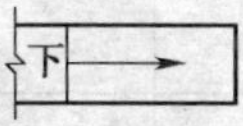	11	烟道	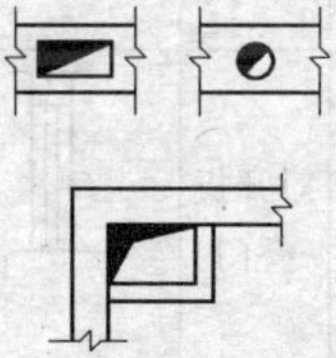
6	平面高差	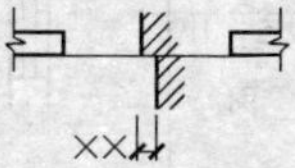	12	通风道	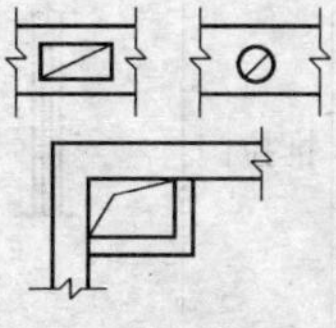

续表 2-5

序号	名称	图例	序号	名称	图例
13	新建的墙和窗	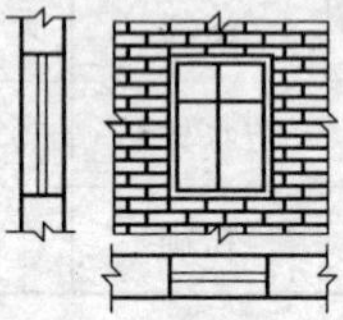	19	单扇双面弹簧门	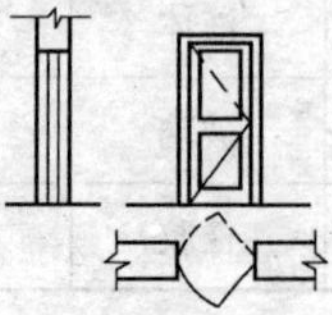
14	改建时保留的原有墙和窗	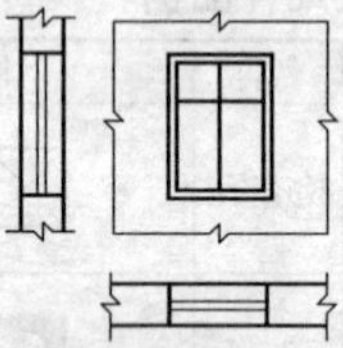	20	双扇双面弹簧门	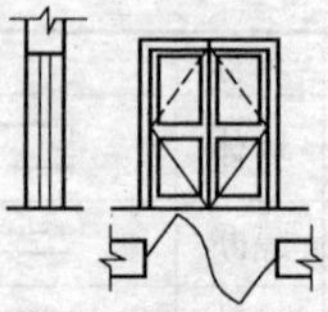
15	单扇门(包括平开或单面弹簧)	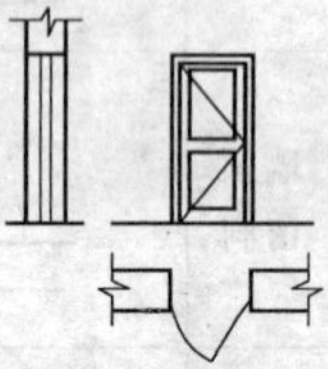	21	转门	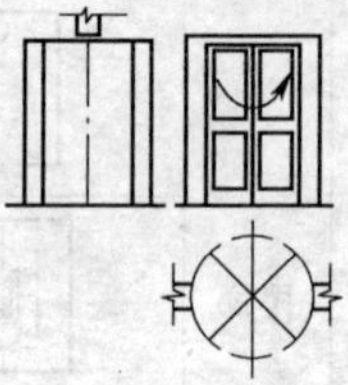
16	双扇门(包括平开或单面弹簧)		22	自动门	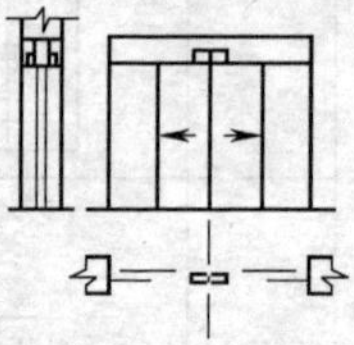
17	对开折叠门	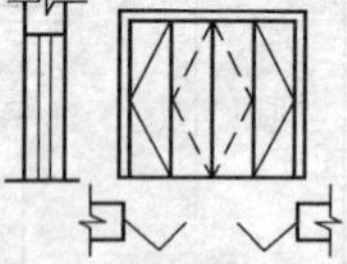	23	折叠上翻门	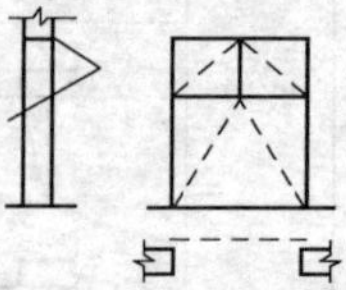
18	推拉门	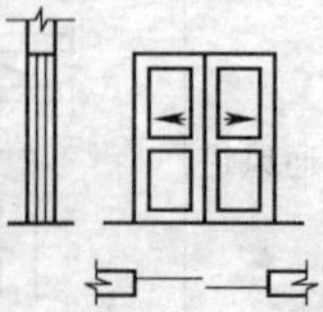	24	单层外开平开窗	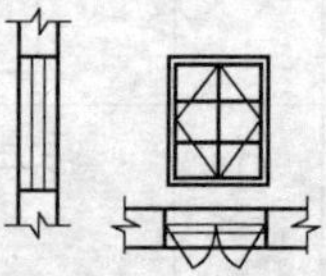

续表 2-5

序号	名称	图　例	序号	名称	图　例
25	单层内开平开窗	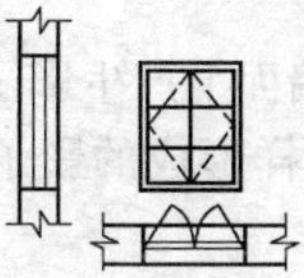	26	双层内外开平开窗	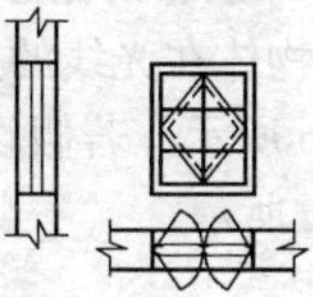

表 2-6　常用构件代号

序号	名称	代号	序号	名称	代号	序号	名称	代号
1	板	B	19	圈梁	QL	37	承台	CT
2	屋面板	WB	20	过梁	GL	38	设备基础	SJ
3	空心板	KB	21	连系梁	LL	39	桩	ZH
4	槽形板	CB	22	基础梁	JL	40	挡土墙	DQ
5	折板	ZB	23	楼梯梁	TL	41	地沟	DG
6	密肋板	MB	24	框架梁	KL	42	柱间支撑	ZC
7	楼梯板	TB	25	框支梁	KZL	43	垂直支撑	CC
8	盖板或沟盖板	GB	26	屋面框架梁	WKL	44	水平支撑	SC
9	挡雨板或檐口板	YB	27	檩条	LT	45	梯	T
10	吊车安全走道板	DB	28	屋架	WJ	46	雨篷	YP
11	墙板	QB	29	托架	TJ	47	阳台	YT
12	天沟板	TGB	30	天窗架	CJ	48	梁垫	LD
13	梁	L	31	框架	KJ	49	预埋件	M
14	屋面梁	WL	32	刚架	GJ	50	天窗端壁	TD
15	吊车梁	DL	33	支架	ZJ	51	钢筋网	W
16	单轨吊车梁	DDL	34	柱	Z	52	钢筋骨架	G
17	轨道连接	DGL	35	框架柱	KZ	53	基础	J
18	车挡	CD	36	构造柱	GZ	54	暗柱	AZ

注：1. 预制钢筋混凝土构件、现浇钢筋混凝土构件、钢构件和木构件，一般可直接采用本表中的构件代号。在绘图中，当需要区别上述构件的材料种类时，可在构件代号前加注材料代号，并在图纸中加以说明。

2. 预应力钢筋混凝土构件的代号，应在构件代号前加注“Y-”，如 Y-DL 表示预应力钢筋混凝土吊车梁。

二、投影和视图

(一)投影

1. 投影的概念

物体在光线的照射下，会在地面或墙面上产生影子，如图 2-18a、图 2-18b 所示。若假设光线能透过物体，这样形成的影子称为投影，如图 2-18c 所示。

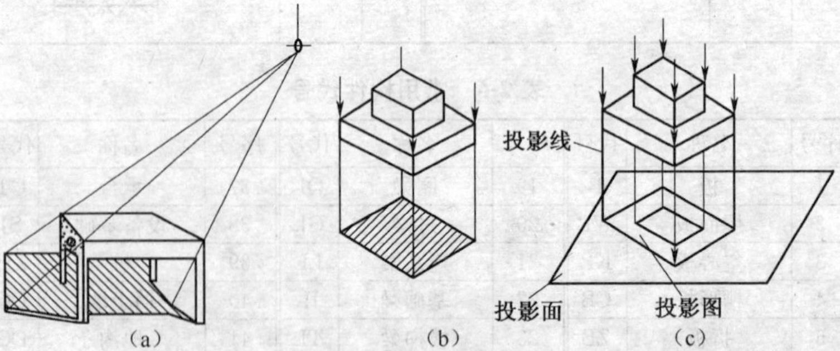

图 2-18 影与投影

在图 2-18c 中，我们将投影所在的平面称为投影面，光线称为投影线，在投影面上所得到的投影称为投影图。

投影分为中心投影和平行投影两类。平行投影又分为斜投影和正投影两种，工程图中，最常用的是正投影图。

2. 点、线、面的正投影特性

(1)点的正投影特性。点的正投影仍然为点，如图 2-19a 所示。

(2)线的正投影特性。当直线平行于投影面时，其投影仍为直线，且投影长度等于实长，如图 2-19b 所示；当直线垂直于投影面时，其投影为一个点，如图 2-19c 所示；当直线倾斜投影面时，其投影仍为直线，但投影长度小于实长，如图 2-19d 所示；在直线上的点，其投影仍在直线的投影上，如图 2-19e 所示。

(3)面的正投影特性。当平面平行投影面时，其投影仍为一平面且反映实形，如图 2-19f 所示；当平面垂直投影面时，其投影为一直线，如图 2-19g 所示；当平面倾斜投影面时，其投影仍为平面，不反映实形，但反映其基本的几何形状，如图 2-19h 所示。

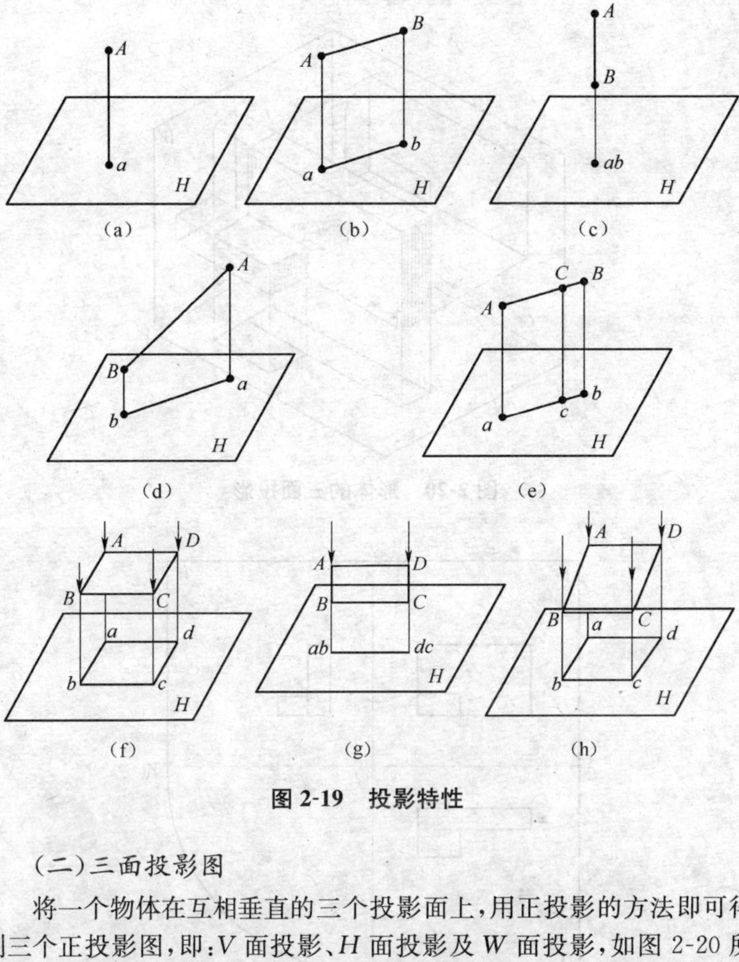

图 2-19　投影特性

(二)三面投影图

将一个物体在互相垂直的三个投影面上,用正投影的方法即可得到三个正投影图,即:V 面投影、H 面投影及 W 面投影,如图 2-20 所示。将三个投影面展开在一个平面上,即得到图 2-21 所示的三面投影,三面投影存在 V、H 两投影“长对正”,V、W 两投影“高平齐”,H、W 两投影“宽相等”的关系,如图 2-22 所示。

(三)建筑平面图、立面图、剖面图和详图

1. 建筑总平面图

建筑总平面图是对新建筑物所在地区作水平正投影而形成的,即

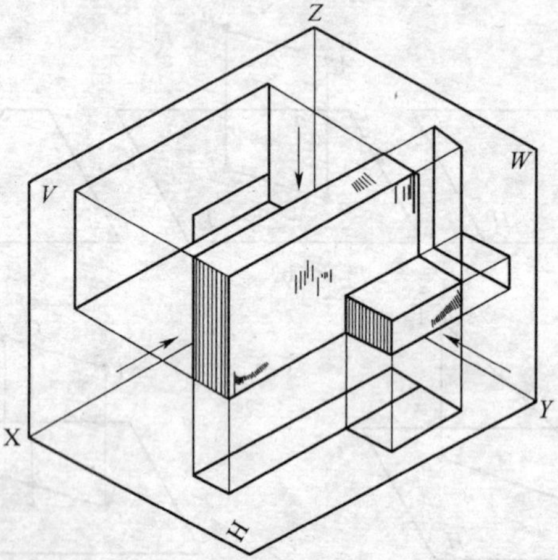

图 2-20 形体的三面投影

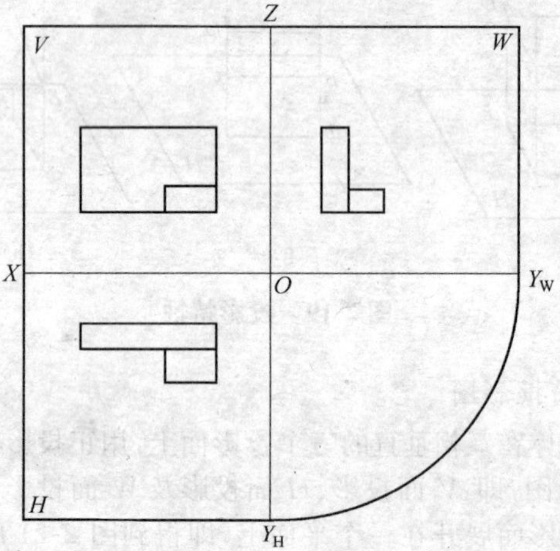

图 2-21 三面投影

在地形图上把原有的建筑物、新建的建筑物以及原有及拟建的道路、地上和地下管线、绿化等内容，按与地形图相同的比例画出来的平面图，如图 2-23 所示。

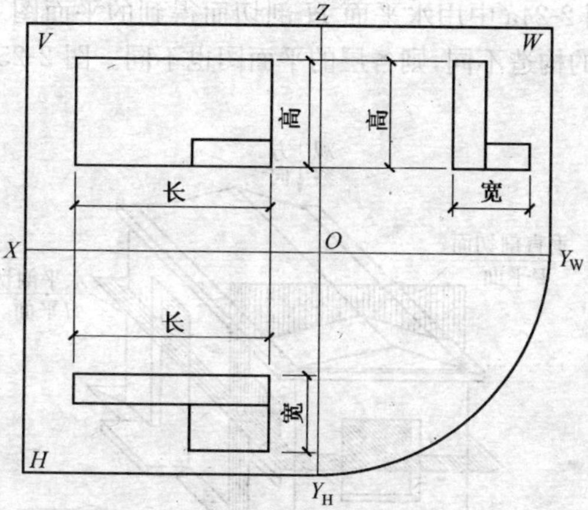

图 2-22　三面投影的"三等关系"

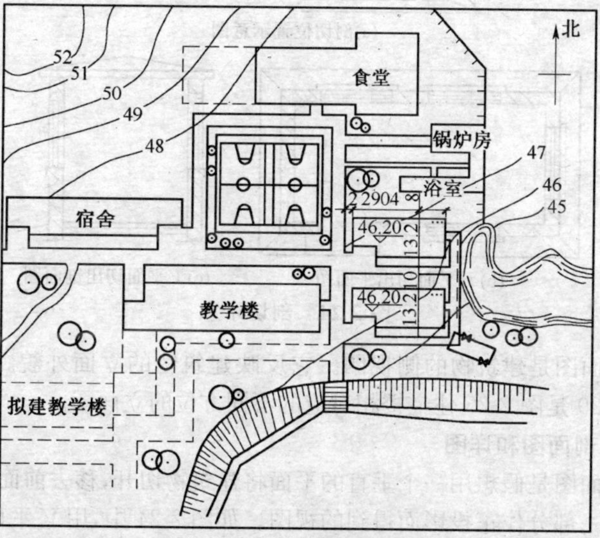

图 2-23　总平面图示意

2. 建筑平面图、立面图

建筑平面图是假想用一个水平面，沿略高于窗台的位置剖切建筑物后将上面的部分移去，由上向下俯视所见到的剖切位置在水平面的投影图,如图 2-24a 中用水平面 H 剖切而得到的平面图 2-24b。多层房屋如各层的构造不同,则各层的平面图也不同。图 2-25 是某住宅楼一层平面图。

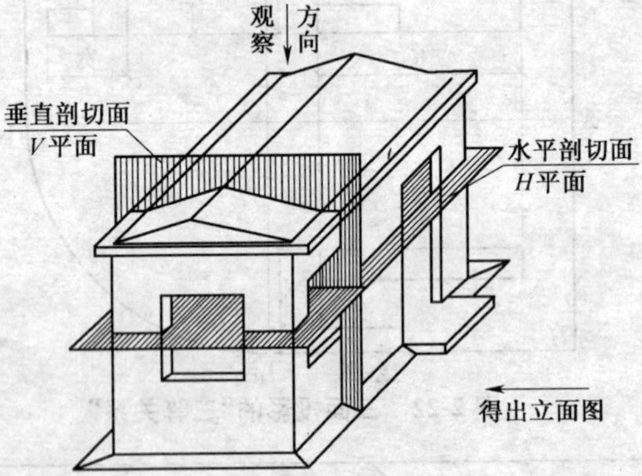

(a)剖切位置示意图

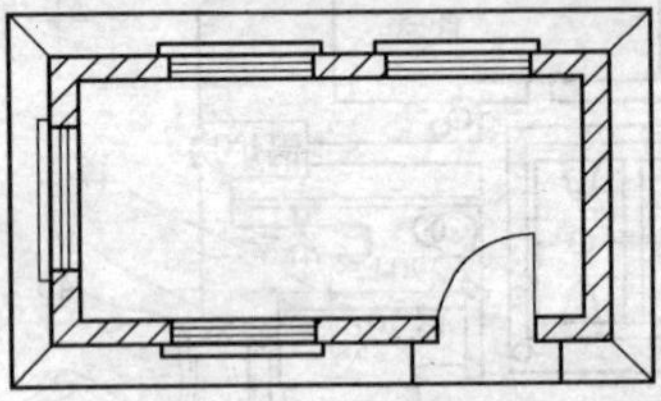

(b) H 平面切出平面图

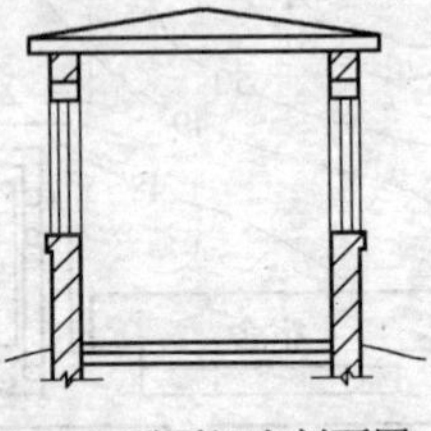

(c) V 平面切出剖面图

图 2-24 剖切示意

立面图是建筑物的侧视图。它反映建筑物的立面外貌。图 2-26 至图 2-29 是图 2-25 住宅楼相对应的不同方位的立面图。

3. 剖面图和详图

剖面图是假想用一个垂直的平面将建筑物切开,移去前面一部分,对后面一部分作正投影而得到的视图。如图 2-24 中,用 V 平面切割后所得到的剖面图如图 2-24c 所示,图 2-30 是图 2-25 中 1—1 剖面图。

三、读图的顺序和要领

(一)读图的顺序

读图要按顺序,其方法一般是:由外向里看,由大到小看,由粗到细

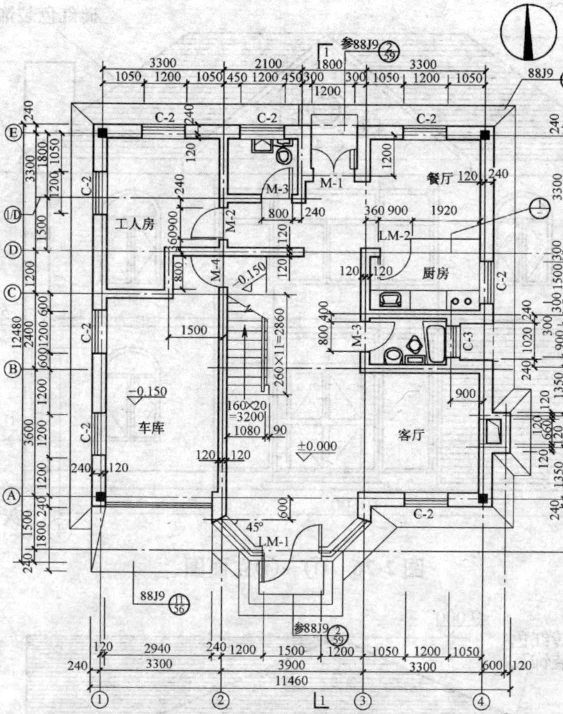

图 2-25　某住宅楼一层平面图　1∶100

看，图样与说明对照看，建筑施工图与结构施工图对照看。

拿到图纸后，应先将目录看一遍，了解工程性质、建筑面积、设计单位、图纸的总张数等基本情况，然后按照目录检查各类图纸是否齐全。

读图时，首先看总说明，了解建筑概况、技术要求等，以及图面表达不清必须用文字补充说明的一些问题，然后阅图。阅图一般按目录顺序，由总平面图→建筑平面图→建筑立面图及剖面图→结构施工图，依次看下去。

(二)读图的要领

要尽快地熟悉图纸，必须掌握关键，抓住要领，具体做法如下：

1. 阅图时注意“四先四后”

(1)先建筑后结构：先看建筑图，然后将建筑图与结构图对照看，以

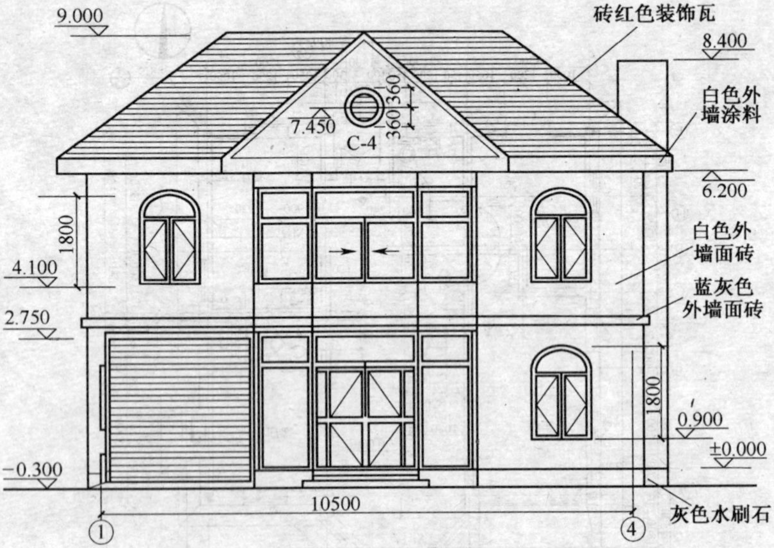

图 2-26　①～④立面图

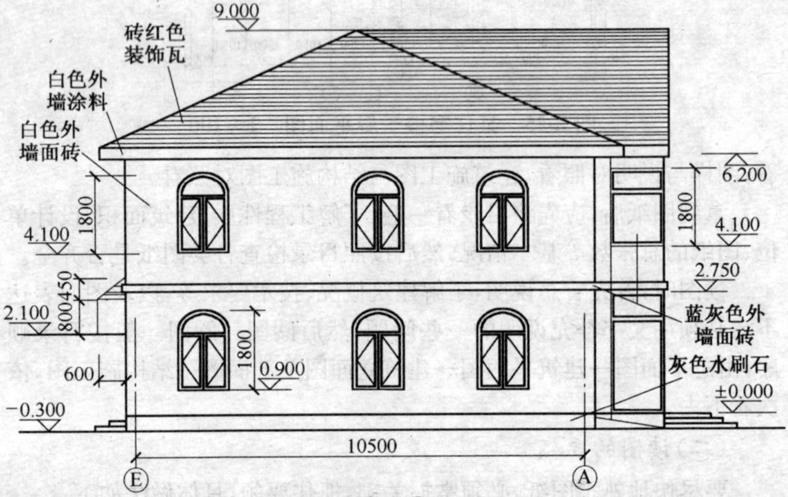

图 2-27Ⓔ～Ⓐ立面图

核对轴线、标高、尺寸是否一致。

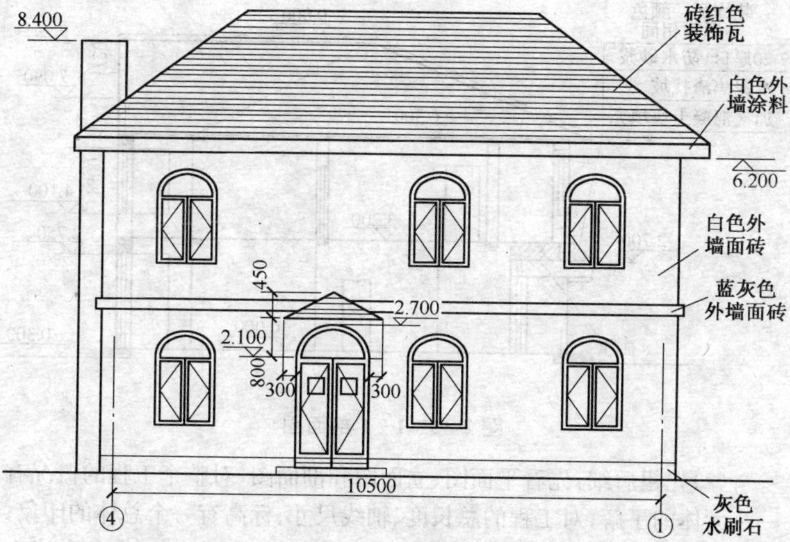

图 2-28　④～①立面图

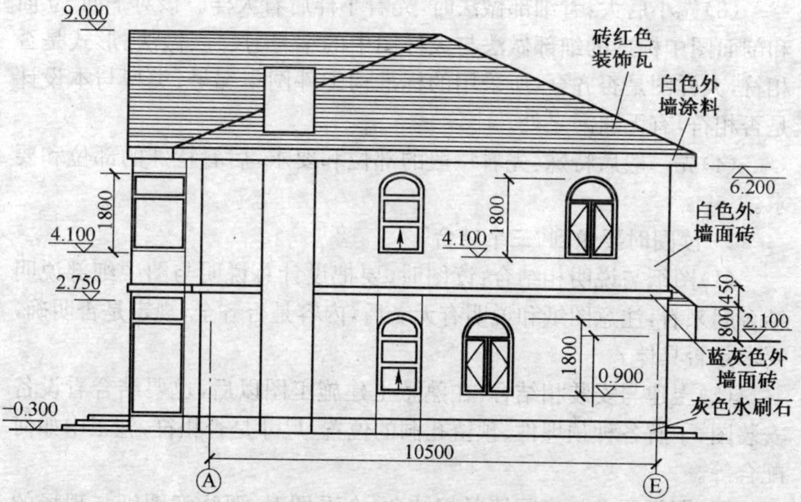

图 2-29　Ⓐ～Ⓔ立面图

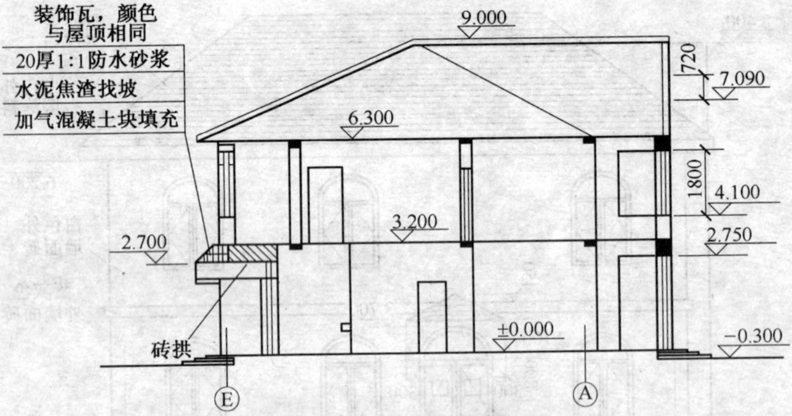

图 2-30　1—1 剖面图

(2)先粗后细:先看平面图、立面图和剖面图,对整个工程的概况有一个大体的了解,对工程的总长度、轴线尺寸、标高有一个总体的印象;后看细部做法,核对总尺寸与细部尺寸、位置、标高是否相符;各种表中的规格、数据与图中相应的规格、数据是否一致。

(3)先小后大:看细部做法时,先看小样后看大样。核对平面、立面和剖面图中标准的细部做法与大样图中的编号、尺寸、做法、形式是否相符,大样图是否齐全,所采用的标准构配件图集编号、类型与本设计是否相符,有无遗漏之处。

(4)先一般后特殊:先看一般的部位和要求,后看特殊的部位和要求。

2. 读图时要做到"三个结合"

(1)图纸与说明相结合:读图时,要把设计总说明与图中细部说明结合起来看,注意图纸和说明有无矛盾,内容是否齐全,规定是否明确,要求是否具体。

(2)土建与安装相结合:在熟悉土建施工图以后,也要结合看设备安装图,了解各种预埋件、预留孔洞的位置、尺寸是否相符,施工中如何配合等。

(3)图纸要求与实际情况相结合:在看图时,要注意图纸与现场的实际情况是否相符,例如,相对位置、场地标高、地质情况、地下水位及地下管线的情况。

(三)设计总说明及总平面图的识读

设计总说明是建筑施工图首页的主要内容,它主要包括工程概况与设计标准、结构特征、结构做法等。总平面图是表示新建房屋及其周围总体情况的平面图,阅读时要注意以下几点:

(1)熟悉总平面图的比例、图例及文字说明,总平面图尺寸一律以m为计算单位。

(2)通过图示的指北针了解建筑物的方向。

(3)了解工程性质、用地范围、地形地物以及周围环境情况,以便看出场地平整工作量与要求,需拆迁的房屋数量等。

(4)了解新建房屋的位置关系及外围尺寸,注意底层室内地坪标高与等高线标高的关系,从而确定排水方向并可计算土方平衡。

(5)了解道路、绿化与建筑物的关系,注意保护古树,合理安排交通疏导及工地运输。

(6)查看水、暖、电等管线的布置与走向,注意它们对施工的影响。

图2-23为某学校新建学生宿舍工程的总平面图的示例。从图中可以看出,新建宿舍位于已建浴室以南、教学楼以东。西有篮球场,东有一池塘。由等高线可以看出该地势西北高,东南低。图中还反映出其他诸如拟拆迁房屋、围墙、水沟、护坡、挡土墙、道路、绿化区等情况。

(四)建筑平面图的识读

建筑平面图是基本的建筑施工图,它反映出:房屋的平面形状、大小和布置;墙、柱的位置、尺寸和材料;门窗的类型及位置等。

1. 建筑平面图识读方法

(1)按照由外向内、由大到小、由粗到细的阅图原则,首先了解平面图示的总长、总宽、房间的功能及布置方式。然后了解纵、横轴线间的尺寸,查看承重墙及非承重墙的位置、厚度与材料。

(2)查看门窗洞口尺寸、编号,并与门窗表核对。注意楼梯出入口的位置及尺寸等。

(3)了解室内外设备及设施的位置尺寸。

(4)核对各种平面尺寸及标高有无错误。

(5)核对从平面图中引出的详图或标准图有无错误。

2. 建筑平面图识读示例

以图 2-25 为例说明识读的具体内容：

(1)从图名可以得知该建筑为某小型住宅的一层平面图，比例为 1∶100。

(2)从图中指北针可知房屋的主要出入口在南侧。

(3)房屋的总长为 11.46m，总宽为 12.48m。横向有 4 道轴线，纵向有 5 道轴线。

(4)建筑物的平面形状为矩形，在主要出入口处向南突出 1.5m。

(5)从主要出入口进入门厅，再进入各房间，为水平交通；垂直交通是设置在门厅西侧的楼梯，可由此上二楼，楼梯的走向用箭头指明，被剖切的楼梯段用 45°折断线表示。

(6)表明建筑物的各个房间的布置。包括客厅、餐厅、厨房、卫生间(两处)、工人房、车库。

(7)门窗的代号标注在图中，其中门的代号有 M-1、M-2、M-3……等，窗的代号有 C-2、C-3；门窗洞口的尺寸，详见平面图外部尺寸中最里面一道尺寸及内部局部尺寸；门窗的数量、类型及开启方向，应当与门窗明细表对照阅读。

(8)房间内有关设备的布置。厨房间有洗涤池、灶台及操作台，卫生间有洗脸盆、坐便器及浴盆(北侧卫生间无浴盆)。

(9)房屋的外墙厚 360mm，内墙厚 240mm。

(10)室内主要地面标高为±0.000，车库地面标高为－0.150。

(11)平面图中有一个剖切符号，在②～③轴线之间，通过南侧大门入口穿过门厅、北侧小门，剖切后向右侧作投影，剖面图编号为 1—1。

(12)在南侧主要出入口及北侧小门外台阶处，以及车库坡道、室外散水等处均有详图索引符号，表示这些地方另用详图表示。

(五)识读建筑立面图和建筑剖面图

1. 建筑立面图的识读

图 2-26～图 2-29 为图 2-25 二层小型住宅的立面图。通览全图可知道这是房屋四个立面的投影，分别用首尾轴线编号标注立面图的名称，亦可把它们分别称为房屋的正立面、左侧立面、背立面、右侧立面图，或南立面、西立面、北立面、东立面图。现以图 2-26 为例，识读

如下：

(1)该立面朝南，为建筑物的主要立面，两端轴线编号为①、④，主要出入口位于该立面的中部；对照平面图可知，该立面不是处于一个平面上。

(2)从该立面图可看出门窗的布置形式以及它们的开启方向，并可与平面图对照得知它们的编号。

(3)从标高可知建筑物总高度为 9.00m，室外地坪低于室内地面 0.30m，设三步台阶。还可知其余部位标高及有关高度尺寸。

(4)从图中可知屋顶为四坡形式，主要出入口门头上部为两坡屋面。

(5)立面图中还注明了外墙面及屋顶的装修做法：墙面贴白色外墙面砖，腰线为蓝灰色，檐口刷白色外墙涂料，屋顶为砖红色黏土装饰瓦，勒角是灰色水刷石。

2. 识读建筑剖面图示例

以某住宅的 1—1 剖面图(图 2-30)为例，说明识读建筑剖面图的基本内容。

(1)由剖面图的图名 1—1 和两端定位轴线Ⓔ～Ⓐ，去查找一层平面图(图 2-25)，可知该剖面图是从建筑物中部南侧主要出入口到北侧次要出入口作横向剖切后，向东侧投影所得。

(2)房屋竖向分为二层，从图中可看到一层的客厅、餐厅、卫生间的门和南北两个出入口及室外台阶，还可看到二层主卧室及北侧卧室的门和壁柜。

(3)一层地面标高为±0.000，二层楼面标高为 3.200，顶层结构顶面标高为 6.300，室外地坪标高为－0.300。并可知其余部位标高及有关高度尺寸。

(4)从 1—1 剖面图中可看到该房屋为坡屋顶，并注有北侧出入口门头屋面做法。

(六)建筑结构图的识读

结构施工图是建筑工程施工的依据，也是编制预算和施工组织的依据。它主要表达结构设计的内容，表示建筑物各承重构件的布置、形状、尺寸、材料、构造及其连接方法，同时反映出建筑、暖通、给排水、电气等对结构的要求。结构施工图包括结构设计说明、结构平面图、构件详图。

第二节 房屋建筑的主要构造

一、民用建筑的构件组成

一般建筑物都由许多部分组成，这些组成部分称为构件。一般民用建筑是由基础、墙和柱、楼层和地层、楼梯、屋顶、门窗等基本构件组成，如图 2-31 所示。

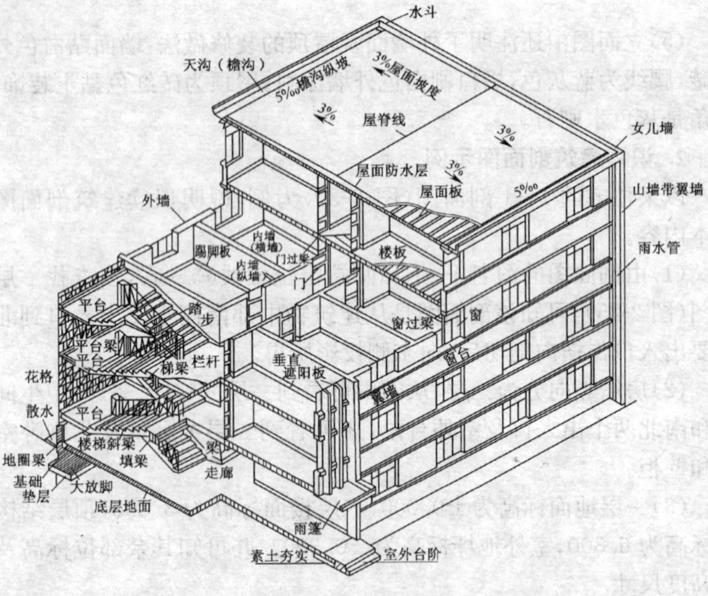

图 2-31 某学生宿舍各组成部分示意图

二、民用建筑的主要构造

（一）基础构造

基础是建筑物埋在地面以下的承重构件，是建筑物的重要组成部分，它的作用是承受上部建筑物传递下来的全部荷载，并将这些荷载连同自重传给下面的地基。基础应有足够的强度、刚度和耐久性，并做到技术合理，节约材料，以降低工程造价。

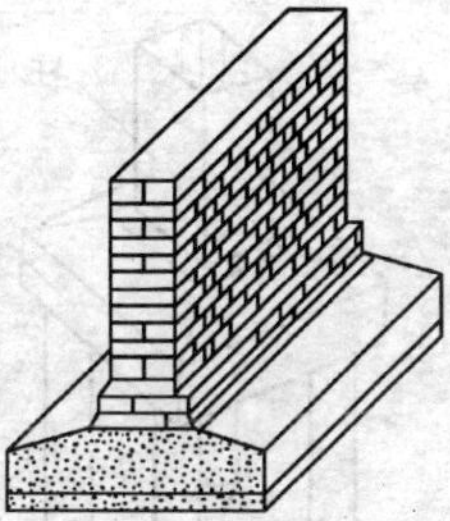

图 2-32 条形基础

1. 基础的类型

基础的类型按不同的角度有不同的分类，按构造的形式分为条形基础(图 2-32)、独立基础(图 2-33)、筏式基础(图 2-34)、板式基础(图 2-35)、箱形基础(图 2-36)、桩基础(图 2-37)等。

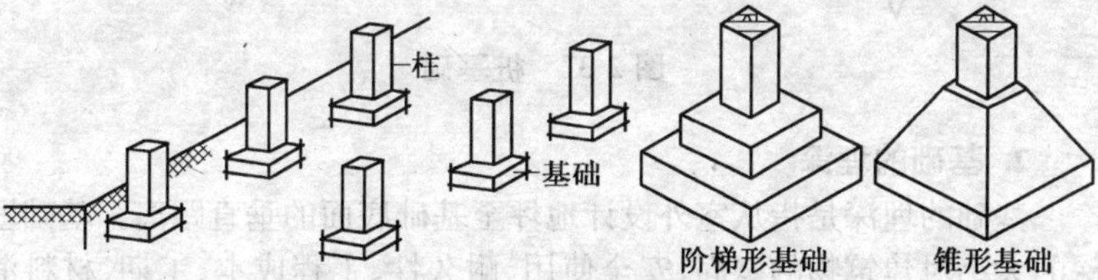

图 2-33 独立基础

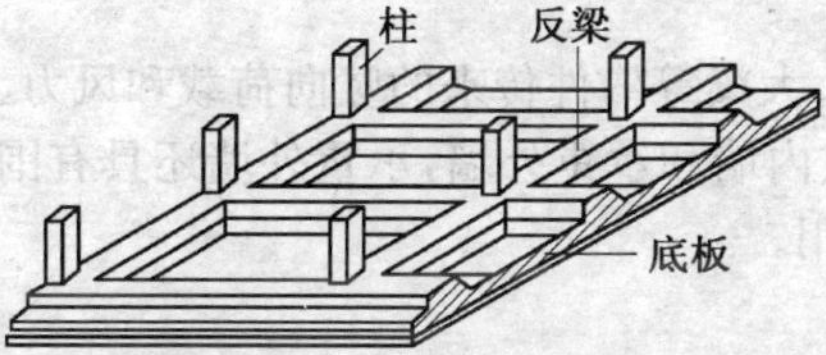

图 2-34 筏式基础

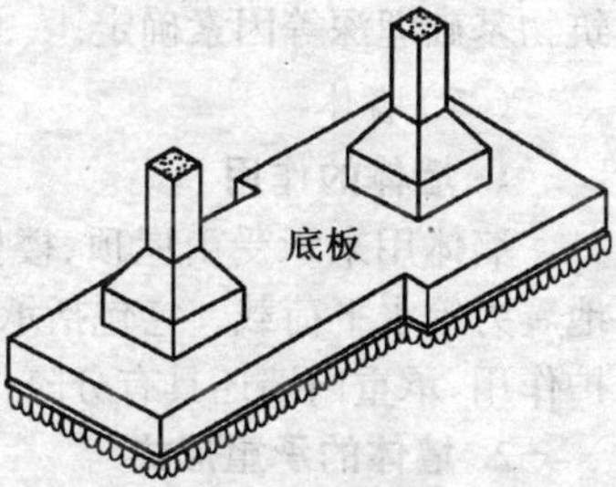

图 2-35 板式基础

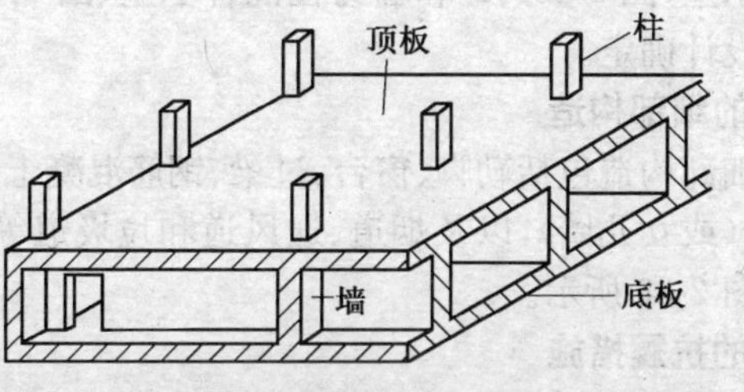

图 2-36 箱形基础

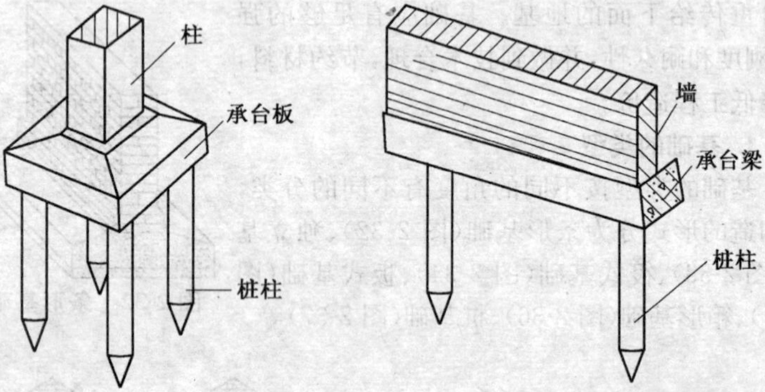

图 2-37 桩基础

2. 基础的埋深

基础的埋深是指从室外设计地坪至基础底面的垂直距离。基础埋深的大小对建筑物的坚固、安全使用、耐久性、工程成本、工期、材料消耗等影响较大，应根据荷载的大小、地基情况、地下水位的高低、相邻建筑物基础埋深等因素确定。

(二)墙体

1. 墙体的作用

墙体用来承受由屋顶、楼板、大梁等构件传来的竖向荷载和风力、地震力等水平荷载。它包括承重内墙和承重外墙，承重外墙还具有围护作用，承重内墙还具有分隔作用。

2. 墙体的承重形式

墙体的承重形式分为横墙承重(图 2-38a)、纵墙承重(图 2-38b)、纵横墙混合承重(图 2-38c、d)和墙与柱混合承重(图 2-38e)等形式，应根据需求由设计确定。

3. 墙体的细部构造

墙体的细部构造包括勒脚、窗台、过梁、钢筋混凝土圈梁和构造柱、变形缝、挑檐(或女儿墙)，以及烟道、通风道和垃圾道等构件。各构件所在位置如图 2-39 所示。

4. 墙体的抗震措施

常见砖砌房屋的墙体的抗震措施主要有圈梁和构造柱。圈梁是在

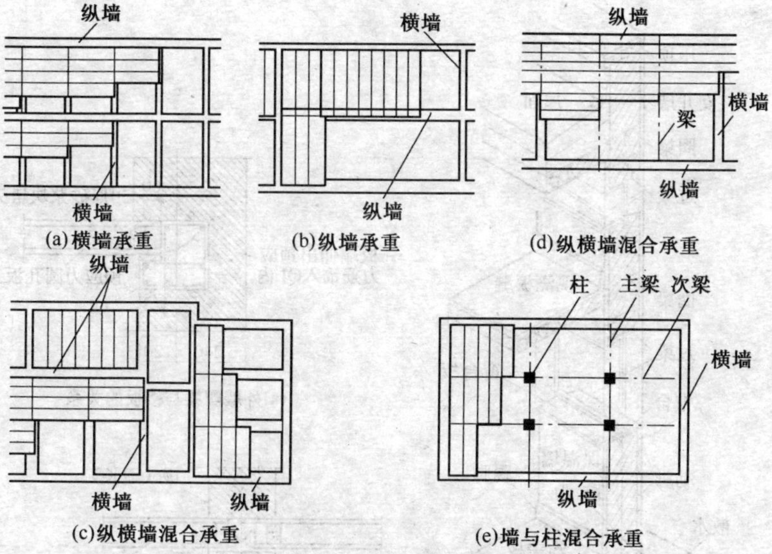

图 2-38　墙体的承重形式

墙身上设置的水平连续封闭梁，其作用是加强整个建筑物的整体性和刚度，抵抗房屋的不均匀沉降，提高建筑物的抗震能力。圈梁在砖墙上的位置如图 2-40 所示。

圈梁是水平构件，构造柱是竖直构件，它们共同组成一个骨架，来提高房屋的整体性和刚度，增加建筑物的抗震能力，所以圈梁和构造柱是密不可分的一对构件。

为了使构造柱和墙身融为一体，砌墙时要砌成五进五退的马牙槎，退进 60mm，同时要沿墙高每隔 500mm(约八皮砖)设置 2 根直径 6mm 的拉结钢筋，该拉结钢筋每边伸入墙内不得少于 1000mm。构造柱无需做单独基础，但它必须牢固地锚入墙基础内，如图 2-41 所示。

(三)砌体结构的屋顶构造

砌体结构的屋顶主要分为平屋顶和坡屋顶两种形式。平屋顶多采用钢筋混凝土屋面板封顶，并做防水层，坡屋顶主要采用屋架上挂各种瓦防雨的做法，较详细的构造情况见下一节内容。

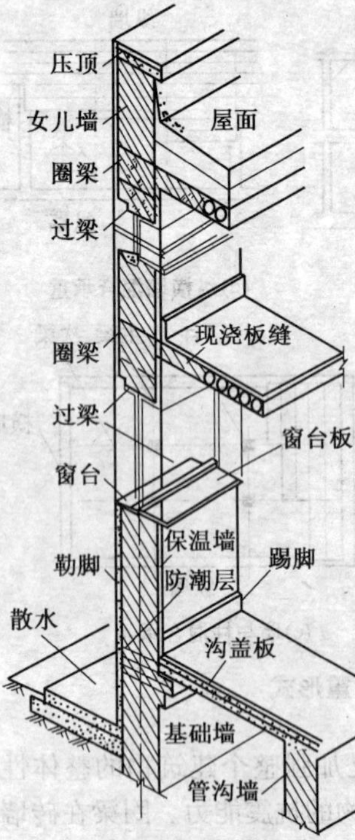

图 2-39　墙体的构造

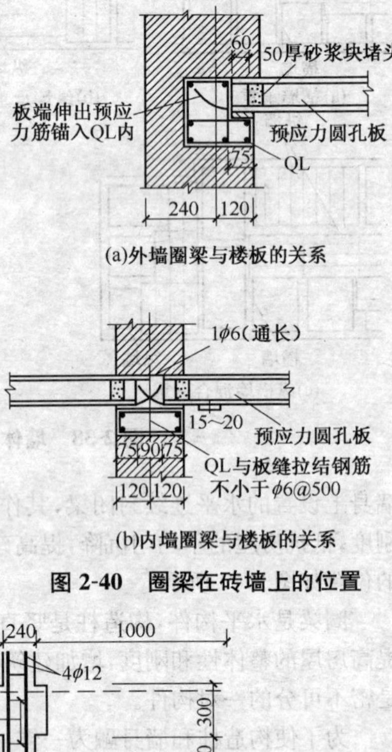

图 2-40　圈梁在砖墙上的位置

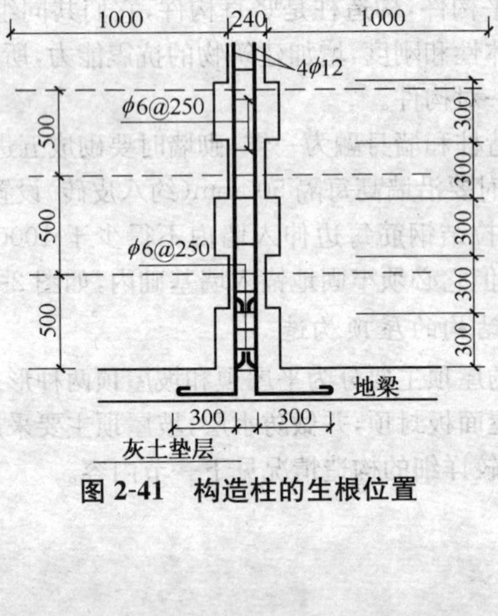

图 2-41　构造柱的生根位置

第三节　防水构造

一、基础与地下室

(一)地下室防潮

当设计最高地下水位低于地下室底板标高，又无形成滞水可能时，一般可采用图 2-42 所示的防潮构造。

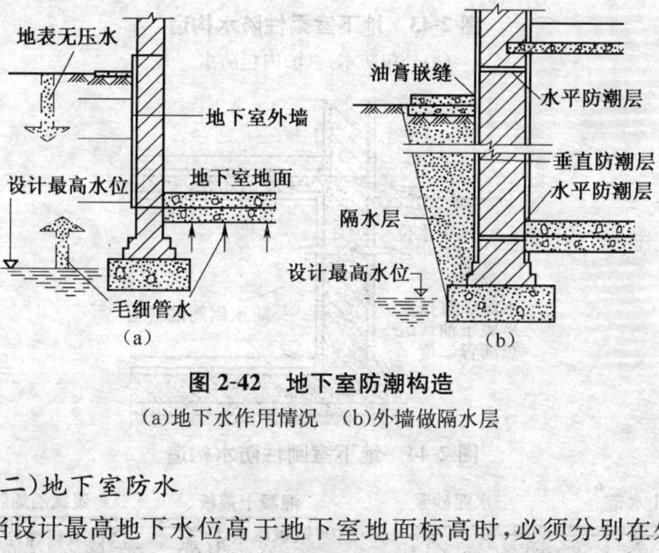

图 2-42　地下室防潮构造

(a)地下水作用情况　(b)外墙做隔水层

(二)地下室防水

当设计最高地下水位高于地下室地面标高时，必须分别在外墙和地面作防水处理。这种处理构造分为柔性和刚性两大类。柔性防水层可以做在迎水面一边，称为外包防水；也可以做在背水面一边，称为内包防水，如图 2-43 所示。刚性防水层一般采用防水混凝土(掺入化学外加剂)，如图 2-44 所示。重要地下工程往往采用刚、柔结合的复合防水方法。

(三)地下室变形缝防水

变形缝是房屋伸缩缝、沉降缝的总称，是防水的重要环节。地下室变形缝防水构造分为内埋式与可卸式两种(图 2-45)，其止水带的材料种类有塑料、橡胶和金属三种，如图 2-46 所示。

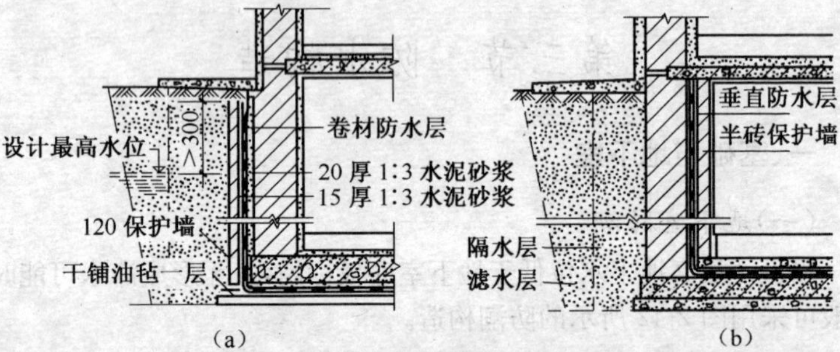

图 2-43　地下室柔性防水构造

(a)外包防水　(b)内包防水

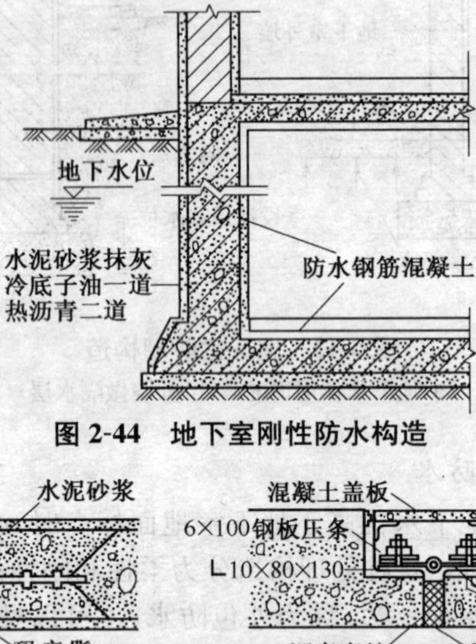

图 2-44　地下室刚性防水构造

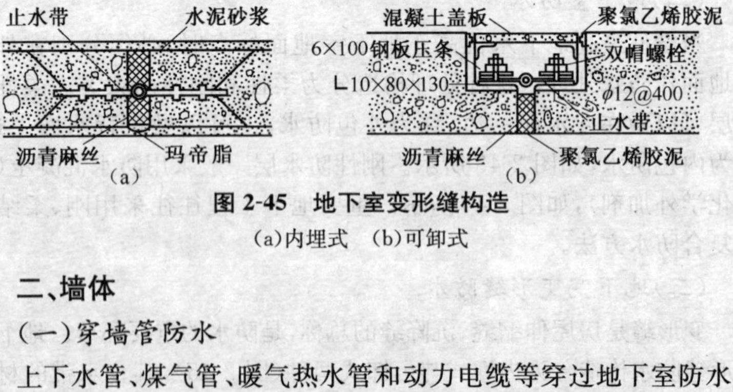

图 2-45　地下室变形缝构造

(a)内埋式　(b)可卸式

二、墙体

(一)穿墙管防水

上下水管、煤气管、暖气热水管和动力电缆等穿过地下室防水层时，如处理不当极易造成渗漏，图 2-47 是常用的穿墙管防水构造。

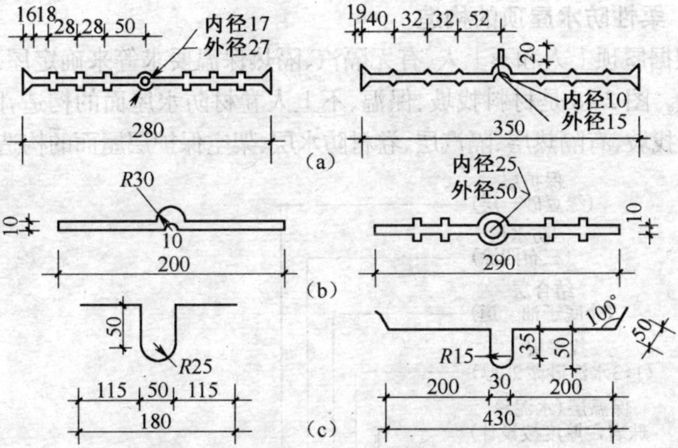

图 2-46　止水带种类

(a)塑料止水带　(b)橡胶止水带　(c)金属止水带

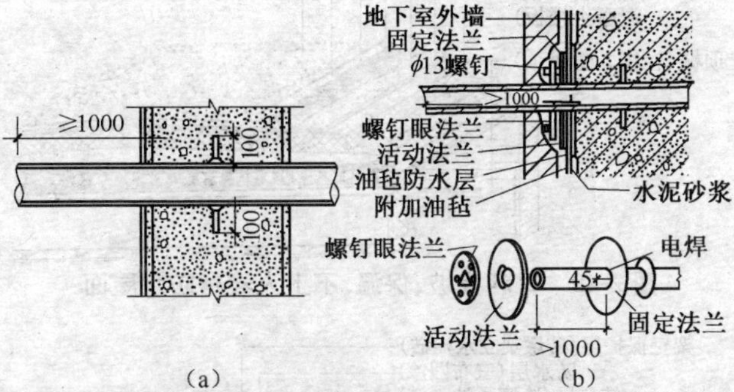

图 2-47　穿墙管防水构造

(a)防水混凝土穿墙管的作用　(b)柔性防水穿墙管的做法

(二)预制外墙板防水

在装配式大板建筑及外板内浇大模板建筑中，两外墙之间用现浇组合柱连接，上下层外墙板之间通过键槽内的钢筋焊接并浇筑混凝土形成一个整体，缝内均填充有防水材料以防雨水侵入屋内。

三、屋面防水

(一)平屋顶的防水构造

根据防水构造的不同，平屋顶分为柔性防水屋顶和刚性防水屋顶。

1. 柔性防水屋顶的构造

根据屋顶上人和不上人、有无隔汽、隔热保温要求等来确定屋顶的构造层次。图 2-48 是材料找坡、保温、不上人卷材防水屋面的构造，图 2-49 是结构找坡、有隔热层、隔汽层、卷材防水层、架空保护层屋面的构造。

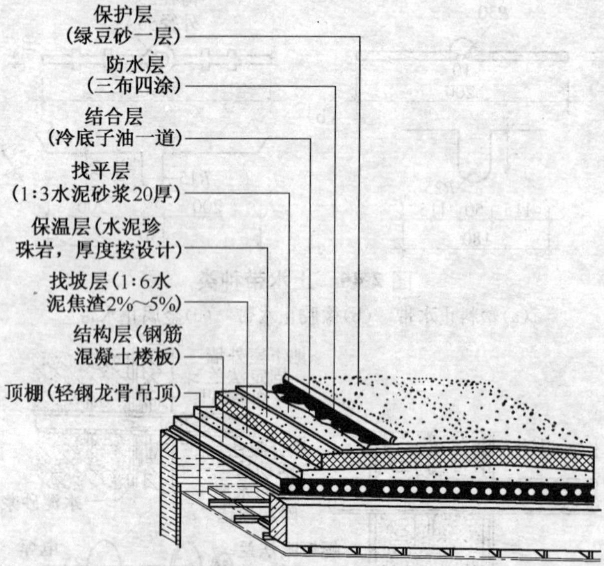

图 2-48 材料找坡、保温、不上人卷材防水屋面

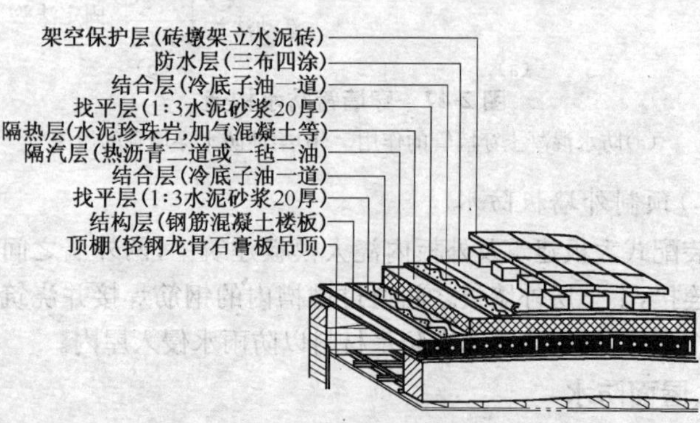

图 2-49 结构找坡、有隔热层、隔汽层、卷材防水层、架空保护层屋面

2. 刚性防水屋面的构造

图 2-50 为刚性防水屋面分仓缝的布置和做法。

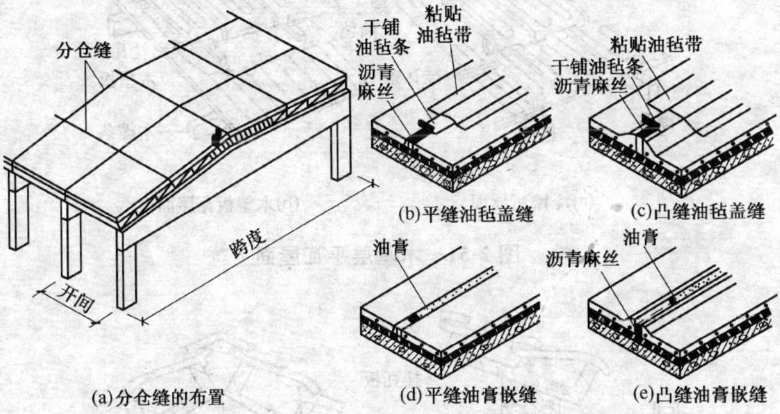

图 2-50　刚性防水屋面分仓缝的布置和做法

(二)坡屋面的防水构造

坡屋顶的屋面构造根据瓦的不同可以分为平瓦屋面、波形瓦屋面、钢筋混凝土瓦屋面等。平瓦屋面有冷摊瓦屋面、木望板平瓦屋面、钢筋混凝土挂瓦板平瓦屋面等三种做法。

1. 平瓦屋面防水构造

冷摊瓦屋面是在木檩条上钉挂瓦条，将瓦挂在挂瓦条上，如图 2-51a所示。

木望板平瓦屋面的做法如图 2-51b 所示，在檩条上密铺或稀铺 15～20mm厚的木望板，在望板上平行屋脊的方向干铺一层油毡，在油毡上顺着流水的方向钉顺水条，然后在平行于屋脊方向钉挂瓦条挂瓦。

钢筋混凝土挂瓦板平瓦屋面是用预应力或非预应力钢筋混凝土挂瓦板直接搁置在横墙或屋架上，代替檩条、屋面板和挂瓦条，成为三合一的构件，如图 2-52 所示。

平瓦坡屋面的檐口有多种做法，要根据屋架的类型来选择，如图 2-53所示。当烟囱穿过坡屋面时，首先要注意木构件的防火问题，按现行国家规范规定，木构件距烟囱外壁≥50mm，距烟囱内壁≥350mm。烟囱与屋面交接处的泛水做法见图 2-54 所示。

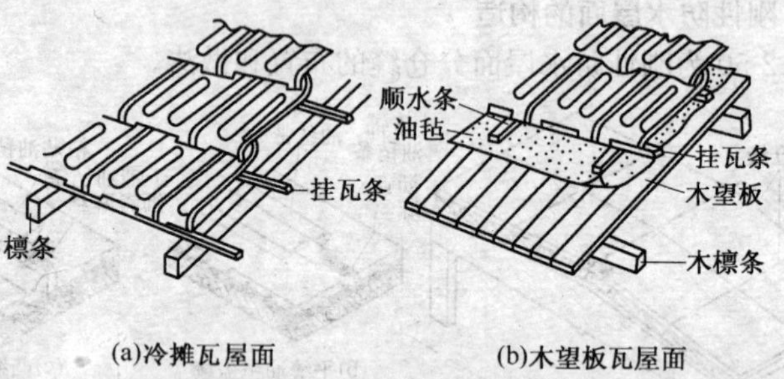

图 2-51　木基层平瓦屋面

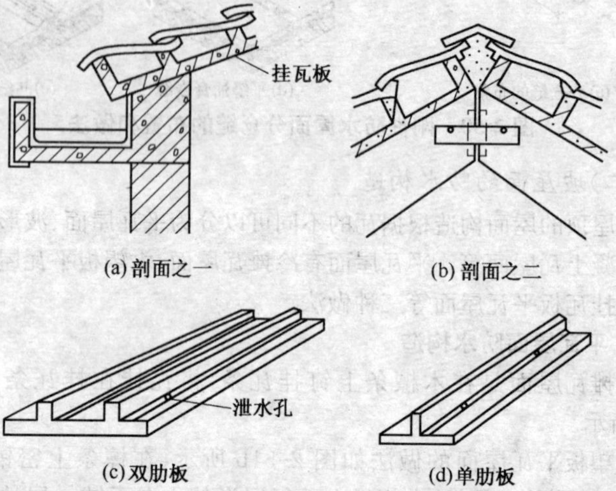

图 2-52　钢筋混凝土挂瓦板平瓦屋面

2. 波形瓦屋面防水构造

波形瓦可用石棉水泥、塑料、玻璃钢或金属等材料制成，常用的是石棉水泥波形瓦和镀锌瓦楞铁。

3. 钢筋混凝土瓦屋面防水构造

为了保温、防火或造型的需要，可采用钢筋混凝土瓦屋面。即将预制的钢筋混凝土空心板或现浇钢筋混凝土平板作为瓦屋面的基层，再在其上盖瓦。

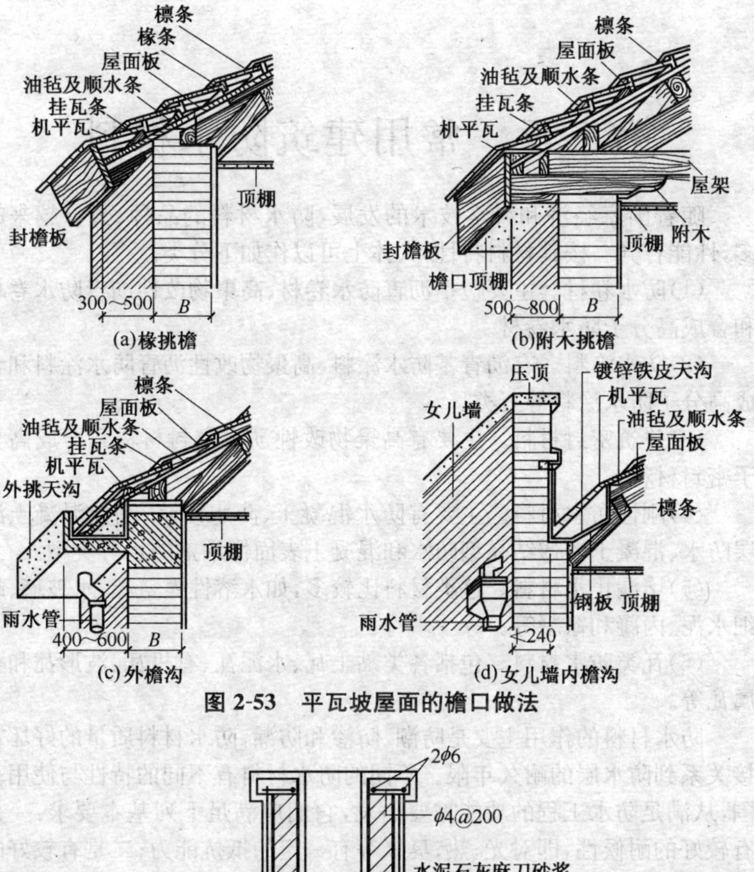

图 2-53 平瓦坡屋面的檐口做法

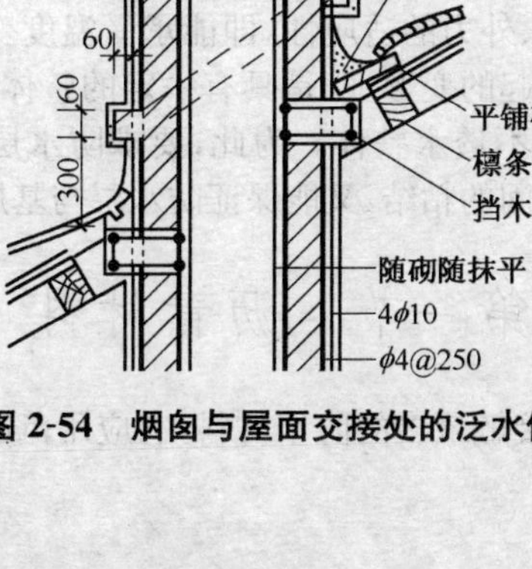

图 2-54 烟囱与屋面交接处的泛水做法

第三章　常用建筑防水材料

随着国家经济和科学技术的发展，防水材料的品种、数量越来越多，性能各异。按其材料特性，大体上可以作如下分类。

(1)防水卷材。主要包括沥青防水卷材、高聚物改性沥青防水卷材和合成高分子防水卷材。

(2)防水涂料。有沥青基防水涂料、高聚物改性沥青防水涂料和合成高分子防水涂料等三类。

(3)建筑密封材料。主要有高聚物改性沥青密封材料和合成高分子密封材料。

(4)刚性防水材料。主要有防水混凝土、防水砂浆、刚性混凝土涂层防水、混凝土渗透结晶型防水和混凝土表面憎水剂防水等类型。

(5)堵漏止水材料。这类材料比较多，如水溶性聚氨酯、水玻璃、超细水泥、丙凝和氰凝等。

(6)瓦类防水材料。包括各类黏土瓦、水泥瓦、有机瓦、波形瓦和金属瓦等。

防水材料的作用主要是防潮、防渗和防漏，防水材料质量的好坏直接关系到防水层的耐久年限。不同的防水材料有不同的特性与使用范围，从满足防水工程的功能需要出发，它们应满足下列基本要求：一是有较好的耐候性，即对光、热、臭氧等有一定的抵抗能力；二是有较好的抗渗透、耐化学腐蚀性，即具有一定的耐水压、抗水渗透并耐酸、碱腐蚀的性能；三是对温度、外力的适应性，即能承受温度变化以及各种外力和基层伸缩、开裂引起的变形；四是具有一定的整体性，即有较高的剥离强度，形成稳固的不透水整体。为此，要求防水层之间的粘结强度高，既能保持自身牢固的粘结，又能保证防水层与基层粘结良好。

第一节　沥青材料

沥青是防水工接触最多的防水材料，它应用范围广，使用普遍，所以首先要熟悉和掌握其性能和使用方法。

沥青是一种有机胶结材料。它是由碳氢化合物的复杂混合物所组成，富有粘结力，能与砖、石、混凝土、砂浆、木材和金属等材料粘结在一起。沥青还有一定的弹性和较好的塑性，有较强的防水性和耐冻性，熔融后又有较好的流动性，便于涂刷，易渗入其他材料的孔隙内，并能溶解于二硫化碳、苯及汽油等有机溶剂内。沥青在常温下呈固体、半固体或液体状态，颜色呈辉亮的褐色甚至黑色。

沥青广泛用作防水、防潮及防腐蚀材料，同时是沥青基防水材料、高聚物改性沥青防水材料的重要组成材料。

一、沥青的种类

沥青可分为地沥青和焦油沥青两大类。地沥青又分为石油沥青和天然沥青两种。石油沥青是石油原油经提炼汽油、煤油、润滑油和柴油后的副产品，经加工处理而成。根据用途不同又分为道路石油沥青、普通石油沥青、建筑石油沥青等。它的韧性较好，温度敏感性小，老化慢，稳定性好。它的标号按针入度来划分，各种石油沥青的标号、技术指标见表 3-1。

天然沥青由含沥青的砂岩提炼而成，其性质与石油沥青基本相同。

焦油沥青俗称柏油，是由煤炼焦或制煤气时产生的副产品，由于毒性较大，现在已很少使用。现广泛使用的是石油沥青。

二、沥青的性能

1. 防水性

石油沥青是憎水性材料，几乎不溶于水，是很好的防水材料。

2. 粘结性

沥青具有很强的粘结力，可以与砂、石、金属、木材等粘结在一起。其粘结性用针入度表示，是划分沥青牌号的主要性能依据，针入度范围在 5～200，该值越小，表明粘结性越大，沥青越硬。

3. 塑性

塑性是指石油沥青在外力作用下抵抗变形的能力，是沥青性质的主要指标之一。塑性指标用延度(伸长度)表示，石油沥青的延度在1～100cm，该值越大，表明塑性越好，沥青的柔性和抗断裂能力越高。

表 3-1 国产石油沥青技术标准

品种 \ 牌号 \ 质量指标	道路石油沥青 SY 1661—85							建筑石油沥青 GB 494—85		普通石油沥青 SY 1665—77		
	200	180	140	100 甲	100 乙	60 甲	60 乙	30	10	75	65	55
针入度(25℃,100g,1/10mm)	201～300	161～200	121～160	90～120	81～120	51～80	41～80	25～40	18～25	75	65	55
延度(25℃,cm),不小于	—	100	100	90	60	70	40	3	1.5	2	1.5	1
软化点,不低于(℃)	30	35	35	42～50	42	45～50	45	70	95	60	80	100
溶解度(三氯甲烷,四氯化碳或苯,%)不小于	99	99	99	99	99	99	99	99.5	99.5	98	98	98
蒸发损失(160℃,5h,%),不大于	1	1	1	1	1	1	1	1	1	—	—	—
蒸发后针入度比(%),不小于	50	60	60	65	65	70	70	65	65	—	—	—
闪点(开口,℃),不低于	180	200	230	230	230	230	230	230	230	230	230	230
水分(%)不大于	0.2	0.2	0.2	0.2	0.2	痕迹	痕迹	痕迹	痕迹	痕迹	痕迹	痕迹

4. 温度稳定性

温度稳定性是指石油沥青的粘结性和塑性随温度变化而变化的性能，一般认为随温度变化而产生的粘结性变化小的沥青，其温度稳定性较好。

表示温度稳定性的指标是软化点，软化点是指沥青由固体状态转变为具有一定流动性的膏体状态时的温度。石油沥青的软化点在30℃～100℃之间，软化点越高，温度稳定性越好。

5. 大气稳定性

沥青在大气中随着时间的增长，其塑性会慢慢降低，脆性增加，粘结力降低，这个过程称之为"沥青的老化"，也称沥青的大气稳定性。如沥青保管不当，其大气稳定性就受到影响，使用年限也随之降低。

6. 耐腐蚀性

石油沥青能够抵抗一般酸、碱、盐类等液体和气体的侵蚀，广泛用于各类防锈、防腐蚀处理。

三、沥青的运输与贮存

沥青的运输与贮存应注意下列事项：

(1)贮运沥青时要防止品种和标号混杂，不同品种和标号的沥青应分开存放，并注意防止混入杂质。

(2)桶装沥青应立放，避免受热流淌。

(3)沥青应存放在阴凉、干净的地方，最好能放在棚内或进行遮盖，防止暴晒和雨淋。

(4)存放时间不宜过长。

第二节　防水卷材

一、防水卷材的分类

防水卷材是由工厂生产的具有一定厚度的片状防水材料，一般按一定长度成卷出厂，防水卷材的分类如图 3-1 所示。

各类防水卷材的特点及适用范围如表 3-2 所示。

- 防水卷材
  - 沥青防水卷材
    - 石油沥青纸胎油毡
    - 石油沥青玻璃布油毡
    - 石油沥青玻璃纤维胎油毡
    - 氧化沥青铝箔面油毡
  - 高聚物改性沥青防水卷材
    - 弹性体改性沥青（SBS）防水卷材
    - 塑性体改性沥青（APP）防水卷材
    - 聚乙烯胎改性沥青防水卷材
    - 冷自粘橡胶改性沥青防水卷材
    - 其他改性沥青防水卷材
  - 合成高分子防水卷材
    - 橡胶系
      - 三元乙丙橡胶（EPDM）防水卷材
      - 丁基橡胶（IIR）防水卷材
      - 氯丁橡胶（CR）防水卷材
      - 再生橡胶防水卷材
    - 树脂系
      - 聚氯乙烯（PVC）防水卷材
      - 氯化聚乙烯（CPE）防水卷材
      - 聚乙烯（HDPE 和 LDPE）防水卷材
      - 乙烯共聚物（如 EVA）防水卷材
      - 聚合物水泥基防水卷材
    - 橡塑共混型
      - 氯化聚乙烯-橡胶共混防水卷材
      - 聚乙烯-乙丙橡胶共混（TPO）防水卷材
    - 金属卷材

图 3-1　防水卷材的分类

表 3-2　防水卷材的特点及适用范围

卷材类别	卷材名称	特　点	适用范围	施工工艺
沥青防水卷材	石油沥青纸胎油毡	是常用材料，其低温柔性差，使用年限较短，但价格较低	屋面做三毡四油、二毡三油防水层	粘贴法施工
	玻璃布沥青油毡	胎体不易腐烂，抗拉强度高，材料柔性好	多用作纸胎油毡的增强附加层和突出部位的防水层	同上
	玻纤毡沥青油毡	有良好的耐水性、抗腐蚀性和耐久性，柔软性也优于纸胎油毡	常用于屋面或地下防水工程	同上

续表 3-2

卷材类别	卷材名称	特　点	适用范围	施工工艺
沥青防水卷材	铝箔胎油毡	有很高的阻隔蒸汽的渗透能力，防水功能好，有一定的抗拉强度	多与带孔玻纤毡配合或单独使用作隔汽层	热玛帝脂粘贴
高聚物改性沥青防水卷材	SBS改性沥青防水卷材	耐高、低温性能有明显提高，卷材的弹性和耐疲劳性明显改善	用于单层屋面防水或复合使用	冷施工铺贴或热熔铺贴
	APP 改性沥青防水卷材	具有良好的强度、延伸性、耐热性、耐紫外线照射及耐老化性能	单层铺贴，用于紫外线辐射强烈及炎热地区屋面使用	热熔法或冷粘法铺贴
	PVC 改性沥青防水卷材	有良好的耐热及耐低温性能，最低开卷温度为－18℃	用于冬季负温下施工	可热作业也可以冷施工
	再生胶改性沥青防水卷材	有一定的延伸性，且低温柔性较好，有一定的防腐能力，价格较低，是低档防水材料	用于变形较大或档次较低的屋面防水	热沥青粘贴
合成高分子防水卷材	三元乙丙橡胶防水卷材	防水性能优异，使用温度范围广，寿命长，但价格高	用于要求较高的工业与民用建筑作单层或复合屋面防水	冷粘法或自粘法
	丁基橡胶防水卷材	有较好的耐候性、耐油性、抗拉强度和延伸率	单层或复合使用于要求较高屋面防水	冷粘法施工
	氯化聚乙烯防水卷材	具有良好的耐候、耐臭氧、耐热、耐老化、耐油、耐化学腐蚀及抗撕裂的性能	单层或复合用于紫外线辐射强烈及炎热地区屋面防水	同上
	氯磺化聚乙烯防水卷材	延伸率较大，弹性好，对基层变形开裂的适应性较强，耐高、低温性能好，耐腐蚀性能优良，有很好的难燃性	用于有腐蚀介质影响及在寒冷地区的屋面防水	同上

续表 3-2

卷材类别	卷材名称	特　点	适用范围	施工工艺
合成高分子防水卷材	聚乙烯防水卷材	具有较好的拉伸和撕裂强度，延伸率较大，耐老化性能好，原材料丰富，价值便宜，容易粘结	单层或复合用于外露或有保护层的屋面防水	冷粘法或热风焊接法施工
	聚乙烯-橡胶共混防水卷材	不仅有氯化聚乙烯特有的优异性能，而且具有橡胶所特有的高弹性，高延伸性以及良好的低温柔性	单层或复合使用，尤宜用于寒冷地区或变形较大的屋面	冷粘法施工
	三元乙丙橡胶-聚乙烯防水卷材	是热塑性材料，有良好的耐臭氧和耐老化性能，使用寿命长，低温柔性好，可在负温下施工	单层或复合外露防水屋面，宜在寒冷地区使用	同上

二、材料要求

防水工程所采用的防水材料应有产品合格证书和性能检测报告，材料的品种、规格、性能等应符合国家产品标准和设计要求。

材料进场后，应按有关规定抽样复检，并提出试验报告；不合格的材料，不得在防水工程中使用。

(一)沥青防水卷材的质量指标

沥青防水卷材是由沥青、胎体、填充料经浸渍或辊压制成。2004年《屋面工程技术规范》从工程应用角度，提出了对各类卷材的质量要求，详见表 3-3 和表 3-4。各材料生产厂家在生产卷材时，还应执行相关建材行业标准。

表 3-3　沥青防水卷材的外观质量

序号	项　目	质量要求
1	孔洞、硌伤	不允许
2	露胎、涂盖不均	不允许
3	折纹、皱褶	距卷芯 1000mm 以外，长度不大于 100mm

续表 3-3

序号	项　目	质 量 要 求
4	裂纹	距卷芯 1000mm 以外，长度不大于 10mm
5	裂口、缺边	边缘裂口小于 20mm；缺边长度小于 50mm，深度小于 20mm
6	每卷卷材的接头	不超过 1 处，较短的一段应不小于 2500mm，接头处应加长 150mm

表 3-4　沥青防水卷材的物理性能

项　目		性能要求	
		350 号	500 号
纵向拉力（25℃±2℃时，N）		≥340	≥440
耐热度（85℃±2℃，2h）		不流淌，无集中性气泡	
柔度（18℃±2℃）		绕 ϕ20mm 圆棒无裂纹	绕 ϕ25mm 圆棒无裂纹
不透水性	压力（MPa）	≥0.10	≥0.15
	保持时间（min）	≥30	≥30

常用沥青防水卷材中的石油沥青纸胎油毡，物理性能如表 3-5 所示；玻璃布沥青油毡，物理性能见表 3-6；玻纤毡沥青油毡和铝箔胎油毡，物理性能分别见表 3-7 和表 3-8。

表 3-5　石油沥青纸胎油毡的物理性能

指标名称 ＼ 标号 / 等级		200 号			350 号			500 号		
		合格	一等	优等	合格	一等	优等	合格	一等	优等
单位面积浸涂材料总量（g/m²）不小于		600	700	800	1000	1050	1110	1400	1450	1500
不透水性	压力（MPa），不小于	0.05			0.10			0.15		
	保持时间，（min）不小于	15	20	30	30	45		30		
吸水率（真空法，%），不大于	粉毡	1.0			1.0			1.5		
	片毡	3.0			3.0			3.0		
耐热度（℃）		85±2	90±2		85±2	90±2		85±2		90±2
		受热 2h 涂盖层应无滑动和集中性气泡								

续表 3-5

指标名称 \ 等级 \ 标号	200号			350号			500号		
	合格	一等	优等	合格	一等	优等	合格	一等	优等
25℃±2℃时拉力(N),纵向不小于	240	270		340	370		440	470	
柔度(℃)	18±2			18±2	16±2	14±2	18±2		14±2
	绕 ϕ20mm 圆棒或 R 弯板无裂纹						绕 ϕ25mm 圆棒或 R 弯板无裂纹		

表 3-6　玻璃布沥青油毡的物理性能

指　标　名　称		一等品	合格品
可溶物含量(g/m²),不小于		420	380
耐热度(85℃±2℃,2h)		无流淌、鼓泡	
不透水性	压力(MPa)	0.2	0.1
	时间(min)	15 无渗漏	
拉力(N,25℃±2℃时,纵向)不小于		400	360
柔度	温度(℃)	0	
	弯曲直径(mm)	30 无裂纹	
耐霉菌性	质量损失(%)不大于	2.0	
	拉力损失(%)不大于	15	

表 3-7　玻纤毡沥青油毡的物理性能

性　能	15号			25号			35号		
	优等品	一等品	合格品	优等品	一等品	合格品	优等品	一等品	合格品
可溶物含量(g/m²)不小于	800		700	1300		1200	2100		2000
不透水性 压力(MPa) 时间(min)	0.10 30			0.15 30			0.20 30		
耐热度(℃)	(85±2)受热 2h 涂盖层应无滑动								

续表 3-7

性能		15号 优等品	15号 一等品	15号 合格品	25号 优等品	25号 一等品	25号 合格品	35号 优等品	35号 一等品	35号 合格品
拉力(N)不小于	纵向	300	250	200	400	300	250	400	320	270
	横向	200	150	130	300	200	180	300	240	200
柔度:温度(℃)不高于		0	5	10	0	5	10	0	5	10
耐霉菌(8周)	外观	2级			2级			1级		
	质量损失率(%)不大于	3.0			3.0			3.0		
	拉力损失率(%)不大于	40			30			20		
人工加速气候老化(27周)	外观	无裂纹,无气泡等现象								
	失重率(%)不大于	8.00			5.50			4.00		
	拉力变化率(%)	+25～−20			+25～−15			+25～−10		

表 3-8 铝箔胎油毡的物理性能

项目 \ 标号 / 等级	30号 优等品	30号 一等品	30号 合格品	40号 优等品	40号 一等品	40号 合格品
可溶物含量(g/m^2)不小于	1600	1550	1500	2100	2050	2000
拉力(N)纵横向均不小于	500	450	400	550	500	450
断裂延伸率(%)纵横向均不小于	2					
柔度(℃)	0	5	10	0	5	10
	绕半径35mm圆弧无裂纹			绕半径35mm圆弧无裂纹		

续表 3-8

项目 \ 等级 \ 标号	30号			40号		
	优等品	一等品	合格品	优等品	一等品	合格品
耐热度(℃)	(80±2)受热 2h 涂盖层应无滑动					
分层	50℃±2℃,7d 无分层现象					

(二)高聚物改性沥青防水卷材质量指标

高聚物改性沥青防水卷材是以玻纤毡、聚酯毡、黄麻布、合成膜、金属箔或两种复合材料为胎基,合成高分子聚合物改性沥青、优质氧化沥青为浸涂材料,粉状、片状、粒状或薄膜、金属膜等为覆面材料制成的可卷曲的片状防水材料。其工程应用要求见表 3-9 和表 3-10。

表 3-9 高聚物改性沥青防水卷材的外观质量

序号	项目	质量要求
1	孔洞、缺边、裂口	不允许
2	边缘不整齐	不超过 10cm
3	胎体露白、未浸透	不允许
4	撒布材料粒度、颜色	均匀
5	每卷卷材的接头	不超过 1 处,较短的一段应不小于 1000mm,接头处应加长 150mm

表 3-10 高聚物改性沥青防水卷材的物理性能

项目	性能要求				
	聚酯毡胎体	玻纤毡胎体	聚乙烯胎体	自粘聚酯胎体	自粘无胎体
可溶物含量(g/m^2)	3mm 厚≥2100 4mm 厚≥2900		—	2mm≥1300 3mm 厚≥2100	—
拉力(N/50mm)	≥450	纵向≥350 横向≥250	≥100	≥350	≥250
延伸率(%)	最大拉力时 ≥30	—	断裂时 ≥200	最大拉力时 ≥30	断裂时 ≥450

续表 3-10

项目		性能要求				
		聚酯毡胎体	玻纤毡胎体	聚乙烯胎体	自粘聚酯胎体	自粘无胎体
耐热度(℃,2h)		SBS卷材90，APP卷材110，无滑动、流淌、滴落		PEE卷材90，无流淌、起泡	70，无滑动、流淌、滴落	70，无起泡、滑动
低温柔度(℃)		SBS卷材－18，APP卷材－5，PEE卷材－10			－20	
		3mm厚，$r=15$mm；4mm厚，$r=25$mm；3s，弯180°无裂纹			$r=15$mm，3s，弯180°无裂纹	$\phi 20$mm，3s，弯180°无裂纹
不透水性	压力(MPa)	≥0.3	≥0.2	≥0.3	≥0.3	≥0.2
	保持时间(min)	≥30				≥120

注：SBS卷材——弹性体改性沥青防水卷材；

APP卷材——塑性体改性沥青防水卷材；

PEE卷材——高聚物改性沥青聚乙烯胎肪水卷材。

由于高聚物改性沥青防水卷材的性能比沥青防水卷材好，有较好的不透水性和抗腐蚀性，加上价格适中，现已成为新型防水卷材的主导产品。其常用的弹性体改性沥青(SBS)防水卷材、塑性体改性沥青(APP)防水卷材、聚乙烯胎沥青防水卷材和自粘结油毡的物理性能分别见表3-11至表3-15。

表 3-11　SBS改性沥青防水卷材的物理性能

序号	胎基			PY		G	
	型号			Ⅰ	Ⅱ	Ⅰ	Ⅱ
1	可溶物含量(g/m^2) ≥	2mm		—		1300	
		3mm		2100			
		4mm		2900			
2	不透水性	压力(MPa)	≥	0.3		0.2	0.3
		保持时间(min)	≥	30			

续表 3-11

序号	项目			PY Ⅰ	PY Ⅱ	G Ⅰ	G Ⅱ
	胎基			PY		G	
	型号			Ⅰ	Ⅱ	Ⅰ	Ⅱ
3	耐热度(℃)			90	105	90	105
				无滑动、流淌、滴落			
4	拉力(N/500)	≥	纵向	450	800	350	500
			横向			250	300
5	最大拉力时延伸率(%)	≥	纵向	30	40	—	
			横向				
6	低温柔度(℃)			−18	−25	−18	−25
				无裂纹			
7	撕裂强度(N)	≥	纵向	250	350	250	350
			横向			170	200
8	人工气候加速老化	外观		Ⅰ级			
				无滑动、流淌、滴落			
		拉力保持率(%)≥	纵向	80			
		低温柔度(℃)		−10	−20	−10	−20
				无裂纹			

注：表中1～6项为强制性项目。

表 3-12 APP 改性沥青防水卷材的物理性能

序号	项目			PY Ⅰ	PY Ⅱ	G Ⅰ	G Ⅱ
	胎基			PY		G	
	型号			Ⅰ	Ⅱ	Ⅰ	Ⅱ
1	可溶物含量(g/m^2)≥	2mm		—		1300	
		3mm		2100			
		4mm		2900			
2	不透水性	压力(MPa)	≥	0.3		0.2	0.3
		保持时间(min)	≥	30			
3	耐热度(℃)[注1]			110	130	110	130
				无滑动、流淌、滴落			
4	拉力(N/500mm)	≥	纵向	450	800	350	500
			横向			250	300

续表 3-12

序号	胎基			PY		G	
	型号			Ⅰ	Ⅱ	Ⅰ	Ⅱ
5	最大拉力时延伸率(%)	≥	纵向	25	40	—	
			横向				
6	低温柔度(℃)			−5	−15	−5	−15
				无裂纹			
7	撕裂强度(N)	≥	纵向	250	350	250	350
			横向			170	200
8	人工气候加速老化	外观		Ⅰ级			
				无滑动、流淌、滴落			
		拉力保持率(%)≥	纵向	80			
		低温柔度(℃)		3	−10	3	−10
				无裂纹			

注：1. 当需要耐热度超过130℃卷材时，该指标可由供需双方协商确定。

2. 表中1～6项为强制性项目。

表 3-13　改性沥青聚乙烯胎防水卷材的物理性能

序号	上表面覆盖材料		E						AL			
	基料		O		M		P		M		P	
	型号		Ⅰ	Ⅱ	Ⅰ	Ⅱ	Ⅰ	Ⅱ	Ⅰ	Ⅱ	Ⅰ	Ⅱ
1	不透水性(MPa)	≥	0.3									
			不透水									
2	耐热度(℃)		85		85	90	90	95	85	90	90	95
			无流淌，无起泡									
3	拉力(N/50mm) ≥	纵向	100	140	100	140	100	140	200	220	200	200
		横向		120		120		120				
4	断裂伸长率(%) ≥	纵向	200	250	200	250	200	250	—			
		横向										
5	低温柔度(℃)		0		−5		−10	−15	−5		−10	−15
			无裂纹									
6	尺寸稳定性(%)	℃	85		85	90	90	95	85	90	90	95
		≤	2.5									

表 3-14 自粘聚合物改性沥青防水卷材(无胎)的物理性能

项目		表面材料		
		PE	AL	N
不透水性	压力(MPa)	0.2	0.2	0.1
	保持时间(min)	120,不透水		30,不透水
耐热度		—	80℃,加热 2h,无气泡,无滑动	—
拉力(N/5cm)	≥	130	100	—
断裂伸长率(%)	≥	450	200	450
柔度		−20℃,ϕ20mm,3s,180°无裂纹		
剪切性能(N/mm)	卷材与卷材 ≥	2.0 或粘合面外断裂		粘合面外断裂
	卷材与铝板 ≥			
剥离性能(N/cm)	≥	1.5 或粘合面外断裂		粘合面外断裂
抗穿孔性		不渗水		
人工候化处理	外观	—	无裂纹,无气泡	—
	拉力保持率(%) ≥		80	
	柔度		−10℃,ϕ20mm,3s,180°无裂纹	

表 3-15 自粘聚合物改性沥青防水卷材(有胎)的物理性能

型号		Ⅰ			Ⅱ	
厚度(mm)		1.5	2	3	2	3
可溶物含量(g/m²)	≥	800	1300	2100	1300	2100
不透水性	压力(MPa) ≥	0.2	0.3			
	保持时间(min) ≥	30				
耐热度(℃)	PE、S	70 无滑动、流淌、滴落				
	AL	80 无滑动、流淌、滴落				
拉力(N/50mm)	≥	200	350		450	
最大拉力时伸长率(%)	≥	30				
低温柔性(℃)		−20			−30	

续表 3-15

型号		Ⅰ		Ⅱ
剪切性能(N/mm)≥	卷材与卷材	2.0 或粘合面外断裂	4.0 或粘合面外断裂	
	卷材与铝板			
剥离性能(N/mm) ≥		1.5 或粘合面外断裂		
抗穿孔性		不渗水		
撕裂强度(N) ≥		125	200	250
水蒸气透湿率①$[g/(m^2 \cdot s \cdot Pa)]$ ≤		5.7×10^{-9}		
人工加速气候老化②	外观	—	1 级	
			无滑动、流淌、滴落	
	拉力保持率(%)		80	
	低温柔性(℃)		−10	−20

注:①水蒸气透湿率性能在用于地下工程时要求。

②聚乙烯膜面、细砂面卷材不要求人工加速气候老化性能。

(三)合成高分子防水卷材

合成高分子防水卷材是以合成橡胶、合成树脂或二者的共混体系为基料,加入适量的化学助剂、填充剂等,采用混炼、塑炼、压延或挤出成型、硫化、定型等橡胶或塑料的加工工艺所制成的无胎加筋或不加筋的弹性或塑性的片状可卷曲的一类防水材料。其工程应用要求的外观质量指标应符合表 3-16 的要求;其物理性能应符合表 3-17 和表 3-18 的要求。

表 3-16　合成高分子防水卷材的外观质量

项　目		性　能　要　求			
		硫化橡胶类	非硫化橡胶类	树脂类	纤维增强类
断裂拉伸强度(MPa)		≥6	≥3	≥10	≥9
扯断伸长率(%)		≥400	≥200	≥200	≥10
低温弯折(℃)		−30	−20	−20	−20
不透水性	压力(MPa)	≥0.3	≥0.2	≥0.3	≥0.3
	保持时间(min)	≥30			
加热收缩率(%)		<1.2	<2.0	<2.0	<1.0
热老化保持率(80℃,168h)	断裂拉伸强度	≥80%			
	扯断伸长率	≥70%			

表 3-17 合成高分子防水卷材(均质片)的物理性能

项目			指标									
			硫化橡胶类				非硫化橡胶类			树脂类		
			JL1	JL2	JL3	JL4	JF1	JF2	JF3	JS1	JS2	JS3
断裂拉伸强度(MPa)	常温	≥	7.5	6.0	6.0	2.2	4.0	3.0	5.0	10	16	14
	60℃	≥	2.3	2.1	1.8	0.7	0.8	0.4	1.0	4	6	5
扯断伸长度(%)	常温	≥	450	400	300	200	450	200	200	200	550	500
	−20℃	≥	200	200	170	100	200	100	100	15	350	300
撕裂强度(kN/m)		≥	25	24	23	15	18	10	10	40	60	60
不透水性(30min 无渗漏,MPa)			0.3	0.3	0.2	0.2	0.3	0.2	0.2	0.3	0.3	0.3
低温弯折(℃)		≤	−40	−30	−30	−20	−30	−20	−20	−20	−35	−35
加热伸缩量(mm)	伸长	<	2	2	2	2	2	4	4	2	2	2
	收缩	<	4	4	4	4	4	6	10	6	6	6
热空气老化(80℃×168h)	断裂拉伸强度保持率(%)	≥	80	80	80	80	90	60	80	80	80	80
	扯断伸长率保持率(%)	≥	70	70	70	70	70	70	70	70	70	70
	100%伸长率外观		无裂纹	无裂纹	无裂纹	无裂纹	无裂纹	无裂纹	无裂纹	无裂纹	无裂纹	无裂纹
耐碱性[10%$Ca(OH)_2$常温×168h]	断裂拉伸强度保持(%)	≥	80	80	80	80	80	70	70	80	80	80
	扯断伸长率保持率(%)	≥	80	80	80	80	90	80	70	80	90	90

续表 3-17

项目		指标									
		硫化橡胶类				非硫化橡胶类			树脂类		
		JL1	JL2	JL3	JL4	JF1	JF2	JF3	JS1	JS2	JS3
臭氧老化(40℃×168h)	臭氧浓度 $5cm^3/m^3$，伸长率40%	无裂纹	—	—	—	无裂纹	—	—	—	—	—
	臭氧浓度 $5cm^3/m^3$，伸长率20%	—	无裂纹	—	—	—	—	—	—	—	—
	臭氧浓度 $2cm^3/m^3$，伸长率20%	—	—	无裂纹	—	—	—	—	无裂纹	无裂纹	无裂纹
	臭氧浓度 $1cm^3/m^3$，伸长率20%	—	—	—	无裂纹	—	无裂纹	无裂纹	—	—	—
人工候化	断裂拉伸强度保持率(%) ≥	80	80	80	80	80	70	80	80	80	80
	扯断伸长率保持率(%) ≥	70	70	70	70	70	70	70	70	70	70
	100%伸长率外观	无裂纹	无裂纹	无裂纹	无裂纹	无裂纹	无裂纹	无裂纹	无裂纹	无裂纹	无裂纹
黏合性能	无处理	自基准线的偏移及剥离长度在5mm以下，且无有害偏移及异状点									
	热处理										
	碱处理										

注：人工候化和黏合性能项目为推荐项目。

表 3-18 合成高分子防水卷材(复合片)的物理性能

项目			硫化橡胶类 FL	非硫化橡胶类 FF	树脂类 FS1	树脂类 FS2
断裂拉伸强度(N/cm)	常温	≥	80	60	100	60
	60℃	≥	30	20	40	30
扯断伸长率(%)	常温	≥	300	250	150	400
	−20℃	≥	150	50	10	10
撕裂强度(N)		≥	40	20	20	20
不透水性(30min 无渗漏,MPa)			0.3	0.3	0.3	0.3
低温弯折(℃)		≤	−35	−20	−30	−20
加热伸缩量(mm)	伸长	<	2	2	2	2
	收缩	<	4	4	2	4
热空气老化(80℃×168h)	扯断拉伸强度保持率(%)	≥	80	80	80	80
	扯断伸长率保持率(%)	≥	70	70	70	70
耐碱性[10% $Ca(OH)_2$,常温×168h]	扯断拉伸强度保持率(%)	≥	80	60	80	80
	扯断伸长率保持率(%)	≥	80	60	80	80
臭氧老化(40℃×168h),臭氧浓度 $2cm^3/m^3$			无裂纹	无裂纹	无裂纹	无裂纹
人工候化	扯断拉伸强度保持率(%)	≥	80	70	80	80
	扯断伸长率保持率(%)	≥	70	70	70	70
粘合性能	无处理		自基准线的偏移及剥离长度在5mm以下,且无有害偏移及异状点			
	热处理					
	碱处理					

注:人工候化和粘合性能项目为推荐项目,带织物加强层的复合片不考核粘合性能。

合成高分子防水卷材是一类发展中的产品,其生产工艺、生产技术设备、应用技术和应用范围都在不断提高、发展和完善之中。

三、防水卷材的现场抽样复检

(一)现场抽检数量

沥青防水卷材、高聚物改性沥青防水卷材、合成高分子防水卷材的现场抽检数量为:大于1000卷抽5卷,每500~1000卷抽4卷,100~499卷抽3卷,100卷以下抽2卷,进行规格、尺寸和外观质量检验。在外观质量检验合格的卷材中,任取1卷作物理性能检验。

(二)外观质量检验

1. 沥青防水卷材

孔洞、硌伤、露胎、涂盖不匀,折纹、皱褶、裂纹,裂口、缺边,每卷卷材的接头。

2. 高聚物改性沥青防水卷材

孔洞、缺边、裂口,边缘不整齐,胎体露白、未浸透,撒布材料粒度、颜色,每卷卷材的接头。

3. 合成高分子防水卷材

折痕,杂质,胶块,凹痕,每卷卷材的接头。

(三)物理性能检验

1. 沥青防水卷材

纵向拉力,耐热度,柔度,不透水性。

2. 高聚物改性沥青防水卷材

拉力,最大拉力时延伸率,耐热度,低温柔度,不透水性。

3. 合成高分子防水卷材

断裂拉伸强度,扯断伸长率,低温弯折,不透水性。

四、防水卷材的贮运与保管

(一)防水卷材的贮运与保管

(1)不同品种、标号、规格和等级的产品应分别堆放。

(2)卷材应贮存在阴凉通风的室内,避免雨淋、日晒和受潮,严禁接近火源。沥青防水卷材贮存环境温度不得高于45℃。

(3)卷材宜直立堆放,其高度不宜超过两层,并不得倾斜或横压,短途运输平放不宜超过四层。

(4)应避免与化学介质及有机溶剂等有害物质接触。

(二)卷材胶粘剂的贮运与保管

(1)不同品种、规格的产品应分别用密封桶包装。

(2)胶粘剂应贮存在阴凉通风的室内,严禁接近火源和热源。

第三节 防水涂料

一、防水涂料的分类

防水涂料是以液体高分子合成材料为主体,在常温下涂刮在结构物表面,形成的薄膜致密物质。该物质具有不透水性、一定的耐候性及延伸性,能起防水和防潮作用。

防水涂料的分类如图 3-2 所示。其中沥青基防水涂料性能低劣、施工要求高,已被淘汰。

二、防水涂料的特点

1. 防水性能好

防水层可以由几层防水涂膜组成,还可以在防水涂膜的层间放置聚酯无纺布、化纤无纺布、玻纤网格布等材料形成增强层,因此防水性能较好。

2. 操作便捷

防水涂料可以用刷涂、刮涂、机械喷涂等方法施工,施工速度快。由于防水涂料在固化前呈黏稠液状,因此可以在立面、阴阳角及各种复杂表面形成无接缝的连续防水薄膜,特别适合于形状复杂的结构基面涂刷防水层。

3. 减少环境污染,安全性好

防水涂料大多采用冷法施工,不必加热熬制,既改善了劳动条件,确保施工操作人员的安全,又避免了施工对环境造成污染。

4. 温度适应性良好

能满足高、低温厂房和特殊工程的需要。

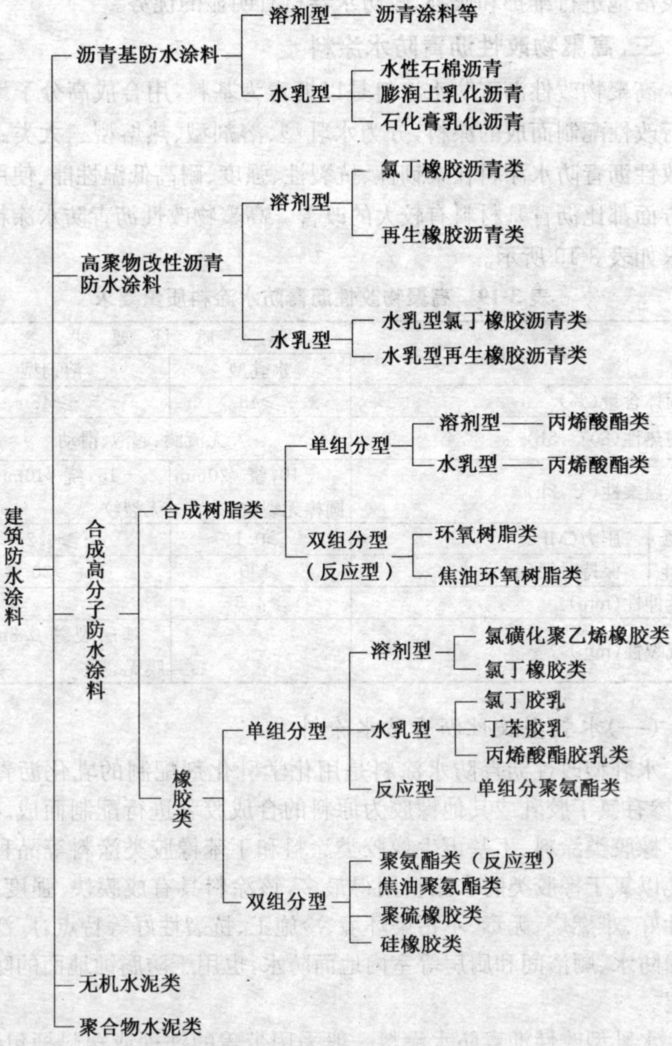

图 3-2　防水涂料的分类

5. 易于日常维护与修补

由于防水涂料的特性，可以根据防水层的部位、损坏方式和损坏地点灵活地进行维护和修补，较防水卷材有明显的优势。

三、高聚物改性沥青防水涂料

高聚物改性沥青防水涂料是以沥青为基料，用合成高分子聚合物进行改性配制而成的涂料，分为水乳型、溶剂型、热熔型三大类。高聚物改性沥青防水涂料在柔韧性、抗裂性、强度、耐高低温性能、使用寿命等方面都比沥青基材料有较大的改善。高聚物改性沥青防水涂料质量要求如表 3-19 所示。

表 3-19　高聚物改性沥青防水涂料质量要求

项　目		质量要求	
		水乳型	溶剂型
固体含量(%)		≥43	≥48
耐热性(80℃,5h)		无流淌、起泡、滑动	
低温柔性(℃,2h)		−10，绕 ϕ20mm 圆棒无裂纹	−15，绕 ϕ10mm 圆棒无裂纹
不透水性	压力(MPa)	≥0.1	≥0.2
	保持时间(min)	≥30	≥30
延伸性(mm)		≥4.5	—
抗裂性(mm)		—	基层裂缝 0.3mm，涂膜无裂纹

(一)水乳型改性沥青防水涂料

水乳型改性沥青防水涂料是用化学乳化剂配制的乳化沥青为基料，掺有氯丁胶乳或其他橡胶为原料的合成胶乳进行配制而成。分为氯丁橡胶类涂料、丁基再生橡胶类涂料和丁苯橡胶类涂料等品种。其中尤以氯丁橡胶类防水涂料用得最多，该涂料具有成膜快、强度高、耐候性好、难燃烧、无毒、不污染环境、冷施工、抗裂性好等特点，广泛用于屋面防水、厕浴间和厨房等室内地面防水，也用于防腐蚀地面的防水隔离层。

水乳型改性沥青防水涂料一般采用带盖的铁桶或塑料桶包装，每桶净重分为 200kg、100kg、50kg 三种。桶的立面应牢固涂刷厂名、产品标记、产品净重、生产日期和生产批号等。其物理性能应符合表3-20的要求。

表 3-20　水乳型改性沥青基防水涂料的物理性能

项　目	一等品	合格品
外　观	搅拌后为黑色或蓝褐色均质液体，搅拌棒上不粘附任何颗粒	搅拌后为黑色或蓝褐色液体，搅拌棒上不粘附明显颗粒
固体含量(%)不小于	43	
延伸性(mm)不小于 无处理 处理后	 6.0 4.5	 4.5 3.5
柔韧性	(−15±1)℃时无裂纹、无断裂	(−10±1)℃时无裂纹、无断裂
耐热性	在(80±2)℃×5h×45°坡度下无流淌、起泡和滑动	
粘结性	在(20±2)℃×2h 下不小于 0.2MPa	
不透水性	0.1MPa×30min 不渗水	
抗冻性	在(20±1)℃与(−20±2)℃循环冻融 20 次无开裂	

注：试件参考涂布量为 2.5kg/m²。

(二)溶剂型沥青防水涂料

溶剂型沥青防水涂料是以石油沥青与合成橡胶为基料，用适量的溶剂，配以助剂制成的一种防水涂料。按其橡胶的改性材料不同，可分为再生橡胶、氯丁橡胶、顺丁橡胶和丁苯橡胶改性沥青防水涂料等。

溶剂型沥青防水涂料能在各种复杂表面形成无接缝的防水薄膜，具有一定的防水性、柔韧性和耐久性，且涂料干燥固化迅速，能在常温及较低温度下冷施工，故适合于房屋的屋面防水工程以及旧油毡屋面的维修和翻修，也可以用于地下室、水池、冷库、地面等抗渗或防潮等工程。

溶剂型改性沥青防水涂料采用带盖的的铁桶或塑料桶包装，分 20kg、25kg、50kg 几种规格，桶的包装上应涂刷厂名、产品标记、产品净重、生产日期或生产批号等。并注明贮存和运输的注意事项。其物理性能如表 3-21 所示。

表 3-21 溶剂型改性沥青防水涂料的物理性能

项目			技术指标	
			一等品	合格品
固体含量(%)		≥	48	
抗裂性	基层裂缝(mm)		0.3	0.2
	涂膜状态		无裂纹	
低温柔性(ϕ10mm,2h)			−15℃	−10℃
			无裂纹	
粘结强度(MPa)		≥	0.20	
耐热性(80℃×5h)			无流淌、鼓泡、滑动	
不透水性(0.2MPa,30min)			不渗水	

四、合成高分子防水涂料

合成高分子防水涂料以合成橡胶或合成树脂为原料,加入适量的活化剂、改性剂、增塑剂及填充料等辅助材料制成的单组分或多组分(一般为双组分)防水涂料,统称为合成高分子防水涂料。

合成高分子防水涂料的种类繁多,分为合成树脂类和橡胶类两大类,每类中分为单组分型和双组分型,按其形态可分为乳液型、溶剂型及反应型三类。

在合成高分子防水涂料中,除聚氨酯、丙烯酸酯和硅橡胶外,其余产品均为中低档防水涂料。下面主要介绍聚氨酯、丙烯酸酯和硅橡胶防水涂料。

(一)聚氨酯防水涂料

聚氨酯防水涂料是以聚氨酯树脂为主要成膜材料的一类反应型防水材料,其品种包括焦油聚氨酯、纯聚氨酯、石油沥青聚氨酯防水涂料。其中双组分聚氨酯防水涂料在现场混合搅拌均匀可形成高弹性涂膜防水层,是目前国内用得较多的一种高档防水涂料。

聚氨酯防水涂料有较大的弹性和延伸性,有较好的抗裂、耐候、耐酸和抗老化性能,能在各种复杂表面形成无接缝的防水薄膜,尤其是对基层裂缝有一定的适应性。能在常温及较低温度下冷施工,故适合于房屋的屋面防水工程、地下室、厕浴间以及市政、地下管道的防水、防腐等工程。其物理性能详见表 3-22 和表 3-23。

表 3-22 单组分聚氨酯防水涂料的物理性能

序号	项目			Ⅰ	Ⅱ
1	拉伸强度(MPa)		≥	1.9	2.45
2	断裂伸长率(%)		≥	550	450
3	撕裂强度(N/mm)		≥	12	14
4	低温弯折性(℃)		≤	−40	
5	不透水性(0.3MPa,30min)			不透水	
6	固体含量(%)		≥	80	
7	表干时间(h)		≤	12	
8	实干时间(h)		≤	24	
9	加热伸缩率(%)		≤	1.0	
			≥	−4.0	
10	潮湿基面粘结强度①(MPa)		≥	0.50	
11	定伸时老化	加热老化		无裂纹及变形	
		人工气候老化②		无裂纹及变形	
12	热处理	拉伸强度保持率(%)		80～150	
		断裂伸长率(%)	≥	500	400
		低温弯折性(℃)	≤	−35	
13	碱处理	拉伸强度保持率(%)		60～150	
		断裂伸长率(%)	≥	500	400
		低温弯折性(℃)	≤	−35	
14	酸处理	拉伸强度保持率(%)		80～150	
		断裂伸长率(%)	≥	500	400
		低温弯折性(℃)	≤	−35	
15	人工气候老化②	拉伸强度保持率(%)		80～150	
		断裂伸长率(%)	≥	500	400
		低温弯折性(℃)	≤	−35	

注:①仅用于地下工程潮湿基面。

②仅用于外露使用的产品。

表 3-23　多组分聚氨酯防水涂料的物理性能

序号	项　目			Ⅰ	Ⅱ
1	拉伸强度(MPa)		≥	1.9	2.45
2	断裂伸长率(%)		≥	450	450
3	撕裂强度(N/mm)		≥	12	14
4	低温弯折性(℃)		≤	−35	
5	不透水性(0.3MPa,30min)			不透水	
6	固体含量(%)		≥	92	
7	表干时间(h)		≤	8	
8	实干时间(h)		≤	24	
9	加热伸缩率(%)		≤	1.0	
			≥	−4.0	
10	潮湿基面粘结强度①(MPa)		≥	0.50	
11	定伸时老化	加热老化		无裂纹及变形	
		人工气候老化②		无裂纹及变形	
12	热处理	拉伸强度保持率(%)		80～150	
		断裂伸长率(%)	≥	400	
		低温弯折性(℃)	≤	−30	
13	碱处理	拉伸强度保持率(%)		60～150	
		断裂伸长率(%)	≥	400	
		低温弯折性(℃)	≤	−35	
14	酸处理	拉伸强度保持率(%)		80～150	
		断裂伸长率(%)	≥	400	
		低温弯折性(℃)	≤	−30	
15	人工气候老化①	拉伸强度保持率(%)		80～150	
		断裂伸长率(%)	≥	400	
		低温弯折性(℃)	≤	−30	

注:①仅用于地下工程潮湿基面。

②仅用于外露使用的产品

(二)丙烯酸酯防水涂料

丙烯酸酯防水涂料一般分为溶剂型和水乳型,目前使用较多的是水乳型。水乳型丙烯酸酯防水涂料是以纯丙烯酸共聚物、改性丙烯酸或纯丙烯酸乳液为主要成分,加入适量填料、助剂及颜料等配制而成。这类防水涂料的最大优点是具有优良的耐候性、耐热性和耐紫外线(适用温度－30℃～80℃);同时延伸性好,能适应基层一定幅度的开裂变形。

水乳型丙烯酸酯防水涂料可冷施工,可采用涂刷、刮涂、喷涂等工艺施工,适合于房屋的屋面、墙面、厕浴间以及地下室防水工程施工。产品按拉伸强度分为Ⅰ、Ⅱ类,其技术性能见表 3-24。

表 3-24　丙烯酸酯防水涂料的技术性能

试验项目			性能指标	
			Ⅰ类	Ⅱ类
拉伸强度(MPa)		≥	1.0	1.5
断裂伸长率(%)		≥	300	300
低温柔性(绕 ϕ10mm 棒)			－10℃,无裂纹	－20℃,无裂纹
不透水性(0.3MPa,0.5h)			不透	
固体含量(%)		≥	65	
干燥时间(h)	表干时间	≤	4	
	实干时间	≤	8	
老化处理后的拉伸强度保持率(%)	加热处理	≥	80	
	紫外线处理	≥	80	
	碱处理	≥	60	
	酸处理	≥	40	
老化处理后的断裂伸长率(%)	加热处理	≥	200	
	紫外线处理	≥	200	
	碱处理	≥	200	
	酸处理	≥	200	
加热伸缩率(%)	伸长	≤	1.0	
	缩短	≤	1.0	

(三)硅橡胶防水涂料

硅橡胶防水涂料是以硅橡胶乳液及其他乳液的复合物为主要基料。掺入无机填料及各种助剂配制而成。该产品分为 1 号和 2 号两个品种,均为单组分。1 号用于底层及表层,2 号用于中间作为加强层。硅橡胶防水涂料有良好的渗透性、防水性、成膜性、弹性,粘结性和耐高、低温性能，适应基层变形能力强，成膜速度快，可在潮湿基面上施工，无毒、无味、不燃，可配制成各种颜色，但价格较高。可用于防水等级较高的屋面、地下、外墙板缝及人防工程等。其技术性能见表 3-25。

表 3-25 硅橡胶防水涂料的技术性能

项 目	性 能 指 标
pH 值	8
固体含量	1 号 41.8%；2 号 66.0%
表干时间 $<$	45min
黏度(涂-4 杯，s)	1 号 68；2 号 234
抗渗性	迎水面 1.1～1.5MPa 恒压一周无变化；背水面 0.3～0.5MPa 恒压一周无变化
渗透性	可渗入基底 0.3mm 左右
抗裂性	4.5～6mm(涂膜厚 0.4～0.5mm)
伸长率	640%～1000%
低温柔性	－30℃冰冻 10d 后绕 ϕ3mm 棒不裂
扯断强度	2.2MPa
直角撕裂强度	81N/cm^2
粘结强度	0.57MPa
耐热	(100±1)℃，6h 不起鼓，不脱落

此外还有无机水泥类防水涂料和聚合物水泥类防水涂料，此类防水涂料性能较好、施工工艺简单，在防水工程中占有一定的使用比例，但其缺点较多，需在实践中不断改进。

五、防水涂料的现场抽样复检

(一)现场抽检数量

高聚物改性沥青防水涂料和合成高分子防水涂料现场抽检数量均以每 10t 为一批，不足 10t 按一批抽样。

(二)外观质量检验

1. 高聚物改性沥青防水涂料

包装完好无损，且标明涂料名称、生产日期、生产厂名、产品有效期；无沉淀、凝胶、分层。

2. 合成高分子防水涂料

包装完好无损，且标明涂料名称、生产日期、生产厂名、产品有效期。

（三）物理性能检验

1. 高聚物改性沥青防水涂料

固体含量，耐热度，柔性，不透水性，延伸率。

2. 合成高分子防水涂料

固体含量，拉伸强度，断裂延伸率，柔性，不透水性。

六、防水涂料的运输与保管

（1）防水涂料包装容器必须严密；容器表面应有明显标志，标明涂料名称、生产厂名、生产日期和产品有效期。

（2）水乳型涂料运输和保管环境温度宜不低于 0℃。

（3）溶剂型涂料运输和保管环境温度不得低于 0℃。严防暴晒、碰撞、渗漏，保管环境应干燥、通风、远离火源。仓库内应有消防设施。

（4）胎体增强材料运输和保管环境应干燥、通风、远离火源。

第四节　密封材料

建筑密封材料是指填充于建筑物的接缝、裂缝、门窗框、玻璃周边以及管道接头或与其他结构的连接处，能阻塞介质透过渗漏通道，起到水密、气密性作用的材料。密封材料应具有较好的粘结性、弹性和耐老化性，能在长期经受拉伸、收缩以及振动疲劳等作用后，仍保持其完好的防水效果。

密封材料分为不定型密封材料和定型密封材料两大类，其主要分类如图 3-3 所示。不定型密封材料呈膏糊状，如腻子、塑料密封胶、弹性或弹塑性密封胶或嵌缝膏等；定型密封材料多根据设计要求，制成带状、条状或垫状。

一、不定型密封材料

（一）产品标记和性能

在防水工程中，不定型密封材料主要用于混凝土的接缝部位，包括

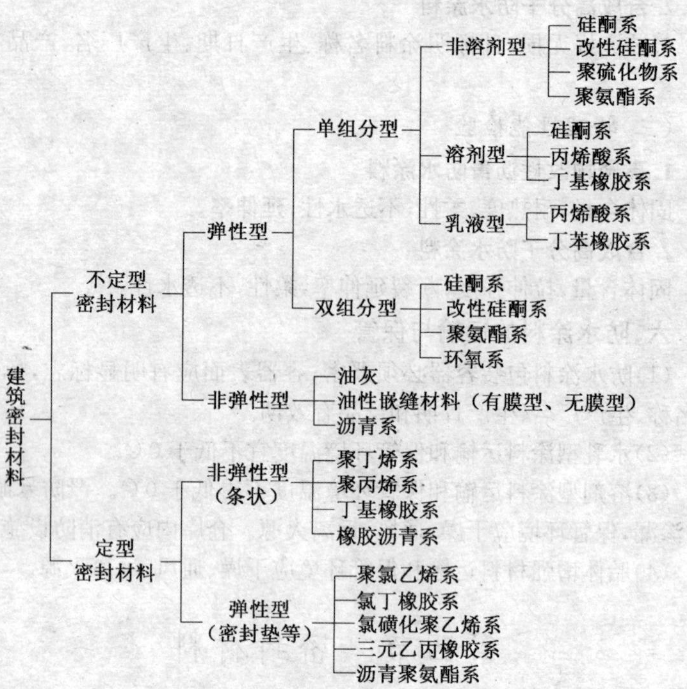

图 3-3 建筑密封材料的分类

弹性密封胶和塑性密封胶两大类。密封胶按下列顺序标记：名称、品种、类型、级别、次级别、标准号。密封胶产品标记，如图 3-4 所示。

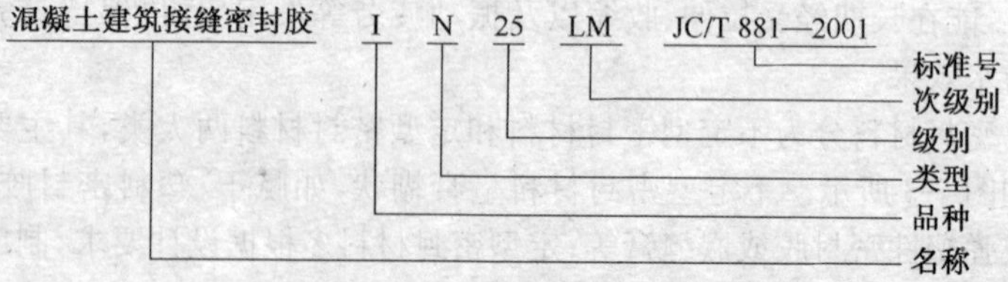

图 3-4 密封胶产品标记

密封胶应为细腻、均匀膏状物或黏稠液体，不应有气泡、结皮或凝胶。密封胶的适用期和表干时间指标由供需双方商定。密封胶的物理性能见表 3-26。

表 3-26　密封胶的物理性能

项目			技术指标						
			25LM	25HM	20LM	20HM	12.5E	12.5P	7.5P
流动性	下垂度(N型,mm)	垂直	≤3						
		水平	≤3						
	流平性(S)型		光滑平整						
挤出性(ml/min)			≥80						
弹性恢复率(%)			≥80		≥60		≥40	<40	<40
拉伸粘结性	拉伸模量(MPa)	23℃	≤0.4	>0.4	≤0.4	>0.4	—		
		-20℃	和≤0.6	和>0.6	和≤0.6	和>0.6	—		
	断裂伸长率(%)		—				≥100	≥20	
定性粘结性			无破坏				—		
浸水后定伸粘结性			无破坏				—		
热压-冷拉后粘结性			无破坏				—		
拉伸-压缩后粘结性			—				无破坏		
浸水后断裂伸长率(%)			—				≥100	≥20	
质量损失率①(%)			≤10			—			
体积收缩率(%)			≤25②			≤25			

注:①乳胶型和溶剂型产品不测质量损失率。

②仅适用于乳胶型和溶剂型产品。

(二)常用产品介绍

1. 聚氨酯建筑密封胶

聚氨酯建筑密封胶属中高档密封材料,是以异氰酸基为基料和含有活性氢化合物的固化剂组成的一种常温反应固化型弹性密封材料。聚氨酯建筑密封胶具有弹性模量低、延伸率大、弹性高、粘结性好,耐低温、耐水、耐油、耐酸碱、耐疲劳及使用年限长等优点,且价格适中。可用于中、高级屋面接缝防水;也适用于墙面、地下室、门窗、公路、桥梁、运动场、飞机场等结构接缝的密封。其物理性能见表 3-27。

表 3-27　聚氨酯建筑密封胶的物理性能

项目		指标		
		优等品	一等品	合格品
密度(g/cm³)		规定值±0.1		
适用期(h)	不小于	3		

续表 3-27

项目			指标		
			优等品	一等品	合格品
表干时间(h)		不大于	24	48	
渗出性指数		不大于	2		
流变性	下垂度(N型)(mm)	不大于	3		
	流平性(L型)		5℃自流平		
低温柔性(℃)			−40	−30	
拉伸粘结性	最大拉伸强度(MPa)	不小于	0.2		
	最大伸长率(%)	不小于	400	200	
定伸粘结性(%)			200	160	
恢复率(%)		不小于	95	90	85
剥离粘结性	剥离强度(N/mm)	不小于	0.9	0.7	0.5
	粘结破坏面积(%)	不大于	25	25	40
拉伸压缩循环性能	级别		9030	8020	7020
	粘结和内聚破坏面积(%)	不大于	25		

2. 聚硫建筑密封胶

聚硫建筑密封胶属于高档密封材料。是由液态聚硫橡胶为主剂，与金属过氧化物等硫化反应，在常温下形成的弹性体，建筑工程中目前多用双组分密封胶。

聚硫建筑密封胶不用溶剂，施工性好。具有良好的耐候、耐油、耐湿热、耐水和耐低温性能，使用范围为−40℃～90℃，抗撕裂性强，粘结性好。适用于建筑接缝活动量大的部位，如屋面、地下室、地道、车库、蓄水库等。其物理性能见表 3-28。

表 3-28 聚硫建筑密封胶的物理性能

序号	等级 / 指标 / 项目		A类		B类		
			一等品	合格品	优等品	一等品	合格品
1	密度(g/cm^3)		规定值±0.1				
2	适用期(h)		2～6				
3	表干时间(h)	不大于	24				

续表 3-28

序号	项目		A类		B类		
			一等品	合格品	优等品	一等品	合格品
4	渗出指数　不大于		4				
5	流变性	下垂度(N型,mm)　不大于	3				
		流平性(L型)	光滑平整				
6	低温柔性(℃)		−30		−40	−30	
7	拉伸粘结性	最大拉伸强度(MPa)　不小于	1.2	0.8	0.2		
		最大伸长率(%)不小于	100		400	300	200
8	恢复率(%)　不小于		90		80		
9	拉伸压缩循环性能	级别	8020	7010	9030	8020	7010
		粘结破坏面积(%)不大于	25				
10	加热失重(%)　不大于		10		6	10	

3. 丙烯酸酯建筑密封胶

是以丙烯酸酯乳液为胶粘剂,加入少量表面活性剂、增塑剂、改性剂以及填充料、颜料等配制而成,产品为单组分水乳型。产品的物理性能见表 3-29。

表 3-29　丙烯酸酯建筑密封胶的物理性能

项　目		指　标		
		优等品	一等品	合格品
密度(g/cm^3)		规定值±0.1		
挤出性(ml/min)	不小于	100		
表干时间(h)	不大于	24		
渗出性,指数	不大于	3		
下垂度(mm)	不大于	3		
初期耐水性		未见浑浊液		
低温贮存稳定性		未见凝固、离析现象		
收缩率(%)	不大于	30		
低温柔性(℃)		−20	−30	−40

续表 3-29

项目			指标		
			优等品	一等品	合格品
拉伸粘结性	最大拉伸强度(MPa)		0.02～0.15		
	最大伸长率(%)	不小于	400	250	150
恢复率(%)		不小于	75	70	65
拉伸压缩循环性能	级别		7020	7010	7005
	平均破坏面积(%)	不大于	25		

丙烯酸酯建筑密封胶具有良好的粘结性、施工性及优异的低温柔性。无毒、无溶剂污染、不燃。可适用于刚性屋面混凝土或金属板缝的密封;也适用于小尺寸混凝土墙板、钢塑门窗、玻璃、陶瓷、石膏板及塑料间的密封防水。

4. 有机硅橡胶密封胶

有机硅橡胶密封胶目前常用的是单组分。它具有优异的耐高、低温性、柔韧性、耐疲劳性,粘结力强,延伸率大,耐腐蚀,耐老化,并能长期保持弹性,是一种高档的密封材料,但价格昂贵。有机硅橡胶密封胶的分类、特点见表 3-30,其物理性能如表 3-31、表 3-32 所示。高模量有机硅橡胶密封胶主要用于建筑物的结构型密封部位,如大型玻璃幕墙、隔热玻璃粘结密封,建筑物门窗及框架周边密封;中模量除在大伸缩性处不能使用外,其他场合均可采用;低模量主要适用于建筑物的非结构型密封部位。如预制混凝土墙板。

表 3-30 有机硅橡胶密封胶的种类和特点

种类		优点	缺点
单组分型	醋酸型	橡胶强度大,透明性好	由于生成醋酸有刺激臭味,对金属有腐蚀
	肟基型	基本无臭味	对铜等特殊金属有腐蚀
	醇型	无臭、无腐蚀性,对水泥砂浆粘结性好	固化稍慢
	氨基型	无腐蚀,对水泥砂浆粘结性好	有氨基臭味
	氨络物型	无腐蚀性	有氨络物臭味
	膏状型	不需打底,粘结力强,涂装后可用	同是溶剂型有收缩
双组分型		低模量,撕裂强度大,粘结性好	在高温或密封状态下固化不充分

表 3-31　单组分有机硅橡胶密封胶的物理性能

项目名称 \ 指标 \ 类别	高模量		中模量	低模量
	醋酸型	醇型	醇型	酰胺型
颜色	透明，白，黑，棕，银灰	透明，白，黑，棕，银灰	白，黑，棕，银灰	
稠度	流动，不坍塌	不流动，不坍塌	不流动，不坍塌	
操作时间(h)	7～10	20～30	30	
指触干时间(min)	30～60	120		
完全硫化(h)	7	7	2	
拉伸强度(MPa)	2.5～4.5	2.5～4.0	1.5～4.0	1.5～2.5
延伸率(%)	100～200	100～200	200～600	
硬度(邵氏 A)	30～60	30～60	15～45	
永久变形率(%)	<5	<5	<5	

注：本表数据为成都有机硅应用研究中心的产品性能。

表 3-32　双组分有机硅橡胶密封胶的物理性能

项目名称	指标		
	QD231	QD233	X-1
外观	无色透明	白(可调色)	白(可调色)
流动性	流动性好	不流动	不流动
抗拉强度(MPa)	4～5	4～6	1.2～1.8
伸长率(%)	200～250	350～500	400～600
硬度(邵氏 A)	40～50	50	
模量	高	高	低
黏附性	良好	良好	良好

注：本表数据为北京化工二厂产品性能。

5. 改性石油沥青密封材料

改性石油沥青密封材料有优良的粘结性与防水性，可以冷施工，价格低廉，适用于一般要求的屋面接缝密封防水、防水层的收头处理等。其物理性能可参考表 3-33。

表 3-33 改性石油沥青密封材料的物理性能

项目		性能要求	
		Ⅰ	Ⅱ
耐热度	温度(℃)	70	80
	下垂值(mm)	≤4.0	
低温柔性	温度(℃)	−20	−10
	粘结状态	无裂纹和剥离现象	
拉伸粘结性 (%)		≥125	
浸水后拉伸粘结性(%)		≥125	
挥发性 (%)		≤2.8	
施工度(mm)		≥22.0	≥20.0

注:改性石油沥青密封材料按耐热度和低温柔性分为Ⅰ类和Ⅱ类。

二、定型密封材料

定型密封材料是根据不同工程要求制成的断面形状呈带状、条状、垫状等的防水材料,专门处理建筑物或地下构筑物的各种接缝(如伸缩缝、施工缝及变形缝),以达到止水和防水的作用。现将几种主要产品介绍如下。

(一)止水带

一般分为塑料止水带、橡胶止水带及复合止水带三种,其分类、特点与用途见表 3-34。

表 3-34 止水带的分类、特点与用途

种类	特点	用途及注意事项
塑料止水带	由聚氯乙烯树脂加入增塑剂、稳定剂等助剂,经塑炼、造粒、挤出工艺加工而得。原料充足,成本低廉(仅为天然橡胶的 40%~50%),耐久性好、物理力学性能能满足使用要求,可节约橡胶及紫铜片	用于工业与民用建筑的地下防水工程、隧道、涵洞、坝体、溢洪道、沟渠等变形缝防水 由于性能及施工效果较差,目前已较少采用
橡胶止水带	采用天然橡胶或合成橡胶及优质高效配合剂为基料压制而成。具有较好的弹性、耐磨性和耐撕裂性,适应变形能力强,防水性能好,使用范围一般为−40℃~40℃	适用于地下构筑物、小型水坝、贮水池、游泳池、屋面及其他建筑物和构筑物的变形缝防水。但当温度超过 50℃及受强烈的氧化作用或油类等有机溶剂侵蚀的条件下,不得使用

续表 3-34

种类	特　点	用途及注意事项
钢边橡胶止水带	系由一段可伸缩的橡胶和两边配有镀锌钢边所组成。这种止水带基本上可克服橡胶止水带与混凝土粘附力较差，不适应大变形接缝的缺点。其本身有双重用途，一方面可以延长渗水途径，延缓渗水速度，另一方面镀锌钢边和混凝土有着良好的粘结性，可使止水带承受较大的拉力和扭力	用途同一般橡胶止水带，最大能适用 90mm 的特大变形量 通常要求橡胶和钢边之间的粘合强度达 80～100N/2.5cm（剥离强度）

(二)遇水膨胀橡胶

遇水膨胀橡胶是以水溶性聚氨酯预聚体、丙烯酸钠高分子吸水性树脂等材料与天然橡胶、氯丁橡胶等合成橡胶制成的遇水膨胀性防水橡胶。它既有一般橡胶防水制品的弹性密封性能，同时，它还具有遇水膨胀的特性，当遇水膨胀后，材料的塑性进一步加大，从而堵塞混凝土孔隙和裂缝，在膨胀倍率范围内有以水止水的功能。

遇水膨胀橡胶分为制品型与腻子型两种。腻子型遇水膨胀橡胶在外力作用下（如手压、敲打）能改变其原有外形，并在吸水膨胀时部分塑性加大。制品型遇水膨胀橡胶适用于建筑物的变形缝、施工缝以及金属、混凝土等各类预制件的接缝防水；而腻子型遇水膨胀橡胶更适用于建筑、人防等地下工程的接缝密封与防水。

(三)膨润土橡胶遇水膨胀止水条

膨润土橡胶遇水膨胀止水条外观为柔软有一定弹性匀质的条状物，主要应用于各种建筑物、构筑物、隧道、地下工程及水利工程的缝隙止水防渗。

三、密封材料的运输与贮存

(1)密封材料应分类贮存在通风、阴凉的室内，环境温度不应高于 50℃；水乳型密封材料的贮存环境温度不应低于 0℃。

(2)密封材料的贮运、保管应避开火源、热源，避免日晒、雨淋。

(3)防止碰撞、挤压,保持包装完好无损。

四、密封材料的现场抽样复检

(一)现场抽检数量

改性石油沥青密封材料每2t为一批,不足2t按一批抽样;合成高分子密封材料现场抽检数量以每1t为一批,不足1t按一批抽样。

(二)外观质量检验

1. 改性石油沥青密封材料

黑色均匀膏状,无结块和未浸透的填料。

2. 合成高分子密封材料

均匀膏状物,无结皮、凝胶或不易分散的固体团状。

(三)物理性能检验

1. 改性石油沥青密封材料

耐热度,低温柔性,拉伸粘结性,施工度。

2. 合成高分子密封材料

拉伸粘结性,柔性。

五、防水涂料的运输与保管

(1)避免火源、热源,避免日晒、雨淋。

(2)防止碰撞、挤压,保持包装完整无损。

(3)密封材料应分类贮放在通风、阴凉的室内,环境温度应不高于50℃。

第五节 刚性防水材料简介

一、刚性防水材料的分类

刚性防水材料通常指防水砂浆与防水混凝土,还包括随着科技的发展,出现的各种防水剂和灌浆堵漏材料,其分类如图3-5所示。

二、防水混凝土

防水混凝土兼有结构层和防水层的双重功能。防水混凝土一般包括普通防水混凝土、外加剂防水混凝土和膨胀剂防水混凝土三大类,其防水机理是依靠结构构件混凝土自身的密实性,再加上一些构造措施

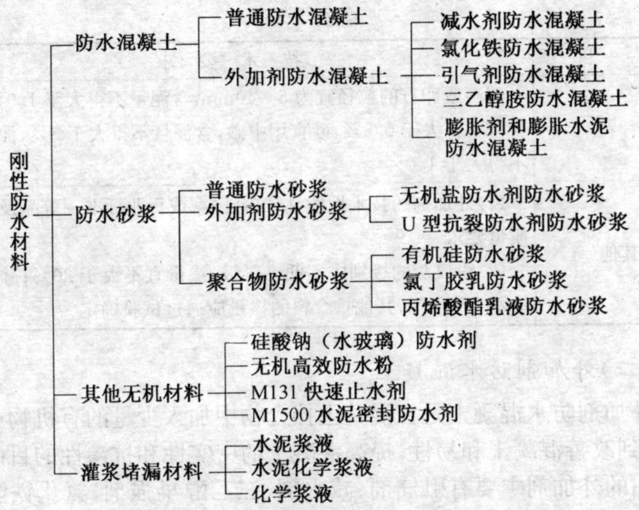

图 3-5　常用刚性防水材料分类

(如设置坡度、变形缝或者使用密封胶、止水带等)，达到结构自防水的目的。

(一)普通防水混凝土

普通防水混凝土是以调整配合比的方法来提高自身密实性和抗渗性要求的一种混凝土。其与一般混凝土不同的地方是：一般混凝土其主要材料水泥、砂、石子和水的配合用量是根据强度要求配制的；而普通防水混凝土上述各种材料的用量是根据工程的抗渗等级配制的。

提高混凝土的密实性和抗渗性措施是控制水灰比、砂率、水泥用量。配制普通防水混凝土的技术要求见表 3-35。

表 3-35　配制普通防水混凝土的技术要求

项　　目	技 术 要 求
水灰比	≯0.55
坍落度	宜不大于 50mm，泵送时入泵坍落度宜为 100～140mm
水泥用量	不少于 300kg/m^3，掺有活性掺合料时不少于 280kg/m^3
含砂率	宜为 35%～45%
灰砂比	宜为 1∶2～1∶2.5

续表 3-35

项目	技术要求
骨料	碎石或卵石的粒径宜为5～40mm，含泥量不得大于1.0%，泥块含量不得大于0.5%；砂宜用中砂，含泥量不得大于3%，泥块含量不得大于1.0%
其他	(1)外加剂的技术性能，应符合国家或行业标准一等品及以上的质量要求 (2)粉煤灰的级别应不低于二级，掺量宜不大于20%；硅粉掺量应不大于3%，其他掺合料的掺量应通过试验确定

(二)外加剂防水混凝土

外加剂防水混凝土是在混凝土拌合物中加入少量的有机物或无机物，达到改善混凝土和易性，提高混凝土的密实性和抗渗性的目的。国内使用的外加剂主要有引气剂、减水剂、三乙醇早强剂、氯化铁防水剂等有机物，此外还有其他一些无机盐产品。

1. 引气剂防水混凝土

引气剂防水混凝土是在混凝土拌合物中掺入微量引气剂配制而成。其防水原理是，利用引气剂的憎水作用显著降低混凝土拌合水的表面张力，通过搅拌在混凝土中产生大量微小、均匀的气泡，从而改善拌合物的和易性，减少沉降泌水及分层离析，最终在混凝土的结构组成中产生密闭的气泡，从而提高了混凝土的密实性、抗渗性以及对冷热、干缩、冻融交替的抵抗能力。

常用的引气剂主要性能、用途见表3-36，引气剂防水混凝土的配制要求，见表3-37。

表 3-36 常用防水混凝土引气剂

名称	主要成分	一般掺量 (占水泥重)	主要性能、用途
PC-2 引气剂	松香 热聚物	0.6/万	具有引气、减水作用。适用于有防冻、防渗的港工及水工混凝土工程。含气量3%～8%，强度降低
CON-A 引气减水剂	松香皂三 乙醇胺等	(0.5～1.0)/万	具有引气、减水增强作用。适用于防冻、防渗、耐碱要求的混凝土工程。含气量8%

续表 3-36

名称	主要成分	一般掺量（占水泥重）	主要性能、用途
烷基苯磺酸钠引气剂	烷基苯磺酸钠等	(0.5～1.0)/万	改善混凝土的和易性，提高抗冻性，用于有抗冻、抗渗要求的混凝土工程。含气量 3.7%～4.4%
OP 乳化剂	烷基酸环氧乙烷缩聚物	(0.5～6.0)/万	改善混凝土的和易性，提高抗冻性，适用于防水混凝土工程。含气量 4%，减水 7%
801 引气剂	高级脂肪醇衍生物	(1.0～3.0)/万	具有引气、减水作用，有良好的抗渗性，适用于防水工程。含气量 5%～6%，减水 7%左右
烷基磺酸钠(AS)	烷基磺酸钠等	(0.8～1.0)/万	具有引气作用，适用于有防冻、防渗要求的水工混凝土工程。含气量 4%左右

表 3-37 引气剂防水混凝土的配制要求

项 目	要 求
引气剂掺量	以使混凝土获得 3%～6%的含气量为宜，松香酸钠掺量为 0.01%～0.03%，松香热聚物掺量约为 0.01%
含气量	以 3%～5%为宜，此时拌合物表观密度降低不得超过 6%，混凝土强度降低值不得超过 25%
坍落度(mm)	30～50
水泥用量(kg/m³)	≮250，一般为 280～300，当耐久性要求较高时，可适当增加用量
水灰比	≯0.65，以 0.5～0.6 为宜，当抗冻性耐久性要求高时，可适当降低水灰比
砂率(%)	28～35
灰砂比	1∶2～1∶2.5
粗骨料级配(mm)	10～20；20～40；30～70；或自然级配，粗骨料最大粒径≯40

2. 减水剂防水混凝土

在混凝土拌合物中掺入适量的不同类型减水剂，以提高其抗渗性能为目的的防水混凝土称为减水剂防水混凝土。

减水剂可以提高混凝土的和易性。在满足施工和易性的条件下，可以大大降低拌合用水量，提高混凝土的密实性、抗渗性。减水剂的种类很多，其中比较成熟的几种减水剂如表 3-38 所示。减水剂的选用应根据混凝土施工工艺、工程结构和对混凝土的抗渗性、强度等要求，以及施工时的气温，同时顾及减水剂的价格、供应情况等多方面因素考虑确定。

表 3-38 用于防水混凝土的几种减水剂

种类		优点	缺点	适用范围
木质素磺酸钙	M	有增塑及引气作用，提高抗渗性能最为显著 有缓凝作用，可推迟水化热峰出现 可减水 10%～15%或增强 10%～20% 价格低廉，货源充足	分散作用不及 NNO、MF、JN 等高效减水剂 温度较低时，强度发展缓慢，需与早强剂复合作用	一般防水工程均可使用，更适用于大坝、大型设备基础等大体积混凝土工程和夏季施工
多环芳香族磺酸钠	NNO MF JN FDN UNF	均为高效减水剂，减水 12%～20%，增强 15%～20% 可显著改善和易性，提高抗渗性 MF、JN 有引气作用，抗冻性、抗渗性较 NNO 好 JN 减水剂在同类减水剂中价格最低，仅为 NNO 的 40%左右	货源少，价格较贵 生成气泡较大，需要高频振捣器排除气泡以保证混凝土质量	防水混凝土工程均可使用，冬季气温低时，使用更为适宜
糖蜜		分散作用及其他性能均同木质素磺酸钙 掺量少，经济效果显著 有缓凝作用	由于可从中提取酒精丙酮等副产品，因而货源日趋减少	宜于就地取材，配制防水混凝土

3. 其他掺外加剂防水混凝土

(1)氯化铁防水混凝土。在混凝土拌合物中加入少量的氯化铁防水剂拌制而成的防水混凝土，称为氯化铁防水混凝土。它是一种具有高抗渗性和密实性的材料。适用于水中结构的无筋、少筋厚大的防水混凝土、一般地下防水工程以及砂浆修补抹面等。

(2)三乙醇胺防水混凝土。在混凝土拌合物中掺入适量的三乙醇胺,以提高混凝土抗渗性能的混凝土称为三乙醇胺防水混凝土。三乙醇胺既能提高混凝土的抗渗性,也具有早强、增强作用。这种混凝土尤其适用于工期紧迫、要求早强及抗渗性较高的防水工程及一般防水工程。

(3)膨胀水泥防水混凝土。在混凝土中加入膨胀剂,使混凝土产生适度膨胀,从而防止或减少混凝土的收缩开裂,并使混凝土密实度提高,起到防水和抗渗作用。膨胀防水混凝土由于密实性与抗裂性好,可适用于屋面与地下防水工程、山洞、钢筋混凝土油罐、主要工程的后浇缝以及修补工程等。

三、防水砂浆

(一)分类

防水砂浆按其材料成分不同,通常可分为普通防水砂浆、外加剂防水砂浆和聚合物防水砂浆三种。

(二)防水原理

普通防水砂浆是利用不同配合比的水泥砂浆和水泥砂浆分层分次施工,相互交替抹压密实,充分切断各层次毛细孔网,构成一个多层防线的整体防水层,具有一定的防水效果。

外加剂防水砂浆中掺入的外加剂,主要有防水剂和膨胀剂,其防水原理与防水混凝土类似。

聚合物防水砂浆是在水泥砂浆中掺人一定量的聚合物(如有机硅、氯丁胶乳、丙烯酸酯乳液等),使砂浆具有良好的抗渗、抗裂与防水性能。

(三)适用范围

(1)普通防水砂浆、外加剂防水砂浆,一般适用于埋置深度不大,使用时不会因结构沉降、温度、湿度变化以及振动等产生有害裂缝的地下或地上防水工程。

(2)有机硅防水砂浆,适用于混凝土、石灰石、砖瓦、石膏制品、矿物制品的防水;如用硫酸铝或硝酸铝中和后,可用作木材、纤维板、纸及其加工品的防水。

(3)氯丁胶乳防水砂浆可作为地下建筑物和贮水设施(如水箱、水池、水塔等)的防水层以及屋面、墙面防水或防潮层;也可用于建筑物裂缝的修补以及轮船甲板敷料和耐腐蚀地面等。

(4)丙烯酸酯共聚乳液防水砂浆,可用于混凝土屋面板、砂浆和混凝土砌块组成的衬砌结构、水箱、游泳池和化粪池等防水,以及防渗漏水工程的修补材料。

(5)除聚合物砂浆外,其他砂浆均不宜用于长期受冲击荷载和较大振动作用下的防水工程,也不适用于受腐蚀、高温(100℃以上)以及遭受反复冻融的砖砌体工程。

第六节 堵漏止水材料

一、建筑渗漏的形式

根据渗漏的位置建筑渗漏的主要形式分为点、缝和面的渗漏;根据其渗水量的大小又可分为慢渗、快渗、漏水和涌水。应根据工程的具体渗漏情况,采用不同的堵漏止水材料加以处理。

二、堵漏止水材料的分类

堵漏止水材料包括防水剂、灌浆材料、止水带、遇水膨胀橡胶等。

三、常用堵漏止水材料

(一)防水剂与防水粉

1. 硅酸钠防水剂

硅酸钠防水剂是以硅酸钠(水玻璃)为基本原料,按一定配合比掺入适量的水和数种矾类配制而成的一种具有促凝作用的快速堵漏材料。硅酸钠防水剂系绿色黏性液体。与水泥拌合后可制成防水砂浆。加入混凝土中即成为防水混凝土,可堵塞渗漏水的缝与洞。

硅酸钠类防水剂目前常用的有二矾、三矾、四矾、五矾防水剂及快燥精等五个品种。应根据工程需要选用。

硅酸钠类防水剂配制成胶泥可适用于地下室、水池等构筑物防水堵漏以及抢修小型混凝土工程(不承受荷载)。但不能掺入混凝土内,作为防水混凝土的承重结构使用。

2. 无机高效防水粉

无机高效防水粉是一种水硬性无机型胶凝材料,与水调合硬化后即具有防水、防渗性能。这种材料外观一般为白色或灰色粉末状材料。无机型高效防水粉产品很多,当前常用的有堵漏灵、确保时、堵漏停、堵漏能、防水宝等产品,其使用方法、技术性能大同小异,可根据工程需要及使用要求加以选择。

堵漏灵、堵漏停、堵漏能的技术指标如表 3-39 所示。防水宝为系列产品,包括Ⅰ型防水宝(母料)、Ⅱ型防水宝以及与Ⅱ型防水宝配合用的速凝剂,其技术指标见表 3-40。确保时与防水宝的性能测试结果见表3-41。

表 3-39 堵漏灵、堵漏停、堵漏能的技术指标

项目 \ 产品		堵漏灵		堵漏停	堵漏能 Q/HD-01-93
		Ⅱ型(简称 02)	Ⅲ型(简称 03)		
抗压	净浆	＞22MPa		≥13	≥15
	7d 砂浆	＞19MPa	＞36MPa		
抗折	净浆	＞4MPa		≥4.0	≥4
	7d 砂浆	＞3MPa	6MPa		
抗渗	净浆	＞1.5MPa	1.5MPa	≥1.5	迎水面≥2.0
	7d 砂浆	＞0.5MPa			背水面≥2.0
粘结力		＞7d1.6MPa		≥1.2MPa	≥2MPa
遮盖力		≤300g/m²		≤300g/cm²	
冻融循环(－20℃～＋20℃)		20 次涂膜无变化	50 次试块无变化	－13℃～30℃ 50 次合格	－13℃～30℃ 50 次无变化
人工老化试验 1000h		涂膜无变化			
耐高温(100℃沸水煮)		6h 无变化		5h 无变化	
耐碱〔饱和 $Ca(OH)_2$ 浸泡 18 个月〕		6h 变化		10%NaOH48h 不起泡、开裂脱落	10%NaOH48h 不起泡、开裂、脱落

续表 3-39

项目 \ 产品		堵漏灵 Ⅱ型（简称 02）	堵漏灵 Ⅲ型（简称 03）	堵漏停	堵漏能 Q/HD-01-93
耐盐（饱和食盐水浸泡 18 个月）		6h 无变化			
耐海水（天然海水浸泡 18 个月）		6h 无变化			
凝结时间（25℃）	初凝	1.5h	34min	≥45min	≥30min
	终凝	2.5h	43min	≤6h	5h
耐低温性（−40℃）				5h 无变化	

表 3-40　防水宝的技术指标

项　　目		Ⅰ型防水宝	Ⅱ型防水宝
外观		母料：白色均匀粉末，无结块，无异物	灰色均匀粉末，无结块，无异物
凝结时间（min）	初凝，不小于	45	40 注①
	终凝，不大于	360	90 注②
7d 抗压强度（MPa）净浆，不小于		13	20
7d 抗折强度（MPa）净浆，不小于		4	5
7d 抗渗压力（MPa）不小于	涂层	0.4	0.4
	砂浆	1.5	2.0
粘结力（MPa）不小于		1.2	1.4
冻融（无开裂、起皮、剥落）		−13℃～30℃，30 次	−20℃～30℃，50 次
耐碱性（无开裂、起皮、剥落）		10%NaOH 浸泡 48h	氢氧化钙浸泡 500h
耐高温（无开裂、起皮、剥落）		100℃水煮 5h	100℃水煮 5h
耐低温（涂层无变化）		−40℃，5h	−40℃，5h
抗硫酸盐侵蚀，*K* 值，不小于			1.0

注：①Ⅱ型防水宝初、终凝间隔时间应不大于 30min。

②Ⅱ型防水宝掺不同量的速凝剂可调节凝结时间用于快速堵漏。

表 3-41　确保时、防水宝防水材料的性能测试结果

性　能	条　件	测试结果	
		防水宝	确保时
外观		浅灰色粉末，略有白色颗粒	浅灰色粉末，略有白色颗粒
抗压强度(MPa)	28d 净浆	27.2	30.5
	28d 砂浆	21.5	22.1
抗折强度(MPa)	28d 净浆	6.6	6.0
	28d 砂浆	5.2	5.2
粘结强度(MPa)	7d	2.1	2.5
遮盖力(g/m^2)		300	300
耐碱性	10%NaOH 溶液浸泡 30d	涂层不起泡、不开裂、不脱落	涂层不起泡、不开裂、不脱落
耐沸煮	100℃沸水 5h	涂层基本无变化	涂层基本无变化
耐冻融循环	−15℃～+30℃ 50 个循环	涂层基本无变化，但有些掉粉	涂层基本无变化，略有掉粉，程度比防水宝轻
耐低温性	−40℃ 5h	涂层手擦掉粉严重	涂层手擦掉粉
抗渗性	7d，砂浆	在 1.5MPa 压力下，有一试样渗水	在 1.5MPa 压力下，有一试样渗水
	7d，涂层	在 0.5MPa 压力下，不渗水	在 0.5MPa 压力下，不渗水
凝结时间	初凝时间	55min	2h50min
	终凝时间	5h5min	6h10min

无机高效防水粉适用于隧道、人防工程、地下室、贮水池、游泳池、水工建筑及污水处理系统的防水堵漏和抗渗防潮，也可用于屋面及地面防水层的修补堵漏。但不适用于工程发生变形或移位部位的防水处理，如施工缝、伸缩缝、沉降缝及结构裂缝的防水堵漏。

(二)快速堵漏材料

下列几种材料可作为混凝土孔洞渗漏水时快速堵漏材料。

(1)水玻璃-水泥胶浆。配合比为，水玻璃：水泥＝1：(0.5～0.6)

或1∶(0.8～0.9)。由于凝结时间快，从拌合到操作完毕以1～2min为宜。故施工操作要特别迅速，以免凝固结硬。

(2)石膏-水泥迅速堵漏材料。其配方如表3-42。

表3-42　石膏-水泥堵漏材料的配合比

材料名称	质量配合比
硅酸盐水泥(强度等级42.5)	100
生石膏粉	100
水	80

(3)水泥-防水浆堵塞料。

防水浆由氯化钙、氯化铝和水组成，其配合比见表3-43。

表3-43　防水浆质量的配合比

材料名称	规格	配合比(%)	成品规格
氯化钙	液态、工业用	31	
氯化铝	工业用	4.9	波美度为34°
水		64.1	

(三)灌浆材料

1. 水泥浆液

采用强度等级42.5以上普通水泥与水拌合，硬化后成为水泥石，起到填补裂缝与止水的作用。这种材料结石强度高，价格低廉，工艺简单，适用于灌注不存在流动水条件下的混凝土裂缝和其他较大缺陷的修补。但对微小裂缝的处理有时效果不理想。

2. 水泥水玻璃浆液

水泥水玻璃浆液是将水玻璃溶液与水泥浆混合在一起，再加入外加剂所配成的浆液。它具有水泥的优点，兼有化学浆液的特色。

适用于要求凝固时间快的混凝土裂缝部位，以及有较大施工缺陷的修补，以节约昂贵的化学灌浆材料。

3. 化学灌浆材料

常用化学灌浆材料按其材料分类，有丙烯酰胺类、环氧树脂类、甲基丙烯酸酯类和聚氨酯类等，几种主要化学灌浆材料的技术性能见表3-44。

表 3-44 几种主要化学灌浆材料的技术性能

类别		主要成分	起始浆液黏度(Pa·s)	可灌入土层的粒径(mm)	可灌入部位的渗透系数(cm/s)	浆液胶凝时间	聚合体或固砂体的抗压强度(MPa)	聚合体或固砂体的渗透系数(cm/s)	灌浆方式(单、双液)
丙烯酰胺类		丙烯酰胺、甲亚基双丙烯酰胺	0.0012	0.01	10^{-4}	瞬时～数十分钟	0.3～0.8	10^{-6}～10^{-8}	单、双液
环氧树脂		环氧树脂、胺类、稀释剂	～0.01	0.2（裂缝）			40.0～80.0 1.2～2.0（粘结强度）		单液
甲基丙烯酸酯类		甲基丙烯酸甲酯、丁酯	0.0007～0.001	0.05（裂缝）			60.0～80.0 1.2～2.2（粘结强度）		单液
聚氨酯类	非水溶性	异氰酸酯、聚醚树脂	0.01～0.2	0.015	10^{-3}～10^{-4}	数分钟～数十分钟	3.0～25.0	10^{-5}～10^{-7}	单液
	水溶性	异氰酸酯、聚醚树脂	0.008～0.025	0.015	10^{-3}～10^{-4}	数分钟～数十分钟	0.5～15.0	10^{-6}	单液
	弹性聚氨酯	异氰酸酯、蓖麻油	0.05～0.2			数分钟～数十分钟			单液

第七节　卷材粘结配套材料

一、基层处理材料

(一)冷底子油

铺贴石油沥青防水卷材时,应预先在找平层上涂刷沥青冷底子油,其作用是加强卷材与基层之间的粘结。冷底子油的配制见第六章第一节。

(二)基层处理剂

自粘法铺贴改性沥青防水卷材时,应先在基层表面涂刷基层处理剂。此种材料应由工厂配套供应。

(三)基层胶粘剂

冷粘法铺贴合成高分子防水卷材时,应事先在找平层上涂刷基层胶粘剂。此时可根据卷材的品种使用配套的专用基层胶粘剂,也可将该品种的胶粘剂稀释后使用,各种不同合成高分子防水卷材的基层处理材料见表3-45。

表3-45　合成高分子防水卷材的基层处理材料

卷材名称	基层处理材料
三元乙丙防水卷材	聚氨酯底胶甲组分：乙组分＝1：3或聚氨酯防水涂料甲组分：乙组分：甲苯＝1：1.5：2
氯化聚乙烯-橡胶共混防水卷材	聚氨酯涂料稀释,或用水乳型涂料喷涂
LYX-603氯化聚乙烯防水卷材	稀释胶粘剂,或乙酸乙酯：汽油＝1：1
氯磺化聚乙烯防水卷材	用氯丁胶涂料稀释
三元乙丁橡胶防水卷材	CH-1配套胶粘剂稀释
丁基橡胶防水卷材	氯丁胶粘剂稀释
硫化型橡胶类防水卷材	氯丁胶乳

二、沥青玛帝脂

沥青玛帝脂是卷材的粘结材料。在沥青中掺入10%～25%的粉状填充料或掺入5%～10%的纤维填充料即成为玛帝脂。沥青玛帝脂的质量要求见表3-46。粘贴各层卷材、粘结绿豆砂保护层采用的沥青玛帝脂的标号,应根据屋面使用条件、坡度和当地历年极端最高气温,按规定选用。

表 3-46 沥青玛帝脂的质量要求

<table>
<tr><th>标号
指标名称</th><th>S-60</th><th>S-65</th><th>S-70</th><th>S-75</th><th>S-80</th><th>S-85</th></tr>
<tr><td rowspan="2">耐热度</td><td colspan="6">用2mm厚的沥清玛帝脂粘合两张沥青油纸，于不低于下列温度(℃)中，在45°坡度上停放5h的沥青玛帝脂应不流淌，油纸应不滑动</td></tr>
<tr><td>60</td><td>65</td><td>70</td><td>75</td><td>80</td><td>85</td></tr>
<tr><td rowspan="2">柔韧性</td><td colspan="6">涂在沥青油纸上的2mm厚的沥青玛帝脂层，在18℃±2℃时，围绕下列直径(mm)的圆棒，用2s的时间以均衡速度弯成半周，沥青玛帝脂不应有裂纹</td></tr>
<tr><td>10</td><td>15</td><td>15</td><td>20</td><td>25</td><td>30</td></tr>
<tr><td>粘结力</td><td colspan="6">用手将两张粘合在一起的油纸慢慢地一次撕开，从油纸和沥青玛帝脂的粘贴面的任合一面的撕开部分，应不大于粘贴面积的1/2</td></tr>
</table>

三、合成高分子防水卷材的配套胶粘剂

铺贴合成高分子防水卷材时，应根据其不同的品种选用不同的专用胶粘剂，以确保粘结质量。大部分合成高分子防水卷材粘结时，卷材与基层，卷材与卷材(边部搭接缝)，还需使用不同的胶粘剂，各种不同的配套胶粘剂见表3-47。

表 3-47 合成高分子防水卷材配套胶粘剂

序号	卷材名称	卷材与基层胶粘剂	卷材与卷材胶粘剂
1	三元乙丙橡胶防水卷材	CX-404胶粘剂	丁基胶粘剂
2	LYX-603氯化聚乙烯防水卷材	LYX-603-3(3号胶)	LYX-603-2(2号胶)
3	氯化聚乙烯-橡胶共混防水卷材	CX-404或409胶粘剂	氯丁系胶粘剂
4	氯丁橡胶防水卷材	氯丁胶粘剂	氯丁胶粘剂
5	聚氯乙烯防水卷材	FL型胶粘剂	
6	复合增强PVC防水卷材	GY-88型乙烯共聚物改性胶	PA-2型胶粘剂
7	TGPVC防水卷材(带聚氨酯底衬)	TG-1型胶粘剂	TG-Ⅱ型胶粘剂

续表 3-47

序号	卷材名称	卷材与基层胶粘剂	卷材与卷材胶粘剂
8	氯磺化聚乙烯防水卷材	配套胶粘剂	配套胶粘剂
9	三元乙丁橡胶防水卷材	CH-1 型胶粘剂	CH-1 型胶粘剂
10	丁基橡胶防水卷材	氯丁胶粘剂	氯丁胶粘剂
11	硫化型橡胶防水卷材	氯丁胶粘剂	封口胶加固化剂(列克纳)5%～10%
12	高分子橡塑防水卷材	R-1 基层胶粘剂	R-1 卷材胶粘剂

第四章　常用施工机具

第一节　一般施工机具

一、常用工具

1. 小平铲(图 4-1)

小平铲也称腻子刀，有软硬两种，软的刃口厚度 0.4mm，硬的刃口厚度 0.6mm。软性适合于调制弹性密封膏，硬性适合于清理基层。小平铲的刃口宽度(mm)有 25、35、45、50、65、75、90、100 等。

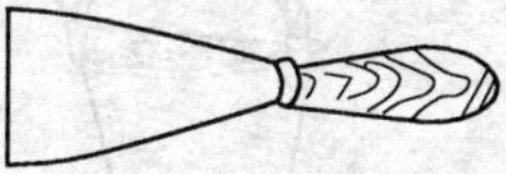

图 4-1　小平铲(腻子刀)

2. 扫帚(图 4-2)

用于清扫基层。规格同一般日用的。

3. 拖布(图 4-3)

用于清除基层灰尘。规格同一般日用的。

图 4-2　扫帚

图 4-3　拖布

4. 钢丝刷(图 4-4)

用于清除基层灰浆杂物。

5. 皮老虎(皮风箱)(图 4-5)

用于清除接缝内的灰尘。皮老虎按最大宽度(mm)有 200、250、300、350 等。

图 4-4　钢丝刷

图 4-5　皮老虎(皮风箱)

6. 铁桶、塑料桶(图 4-6)

用来装溶剂及涂料。规格:普通型。

7. 嵌填工具(图 4-7)

用于嵌填衬垫材料。规格:竹或木制,按缝深自制。

图 4-6　铁桶、塑料桶

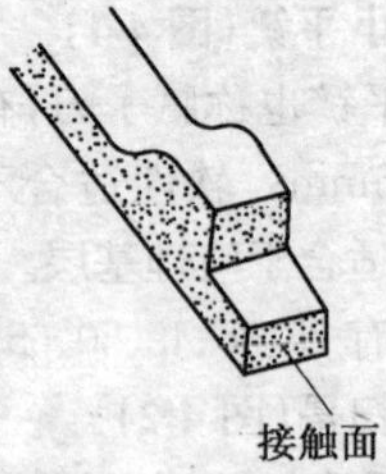

图 4-7　嵌填工具

8. 压辊(图 4-8)

用于卷材施工压边。规格:ϕ40mm×100mm,钢制。

9. 各种涂料刷

(1)油漆刷(图 4-9)。用途:用于涂刷涂料。油漆刷的规格按宽度(mm)分,有 13、19、25、38、50、63、68、75、100、125、150 等。

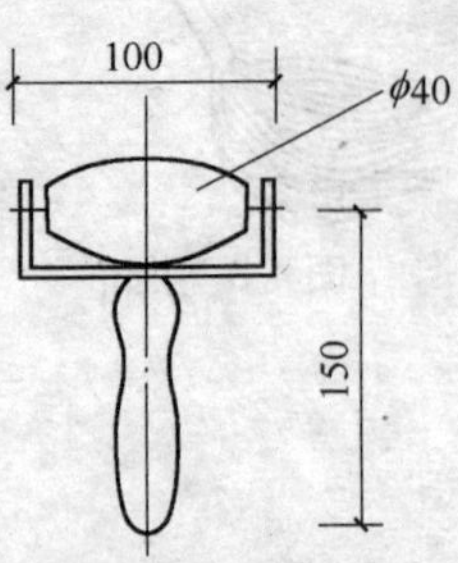

图 4-8　压辊

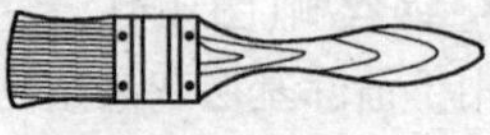

图 4-9　油漆刷

(2)滚动刷(图 4-10)。用途:用于涂刷涂料、胶粘剂等。规格:

ϕ600mm×250mm，ϕ60mm×125mm。

（3）长把刷（图 4-11）。用途：用于涂刷涂料。规格：200mm×400mm。把的长度自定。

图 4-10　滚动刷

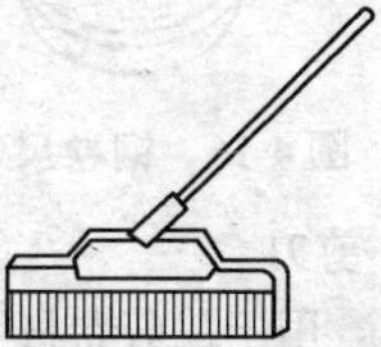

图 4-11　长把刷

10. 磅秤（图 4-12）

用途：用于计量。规格：最大称量 50kg，承重板 400mm×300mm，最小刻度值 0.05kg。

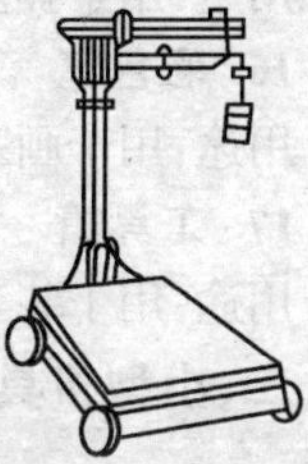

图 4-12　磅秤

11. 各类刮板

（1）胶皮刮板（图 4-13）。用途：用于刮混合料。规格 100mm×200mm，自制。

（2）铁皮刮板（图 4-14）。用途：用于复杂部位刮混合料。规格 100mm×200mm，自制。

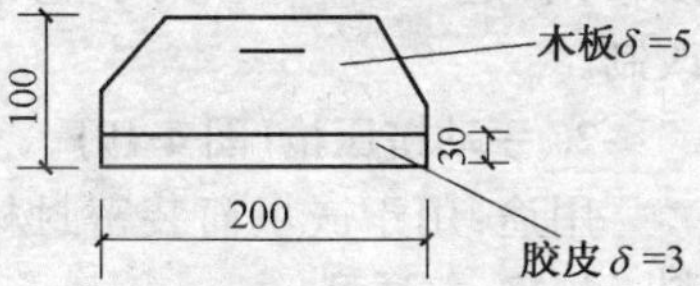

图 4-13　胶皮刮板

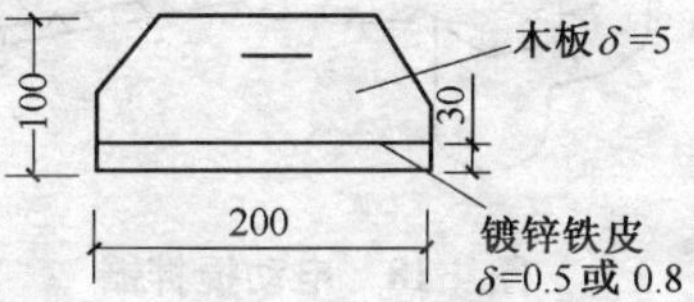

图 4-14　铁皮刮板

12. 量具

（1）皮卷尺（图 4-15）。用途：用于量尺寸。规格：测量上限（m）：5、10、15、20、30、50。

（2）钢卷尺（图 4-16）。用途：用于量尺寸。规格：测量上限（m）：1、2、3。

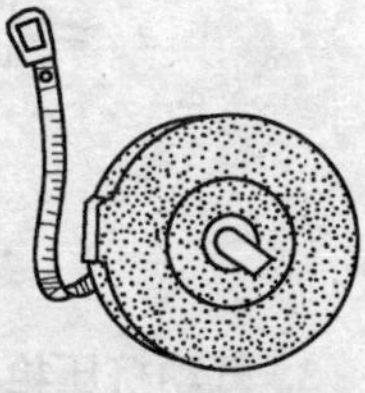

图 4-15　皮卷尺

13. 镏子（图 4-17）

用途：用于密封材料表面修整。规格：按需

要自制。

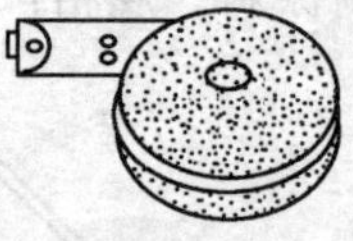

图 4-16　钢卷尺

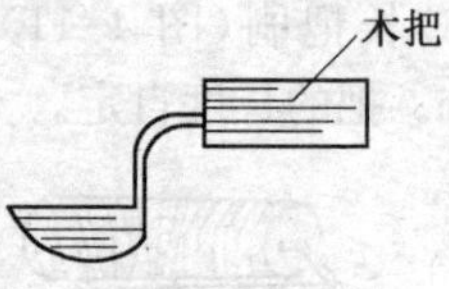

图 4-17　镏子

14. 剪刀

用途:用于裁剪卷材等。规格:普通型。

15. 小线绳

用途:用于弹基准线。规格:普通型。

16. 彩色笔

用途:用于画基准线。规格:普通型。

17. 工具箱

用途:用于装工具等。规格:按需要自制。

二、小型机具

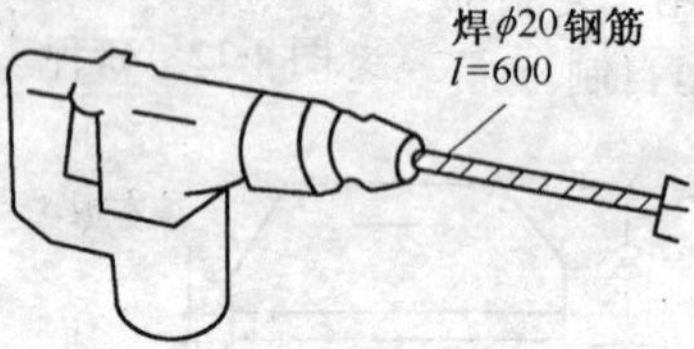

图 4-18　电动搅拌器

1. 电动搅拌器(图 4-18)

用途:用于搅拌糊状材料。规格:转速 200r/min,用手电钻改制。

2. 手动挤压枪(图 4-19)

用途:用于嵌填筒装密封材料。规格:普通型。

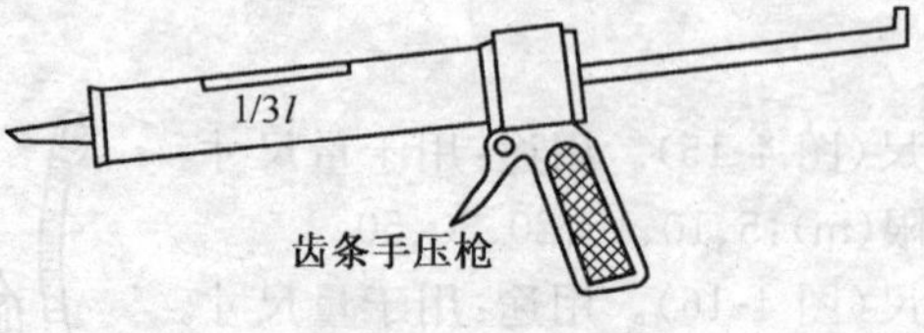

图 4-19　手动挤压枪

3. 气动挤压枪(图 4-20)

用途:用于嵌填筒装密封材料。规格:普通型。

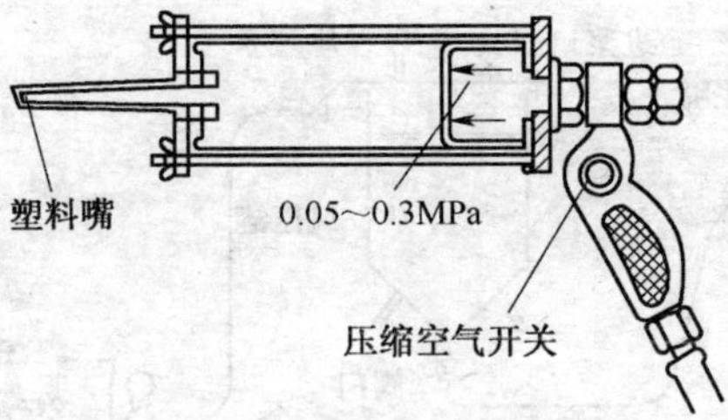

图 4-20　气动挤压枪

三、灌浆和注浆设备

1. 手掀泵灌浆设备

手掀泵灌浆示意见图 4-21。此设备用于建筑堵漏注浆。规格：普通型。

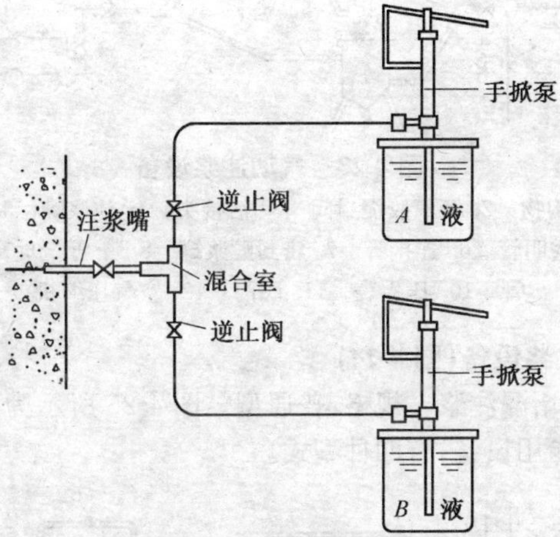

图 4-21　手掀泵灌浆示意

2. 风压罐灌浆设备

风压罐灌浆系统如图 4-22 所示。常用于建筑堵漏注浆。规格：普通型。

3. 气动注浆设备

气动注浆设备的示意见图 4-23。用于建筑堵漏注浆。规格：普通型。

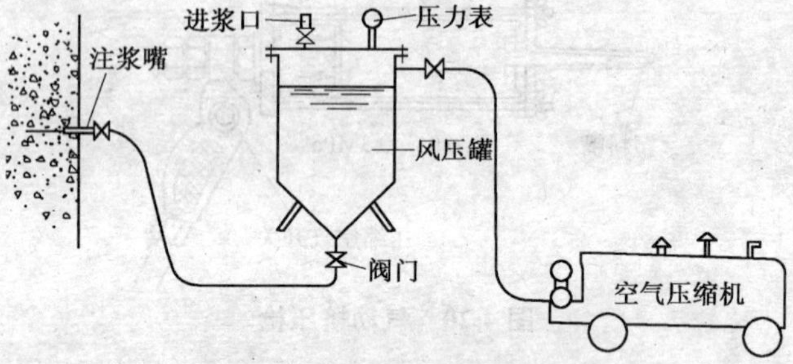

图 4-22　风压罐灌浆系统示意图

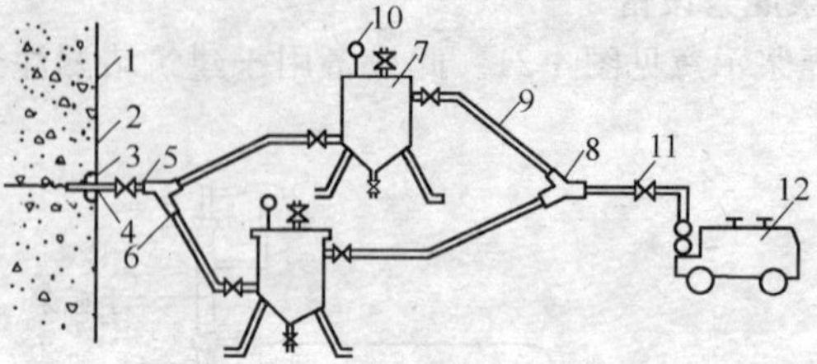

图 4-23　气动注浆设备

1. 结构物　2. 环氧胶泥封闭　3. 活接头　4. 注浆嘴　5. 高压塑料透明管　6. 连接管　7. 密封贮浆罐　8. 三通　9. 高压风管　10. 压力表　11. 阀门　12. 空气压缩机

4. 电动注浆设备(图 4-24)

用于建筑堵漏注浆。规格:普通型。图 4-25 所示为注浆嘴的构造图,是注浆的专用设备,有四种型式。

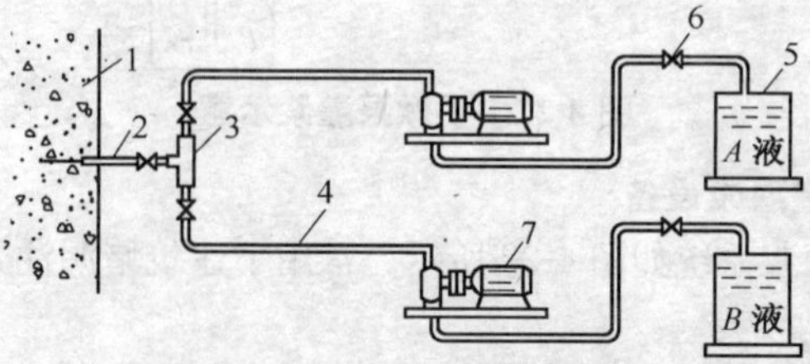

图 4-24　电动注浆设备

1. 结构物　2. 注浆嘴　3. 混合室　4. 输浆管　5. 贮浆液　6. 阀门　7. 电动泵

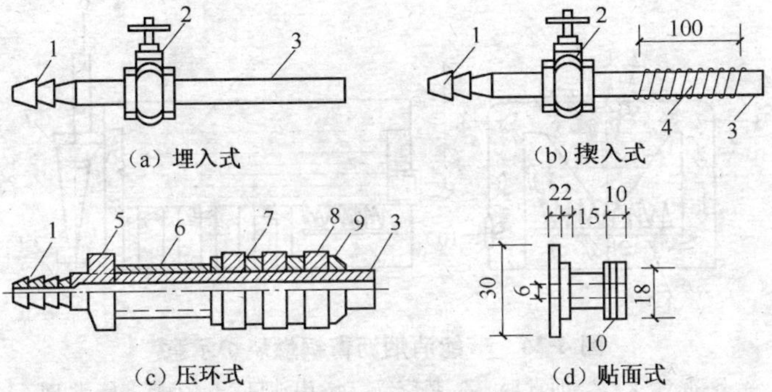

图 4-25　注浆嘴

1. 进浆口　2. 阀门　3. 出浆口　4. 麻丝　5. 螺母　6. 活动套管　7. 活动压环　8. 弹性橡胶圈　9. 固定垫圈　10. 螺纹

四、沥青加热、施工设备

(一)节能消烟沥青锅

是一种现场广泛采用的节能、消烟环保型沥青锅,用于熬制沥青。其技术性能参数见表 4-1,图 4-26 为节能消烟沥青锅燃烧炉的示意图。

表 4-1　JXL 型节能消烟沥青锅的技术性能参数

技术项目	JXL-89 型	JXL-86-0.8 型	JXL-86-1.4 型
容量(kg)	连续出油量 300	800	1400
耗煤量(kg/h)	0.039	20	35
烟气净化率	95%～96%	95.4%	95.4%
排烟黑度(林格曼)	0.5 级以下	0.5 级	0.5 级
出油温度(℃)	240～260	240～260	240～260
总质量(t)		1.2	2.0

(二)沥青加热车

沥青加热车是一种加热、保温沥青的设备,可以现场加工制作,其外型和加工尺寸如图 4-27 所示。通常用 2～3mm 的薄钢板焊制成夹层箱式结构,总质量约 150kg,一次可熔化沥青 350kg,并可连续添加。这种加热车具有以下优点:

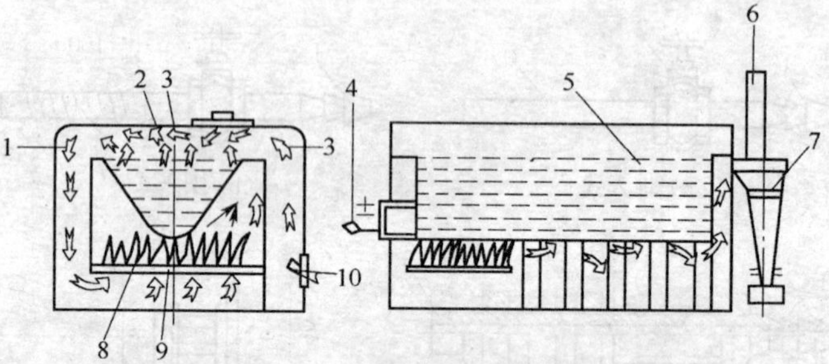

图 4-26　节能消烟沥青锅燃烧炉示意

1. 混合气　2. 沥青烟　3. 热空气　4. 出油口　5. 沥青　6. 烟囱　7. 除尘器　8. 火焰　9. 煤　10. 炉门

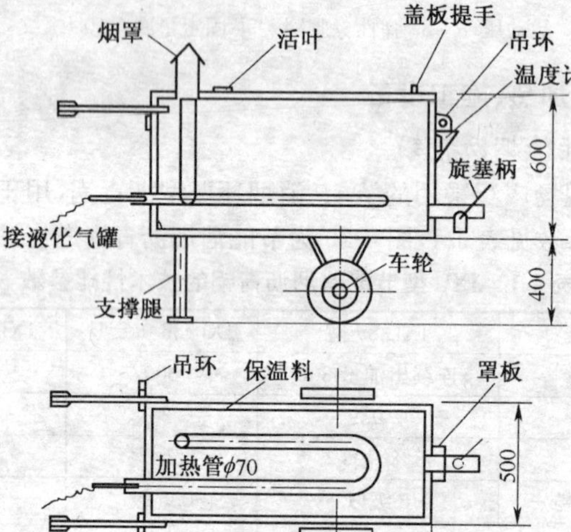

图 4-27　沥青加热车尺寸

(1)利用液化气和密封箱加热，通过液化气罐的阀门和表盘式热电偶温度计可调节加热温度，确保沥青在规定温度下浇铺。

(2)沥青加热车可置于屋顶上，逸出的少量烟气可向高空排放，施工环保，不影响大气质量。特别适合于翻修屋面防水层的施工。

(3)施工简便,加热车可随防水层的铺设在屋面上移动,并可在施工停歇时保温数小时。

(4)施工费用也较低廉。

(三)现场自制的沥青锅灶

在一些偏远、交通不便或小工程,可以在现场自制沥青锅灶,用于熬制沥青胶结材料。图 4-28 所示,是现场自制的锅灶大样图,规格分为容积 0.5、0.75、1.0、1.5m^3,用钢材焊接。

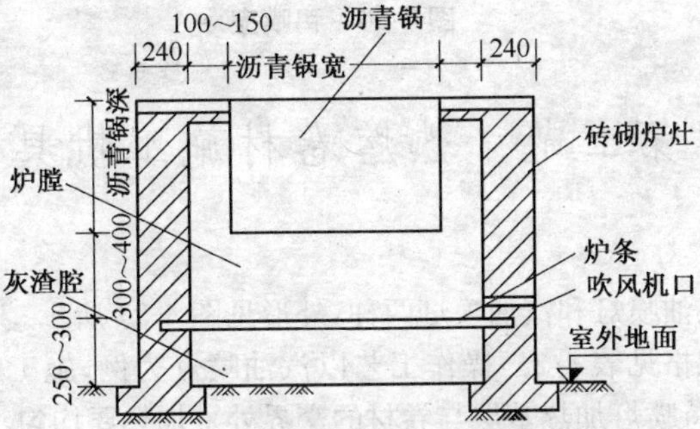

图 4-28 现场自制沥青锅灶大样

(四)加热保温沥青车

图 4-29 所示的加热保温沥青车是防水工程冬季施工必备的设备,用于冬季运输沥青胶结材料。贮油桶的容积约为 0.3m^3。

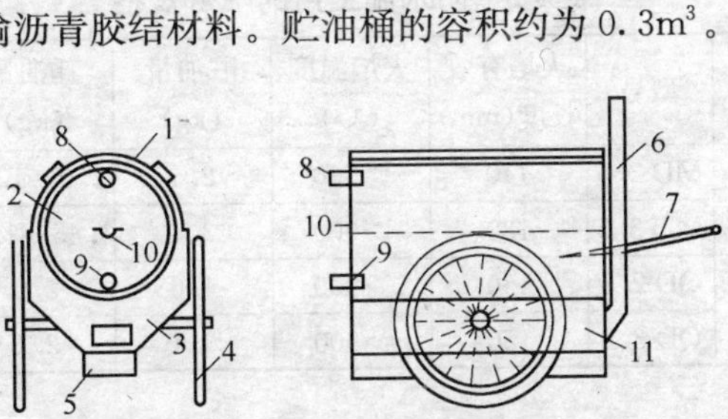

图 4-29 加热保温沥青车

1. 保温盖 2. 贮油桶 3. 保温车厢 4. 胶皮车轮

5. 掏灰口 6. 烟囱 7. 车把 8. 贮油桶出气口

9. 流油嘴及闸门 10. 吊环 11. 加热室

(五)鸭嘴壶(图 4-30)

用途:用于浇灌沥青胶结料。规格:ϕ360mm、h=500mm。

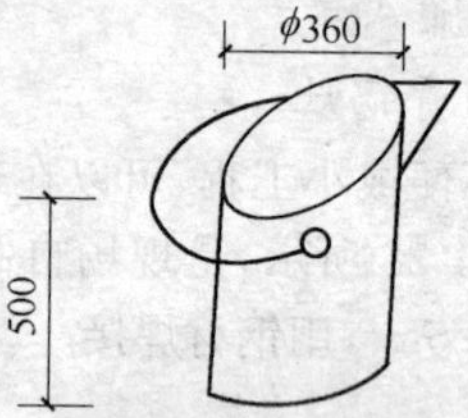

图 4-30 鸭嘴壶

第二节 热熔卷材施工机具

(一)喷灯

分为煤油喷灯和汽油喷灯两种,外形见图 4-31 所示。防水施工用的喷灯其规格见表 4-2。操作工艺以汽油喷灯为例,施工时将汽油喷灯点燃,手持喷灯加热基层与卷材的交界处。加热要均匀,喷灯口距交界处约 0.3m,要往返加热。趁卷材熔融时向前滚铺,随后用压辊将其压实。施工一定面积后。立即对卷材搭接处进行加热、封边,用压辊或小抹子将边封牢,使卷材与基层,卷材与卷材之间粘结牢固。

表 4-2 防水施工用的喷灯规格

品种	燃料	型号	火焰有效长度(mm)	火焰温度(℃)	贮油量(kg)	耗油量(kg)	灯净重(kg)
煤油喷灯	煤油	MD-2.5	110	>900	2.1	1.0～1.25	2.9
		MD-3.5	130	>900	3.1	1.45～1.60	4.0
汽油喷灯	工业汽油	QD-2.5	150	>900	1.6	2.0	3.2
		QD-3.5	150	>900	3.1	2.1	4.0

(二)手提式微型燃烧器

1. 构造与使用

手提式微型燃烧器由图 4-32 所示的微型燃烧器与图 4-33 所示的供油罐两部分组成,并配备一台空气压缩机。微型燃烧器由手柄、油

图 4-31　喷灯

路、气路及燃烧筒组成；供油罐由罐体、油路、气路和压力表等构成。操作时先起动空气压缩机将供油罐内的油增压，使之成为油雾，点燃油雾使微型燃烧器发出火焰，加热卷材与基层，使卷材达到熔融状态，趁卷材熔融时向前滚铺，随后用压辊给予一定外力将其压实。并与喷灯施工相同，按预定施工方案将卷材搭接处进行加热、封边，用压辊或小抹子将边封牢，使卷材与基层，卷材与卷材之间粘结牢固。

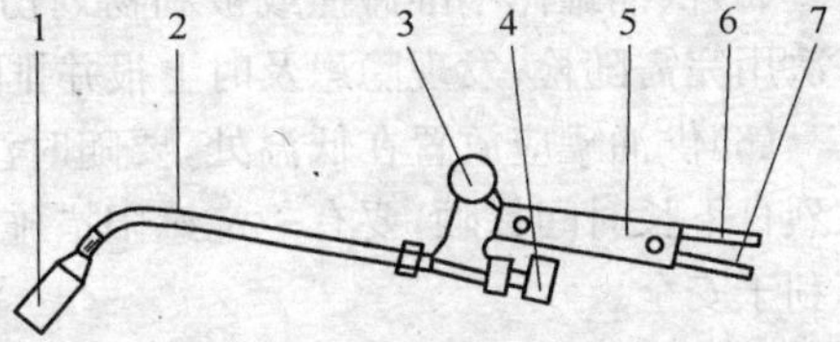

图 4-32　燃烧器结构示意图

1. 燃烧筒　2. 油气管　3. 气开关　4. 油开关　5. 手柄　6. 气接嘴　7. 油接嘴

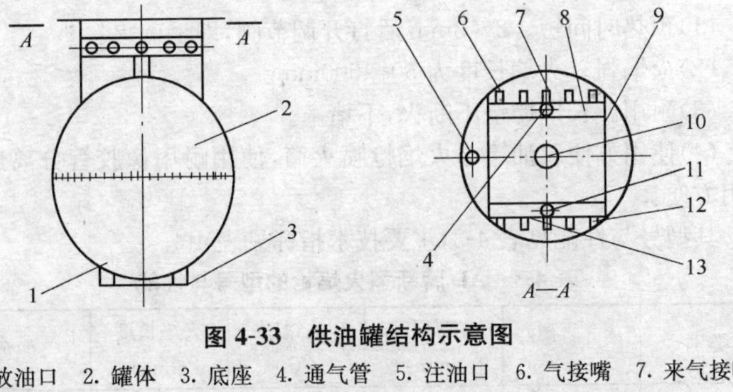

图 4-33　供油罐结构示意图

1. 放油口　2. 罐体　3. 底座　4. 通气管　5. 注油口　6. 气接嘴　7. 来气接嘴　8. 气总管　9. 提手　10. 压力表　11. 通油管　12. 油接嘴　13. 油总管

2. 使用安全注意事项

为确保施工安全,操作时应注意下列事项:

(1)燃烧器油路开关不可猛开猛关,以免熄火。

(2)燃烧器在运输、贮存及使用时,要妥善保护,不可乱扔、乱摔、随便拆卸或作其他工具用。尤其是燃烧筒在工作时温度较高,更不准碰撞,以免产生变形或漏油、漏气而影响火焰形状,危及安全。

(3)供油罐内压力应为0.3～0.7MPa,小于0.3MPa时,燃烧器工作不正常,罐内压力最大不得大于0.7MPa。

(4)供油罐在运输或不用时,应打开接气开关及下部的放油口,将余油放出排干净,使供油罐呈放空状态,以免发生危险。

(5)供油罐体不准碰撞或被利物划伤,供油罐每年定期检查一次,每次用完需随检,发现隐患及时上报并排除。

(6)供油罐应放置在低温处,要随时注意检查。使用时,也不准放在烈日下长时间暴晒,要有一定遮阳措施,以免使供油罐内压力增加,不利于安全。

(7)只准用煤油或轻柴油作为燃料,不准使用其他燃料。气路只准使用压缩空气,不准使用其他气体。

(三)AD牌新型火焰枪

1. 特点、型号

AD牌新型火焰枪是一种新型高效的防水施工机具,它具有下列特点:

(1)预热时间短。2～3min后打开调节阀,即呈蓝火。

(2)火焰强。火焰长度为50～600mm。

(3)耐用。长期燃烧不断火,不堵塞。

(4)使用方便。油罐与火焰枪喷火筒,使用耐用橡胶管分离连接,使用方便。

其型号与性能见表4-3,主要技术指标见表4-4。

表4-3 AD牌新型火焰枪的型号与性能

类别	型号	规格(mm)	火焰温度(℃)	火焰长度(mm)	颜色
汽化油火焰枪	AD-Y-02	50×100	1200～1500	50～600	蓝紫红

续表 4-3

类别	型号	规格 (mm)	火焰温度 (℃)	火焰长度 (mm)	颜色
石油液化气火焰枪	AD-Q-01	32×100	1000～1200	50～300	蓝白
	AD-Q-02	50×100	1200～1400	50～600	蓝白
	AD-Q-03	50×2100	1200～1400	50～600	蓝白

表 4-4　AD 牌新型火焰枪的主要技术指标

安全压力 (MPa)	工作压力 (MPa)	火焰温度 (℃)	装油量 (kg)	耗油量 (kg/d)
安全压力 1.5～2.5 爆炸压力 7.2	0.2～0.5	1000～1500	大罐:15 小罐:4	1.4～1.8

2. 使用方法

(1)AD-Y 型火焰枪的使用方法:

①加油打气。打开加油盖,加入定量汽油或煤油,然后拧紧加油盖,关闭油罐开关阀,用气筒注气 0.2～0.4MPa 即可,并认真检查是否泄漏。

②预热。打开油罐阀及枪体油阀(旋转 1～1.5 圈),然后微动打开调节阀,将少许汽油注射进喷火筒,随即关闭调节阀,点燃喷火筒内汽油,燃烧 3min 就可达到预热程度。

③点燃。将注入喷火筒内的汽油点燃,让其在喷筒内燃烧 2～3min,再打开枪体油阀(旋转 1～1.5 圈),然后开启调节阀,调节到所需火焰为止。

④熄火。关闭油罐供油阀、枪体油阀,再将调节阀轻轻关闭。即可熄火。

(2)AD-Q 型火焰枪的使用方法:

①点火。接通液化气罐,打开罐体汽阀,再轻轻旋转枪体微动调节阀(不需预热),然后用火柴或打火机点燃。如需强火时,可手压强力阀开关,即可达到所需火焰温度和长度。需特别注意,在使用时,要将液化气罐上减压阀芯抽掉。

②熄火。关闭液化气罐及枪体调节阀即可。

3. 使用安全注意事项

(1)使用前应检查各连接处是否渗漏。压力容器要轻拿轻放,不得有漏油、漏气现象发生。

(2)调节阀只起调节火焰大小之用,不能作关闭油路使用,一般宜控制在 1.5～2.5 圈。

(3)发生意外火灾时,首先关闭油罐开关阀,切断油源,然后迅速使用相应的方法灭火,防止油罐出现爆炸。

4. 故障排除

(1)喷火筒只出气而不喷火。原因及排除方法:吸油管高于油面,加油后即能喷火。

(2)火焰不稳定。原因及排除方法:油中有杂质,可清洗油罐或更换油料。

(3)火焰出现红色虚火。原因及排除方法:预热时间不到 3min,调节阀打开过大;此时可延长预热时间,重新调整调节阀。

(4)有油不出火。原因及排除方法:一是气压不足,二是喷嘴内腔积炭过多;调节气压或清除杂质即可。

第三节　热焊卷材施工机具

热风焊接法是卷材防水层热法施工工艺之一。热风焊接法是将两片 PVC 防水卷材搭接 40～50mm,通过热压焊接机的焊嘴吹热风加热,利用聚氯乙烯材料的热塑性,使卷材的边缘部分达到熔融状态,然后用压辊加压,将两片卷材融为一体。

热风焊接法的主要施工机具有:热压焊接机、热风塑料焊枪、小压辊、冲击钻等。以下主要介绍热压焊接机。

热压焊接机由传动系统、热风系统、转向部分组成,其构造如图 4-34 所示。

热压焊接机主要用来焊接 PVC 防水卷材的平面直线,手动焊枪焊接圆弧及立面。

(一)技术性能

热压焊接机的技术性能见表 4-5。

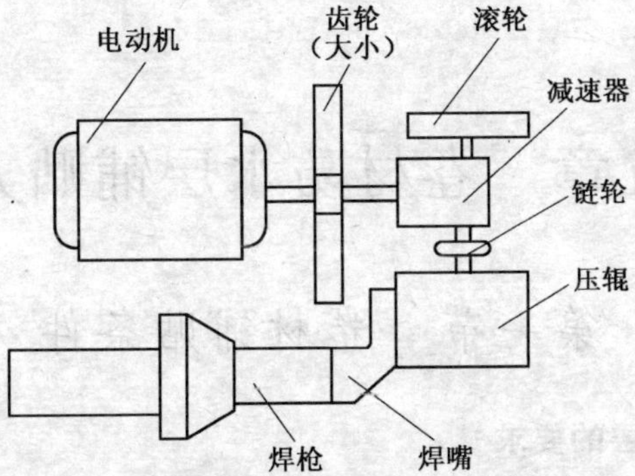

图 4-34 热压焊接机的构造

表 4-5 热压焊接机的技术性能

热压焊接速度(m/min)	热压焊接机功率(kW)	规格(长×宽×高,mm)	焊接厚度(mm)	搭接宽度(mm)	焊枪调节温度(℃)
0.45	1.5	706×320×900	0.8~2.0	40~50	10~400

(二)特点

(1)使用灵活、方便,设备耐用。

(2)体积轻巧,结构简单,成本低。

(3)劳动强度低,保证质量。

(4)节约卷材。

(5)焊接不受气候的影响,刮风及冬季均可施工。

(6)环境污染小。

(三)操作顺序

(1)检查焊机、焊枪、焊嘴等是否齐全,安装是否牢固。

(2)总启动开关合闸,接通电源。

(3)先开焊枪开关,调节电位器旋钮,由零转到合适的功率要逐步调节,使温度达到要求,预热数分钟。

(4)启动运行电动机开关,用手柄控制运行方向,开始热压焊接施工。

(5)焊接完毕,先关热压焊接机的电动机开关,然后再旋转焊枪的旋钮,使之到零位,经过几分钟后,再关焊枪的开关。

第五章　卷材防水层铺贴方法

第一节　卷材铺贴条件

一、对基层的要求

铺贴卷材防水层前，应由土建总包单位与防水施工专业队之间办理交接验收手续。交接验收的要点如下：

(1)基层不得积水，屋面平面、檐口、天沟(尤其是水落口等处)等坡度、标高应符合设计图纸要求，确保排水顺畅。

(2)女儿墙、变形缝墙、天窗及垂直墙根等转角泛水处应抹成圆弧形或钝角，卷材收头处留设的凹槽尺寸正确，不得遗漏。

(3)穿过屋面的管道、设备或预埋件，应在屋面防水层和保温层施工以前安装好，避免防水层施工完成后再次凿眼打洞。分段施工时，屋面防水、保温工程已完成的部分应妥加保护，防止损坏。

(4)卷材屋面的基层必须有坚固而平整的表面，不得有凹凸不平和严重裂缝(＞1mm)，也不允许发生酥松、起砂、起皮等情况。基层平整度当用 2m 直尺检查时，基层与直尺间的空隙应不超过 5mm。空隙仅允许平缓变化，每米长度内不得多于一处。超过上述的空隙，可根据情况用热玛帝脂或沥青砂浆填补。

二、卷材铺贴条件

(1)基层表面必须平整、坚实、干燥、清洁，且不得有起砂、开裂和空鼓等缺陷。这有利于防水材料与基层的粘结，减少基层中多余水分在高温时导致防水层的起鼓。

凡有碍于防水层粘结的物质，如灰尘、水泥砂浆、木屑、铁锈等微细物均需彻底清除。大面积清除一般宜用空气压缩机，而局部地方则可用钢丝刷、小平铲(腻子刀)、扫帚、拖布等。其标准应达到室内地板用吸尘器吸后的干净程度。

基层干燥一般要求混凝土或水泥砂浆的含水率控制在6%～9%。如果基层干燥有困难，而急需在潮湿基层上铺贴卷材，则可做排汽屋面，并采用相应铺贴工艺。

(2)一定龄期。目前屋面基层多数采用水泥砂浆或细石混凝土材料，而水泥类胶结材料在硬化初期是湿度、温度剧烈变化的阶段，也是体积收缩较大的时候，在这种情况下，进行防水层施工是很不利的。从保证工程质量出发，水泥类材料应达到一定龄期，以防止水泥类材料体积收缩引起防水层的开裂。

(3)屋面防水层的基层的坡度必须符合设计和施工技术规范的要求，不应有倒坡积水现象。

(4)防水层施工前，突出屋面的管根、预埋件、楼板吊环、拖拉绳、吊架子固定构造等处，应做好基层处理；阴阳角、女儿墙、通气囱根、天窗、伸缩缝、变形缝等处，应做成半径为30～150mm的圆弧或钝角(阳角可为R=30mm)。

三、其他要求

(1)基层表面温度与气候条件(如气温、湿度、太阳照射条件等)密切相关。一般而言，卷材防水应选择在晴朗天气下施工，此时防水层粘贴效果最佳；但宜避开寒冷和酷暑季节，严禁在雨天、雪天施工；五级风及其以上也不得施工。

(2)施工环境温度宜符合表5-1的要求。

表5-1　屋面保温层和防水层施工环境温度

序号	项　目	施工环境温度(℃)
1	粘结保温层	热沥青不低于－10；水泥砂浆不低于5
2	沥青防水卷材	不低于5
3	高聚物改性沥青防水卷材	冷粘法不低于5；热熔法不低于－10
4	合成高分子防水卷材	冷粘法不低于5；热风焊接法不低于－10
5	高聚物改性沥青防水涂料	溶剂型不低于－5；水溶型不低于5
6	合成高分子防水涂料	溶剂型不低于－5；水溶型不低于5
7	刚性防水层	不低于5

第二节 卷材防水层施工方法

一、卷材防水屋面施工方法

卷材防水屋面目前常见的施工工艺有冷施工法、热施工法和机械固定等三大类。而每一种施工工艺又分为若干种不同的施工操作方法，不同的施工操作方法有不同的适用范围，施工时应根据不同的设计要求、材料情况、工程具体做法制定合适的施工操作方法。卷材防水屋面施工方法和适用范围如表 5-2 所示。

表 5-2 卷材防水屋面施工方法和适用范围

工艺类别	名称	施工方法	适用范围
热法施工工艺	热玛帝脂粘贴法	传统施工方法，边浇热玛帝脂边滚铺卷材，逐层铺设	石油沥青油毡，防水层可采用三毡四油或二毡三油，叠层铺贴
	热熔法	采用火焰加热器熔化热熔型防水卷材底部的热熔胶进行粘贴的方法	有底层热熔胶的高聚物改性沥青防水卷材，单层或叠层铺贴
	热风焊接法	采用热空气焊枪进行防水卷材搭接粘合的施工方法	合成高分子防水卷材搭接缝焊接
冷法施工工艺	冷玛帝脂或改性沥青冷胶料粘贴法	采用工厂配制好的冷玛帝脂或改性沥青冷胶料，施工时不需加热，直接涂刮粘贴油毡或沥青玻璃布油毡，沥青玻纤胎油毡	石油沥青油毡，防水层可采用三毡四油或二毡三油，叠层铺贴 沥青玻璃布油毡、沥青玻纤胎油毡，防水层可用二布三胶，叠层铺贴
	冷粘法	(1)采用胶粘剂进行卷材与基层，卷材与卷材的粘结，而不需要加热的施工方法 (2)紧随水泥砂浆(粘结层)铺贴“水泥基材料粘贴的沥青基防水卷材”。此法基层无需找平，少受气候影响，节约工期，防水性能可靠	(1)合成高分子防水卷材、高聚物改性沥青防水卷材 (2)适用于冷粘法铺贴的水泥基类改性沥青防水卷材(如BAC 防水卷材)，卷材之间采用平行对接，其上粘贴附加密封条

续表 5-2

工艺类别	名 称	施 工 方 法	适 用 范 围
冷法施工工艺	自粘法	采用带有自粘胶的防水卷材，不用热施工，也不需涂刷胶结材料，而直接进行粘结的方法	带有自粘胶的合成高分子防水卷材及高聚物改性沥青防水卷材
机械固定工艺	机械钉压法	采用镀锌钢钉或铜钉等固定卷材防水层的施工方法	多用于木基层上铺设高聚物改性沥青防水卷材
	压埋法	卷材与基层大部分不粘结，上面采用卵石等压埋，但搭接缝及周边仍要全部粘结	用于空铺法、倒置式屋面

二、卷材防水屋面施工程序

(一)叠层热施工程序

叠层热施工是将二层或三层的石油沥青油毡，在层间用热玛帝脂边浇边叠层滚铺卷材，从而形成所谓的“二毡三油”和“三毡四油”防水层的做法。其施工程序见图 5-1。

(二)叠层冷施工程序

叠层冷施工是直接喷涂冷玛帝脂(或改性沥青冷胶料)进行卷材与卷材、卷材与基层的粘贴，不需加热施工。其施工程序见图 5-2。

(三)热熔卷材施工程序

对于底层有热熔胶的高聚物改性沥青防水卷材，可采用火焰加热器熔化卷材底部的热熔胶进行粘贴。其施工程序见图 5-3。

(四)自粘卷材施工程序

带有自粘胶的合成高分子防水卷材和高聚物改性沥青防水卷材，不用热施工，也不需涂刷胶结材料，可以直接进行粘贴，其施工程序见图 5-4。

(五)冷粘贴卷材施工程序

冷粘贴卷材施工是采用胶粘剂进行卷材与卷材、卷材与基层之间的粘贴，不需加热施工。其施工程序见图 5-5。

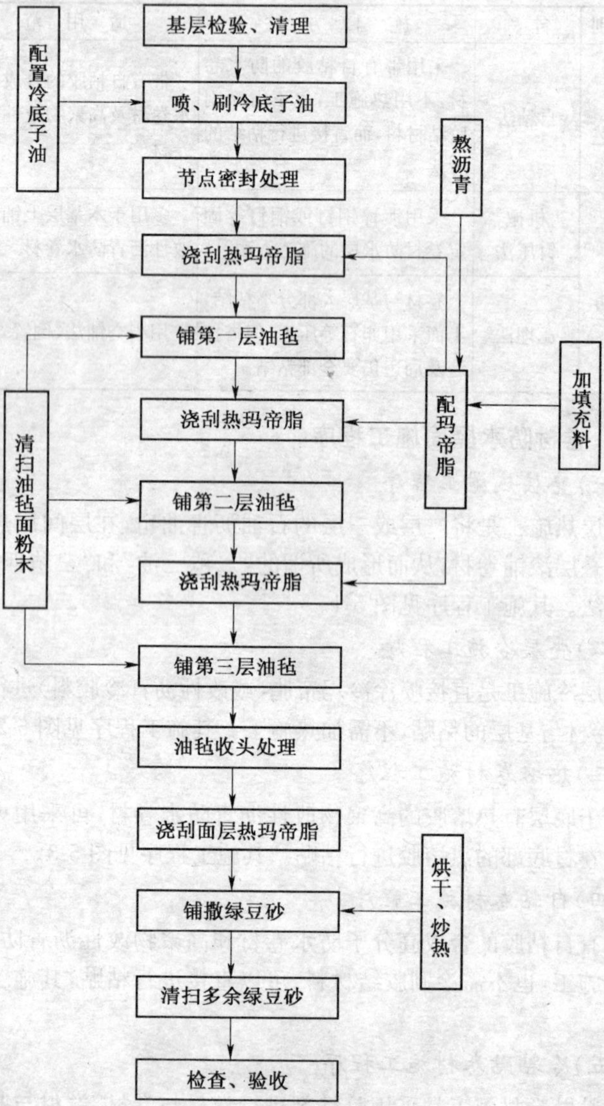
基层检验、清理
配置冷底子油
喷、刷冷底子油
熬沥青
节点密封处理
浇刮热玛帝脂
铺第一层油毡
加填充料
配玛帝脂
浇刮热玛帝脂
清扫油毡面粉末
铺第二层油毡
浇刮热玛帝脂
铺第三层油毡
油毡收头处理
浇刮面层热玛帝脂
烘干、炒热
铺撒绿豆砂
清扫多余绿豆砂
检查、验收

图 5-1　叠层热施工程序

图 5-2　叠层冷施工程序

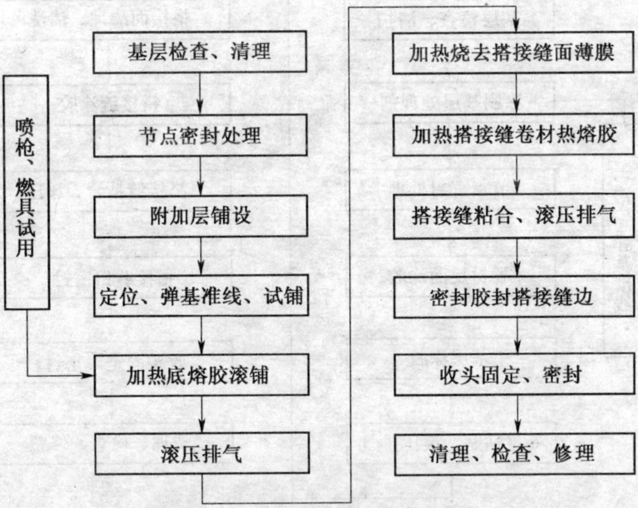

图 5-3　热熔卷材施工程序

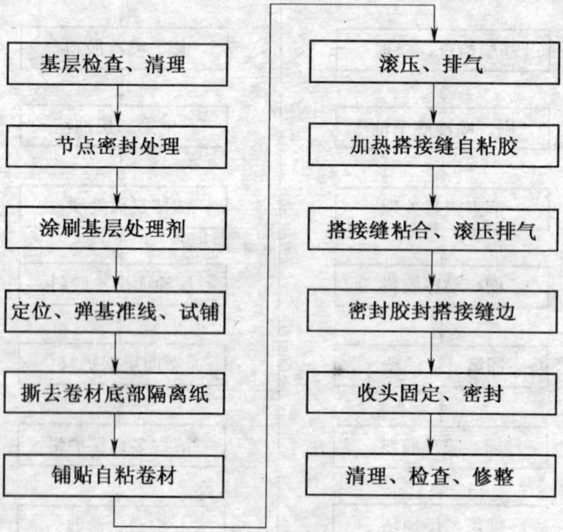

图 5-4 自粘卷材施工程序

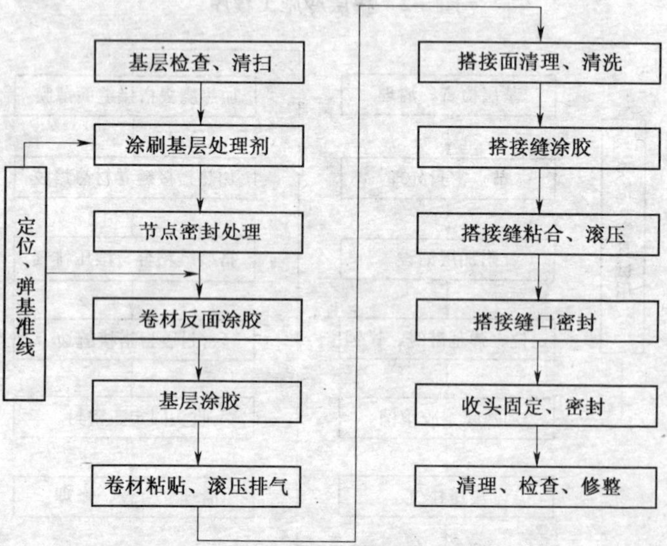

图 5-5 冷粘贴卷材施工程序

(六)卷材焊接施工程序

合成高分子防水卷材搭接缝需要用热空气焊枪进行防水卷材搭接部位的粘合作业,施工程序见图 5-6。

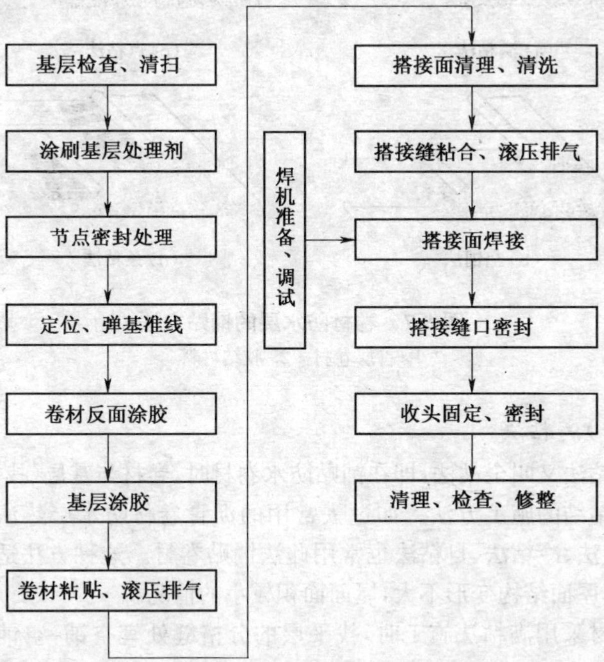

图 5-6　卷材焊接施工程序

第三节　卷材防水层铺贴方法与工艺要求

一、卷材防水层的铺贴方法

卷材防水层的卷材与基层、卷材与卷材之间的铺贴方法关系到防水层的整体性和有效性,一定要根据基层条件、环境条件等慎重选用。目前常用的铺贴方法有满粘法、空铺法、点粘法和条粘法四种,其施工示意如图 5-7 所示。

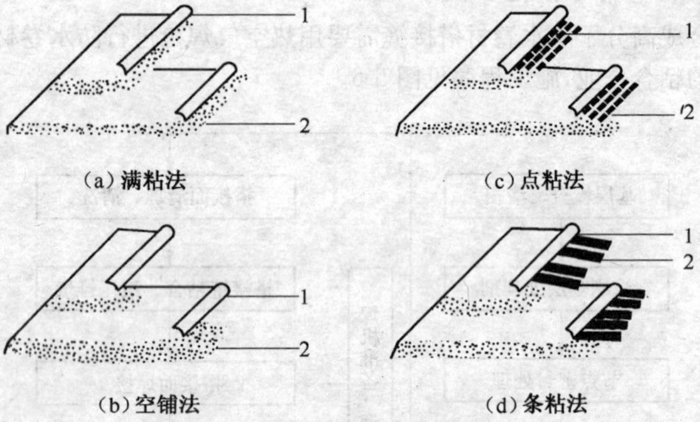

图 5-7 卷材防水层的铺贴方法

1. 首层卷材 2. 胶结材料

(一)满粘法

满粘法又叫全粘法,即在铺贴防水卷材时,卷材与基层(找平层)采用全部粘结的施工方法。如过去常用的沥青卷材防水层热法叠层施工;热熔法、冷粘法、自粘法也常用此法铺贴卷材。这种方法适用于基层干燥,屋面结构变形不大,屋面面积较小的情况。

卷材采用满粘法施工时,找平层的分格缝处宜空铺,空铺宽度宜为 100mm。采用满粘法的优点是,由于卷材与基层、卷材与卷材之间均有一定厚度的胶结材料,因而提高了屋面的整体防水性能。缺点是当屋面变形较大或基层潮湿时,则卷材防水层容易发生开裂或起鼓现象。

(二)空铺法

空铺法即铺贴防水卷材时,卷材与基层仅在四周一定宽度内粘结,而其余部分不粘结的施工方法。铺贴时,在檐口、屋脊和屋面的转角处及突出屋面的连接处,卷材与基层应满涂胶结材料,其粘结宽度不得小于 800mm,卷材与卷材的搭接缝应满贴。叠层铺设时,卷材与卷材之间亦应满粘。这种方法适用于基层有较大变形振动、基层潮湿而保温层和找平层干燥有困难时的屋面。

空铺法的优点是：可使卷材与基层之间互不粘结，减少了基层变形对防水层的影响，有利于解决防水层开裂、起鼓等问题。

缺点是：对于叠层铺设的防水层由于减少了一道胶结材料，降低了防水功能，如一旦渗漏，就不容易找到漏点。在沿海大风地区应慎用，以防被大风掀起。

（三）点粘法

铺贴防水卷材时，卷材或打孔卷材与基层采用点状粘结的方法称为点粘法。要求每 $1m^2$ 面积内至少有 5 个粘结点，每点面积不小于 100mm×100mm，卷材与卷材之间的搭接缝应满粘。防水层周边一定范围内（不得小于 800mm），也应与基层满粘牢固。这种方法适用于留槽排汽不能可靠地解决防水层开裂和起鼓的无保温层屋面，或者温差较大，而基层又十分潮湿的排汽屋面。

卷材采用点粘法铺贴，增大了防水层适应基层变形的能力，有利于解决防水层开裂、起鼓等问题，但操作比较复杂。如第一层采用打孔卷材时，施工虽然方便，但仅可用于石油沥青三毡四油叠层铺贴工艺。

（四）条粘法

条粘施工方法是在铺贴防水卷材时，卷材与基层采用条状粘结的施工方法。要求每幅卷材与基层的粘结面不少于两条，每条宽度不应小于 150mm。

采用条粘法铺贴底层时，卷材与卷材的搭接缝应满粘；当采用叠层铺贴时，卷材与卷材之间亦应满粘。这种方法适用范围与点粘法相同。

这种施工方法好处是增大了防水层适应基层变形的能力，有利于解决卷材屋面的开裂与起鼓问题，但操作比较复杂，而且因部分地方减少了一层胶结材料，降低了防水功能。

二、卷材防水层铺贴的工艺要求

（一）卷材铺贴方向

屋面防水层卷材铺贴的方向，应根据屋面坡度、防水卷材的种类及屋面工作条件选定，详见表 5-3 所示。

表 5-3 卷材铺贴方向

屋面坡度及工作条件	铺贴方向		
	石油沥青防水卷材	高聚物改性沥青防水卷材	合成高分子防水卷材
坡度小于 3%时	平行屋脊	平行屋脊	平行屋脊
坡度为 3%～15%	平行或垂直屋脊	平行或垂直屋脊	平行或垂直屋脊
坡度大于 15%时	垂直屋脊	平行或垂直屋脊	平行或垂直屋脊
坡度大于 25%时	宜采取防止卷材下滑的措施		
屋面受振动时	垂直屋脊	平行或垂直屋脊	平行或垂直屋脊
叠层铺贴时	上下层卷材不得互相垂直		
铺贴天沟、檐沟卷材时	宜顺天沟、檐沟方向，减少搭接		

(二)卷材搭接

卷材搭接的方法、宽度和技术要求，应根据屋面坡度、卷材品种及铺贴方法确定。

1. 搭接缝宽度

卷材防水层搭接缝的搭接宽度，与卷材品种和铺贴方法有关，见表 5-4。

表 5-4 卷材搭接宽度 (mm)

卷材种类 \ 铺贴方法		短边搭接		长边搭接	
		满粘法	空铺、点粘、条粘法	满粘法	空铺、点粘、条粘法
沥青防水卷材		100	150	70	100
高聚物改性沥青防水卷材		80	100	80	100
自粘聚合物改性沥青防水卷材		60	—	60	—
合成高分子防水卷材	胶粘剂	80	100	80	100
	胶粘带	50	60	50	60
	单缝焊	60，有效焊接宽度不小于 25			
	双缝焊	80，有效焊接宽度 10×2＋宽腔度			

2. 搭接缝技术要求

(1)铺贴卷材应采用搭接法。平行于屋脊的搭接缝应顺流水方向搭接;垂直于屋脊的搭接缝应顺年最大频率风向搭接。上下层卷材不得相互垂直铺贴,垂直铺贴的卷材重缝多,容易漏水。

(2)上下层及相邻两幅卷材的搭接缝应错开。两层卷材铺贴时应使上下两层的长边搭接缝错开 1/2 幅宽,如图 5-8 所示。屋面如采用三层卷材叠层施工,当坡度小于 15%时,可采用平行于屋脊方向铺贴,并应使上下层的长边搭接缝错开 1/3 幅宽,如图 5-9 所示。铺贴时应先从檐口或天沟开始,逐层向上铺贴。此时两幅卷材的长边搭接缝(俗称"压边")应顺流水方向,而短边搭接(俗称"接头")应顺年最大频率风向搭接,并在屋脊中心线两边各增铺宽度为 250mm 的卷材附加层。

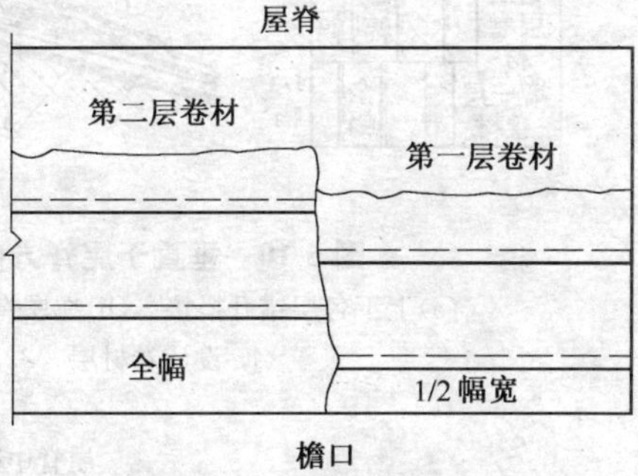

图 5-8 两层卷材铺贴

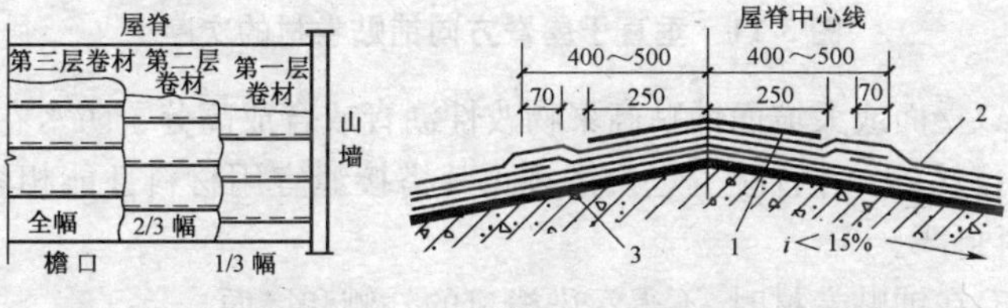

(a)上下各层错开搭接 (b)在屋脊处增设附加层

图 5-9 三层卷材叠层施工

1. 卷材附加层 2. 设计卷材层 3. 基层

叠层铺贴的各层卷材,在天沟与屋面的交接处。应采用叉接法搭接,搭接缝应错开;搭接缝宜留在屋面或天沟侧面,不宜留在沟底。

(3)当施工需要采用垂直于屋脊方向铺贴卷材时,应自屋脊开始向檐口或天沟方向铺贴,且每层卷材必须两坡相互交替分别铺贴,每幅卷材都应铺过屋脊不少于 200mm，如图 5-10 所示。其铺贴次序（贴第一层方法举例）见图 5-11。

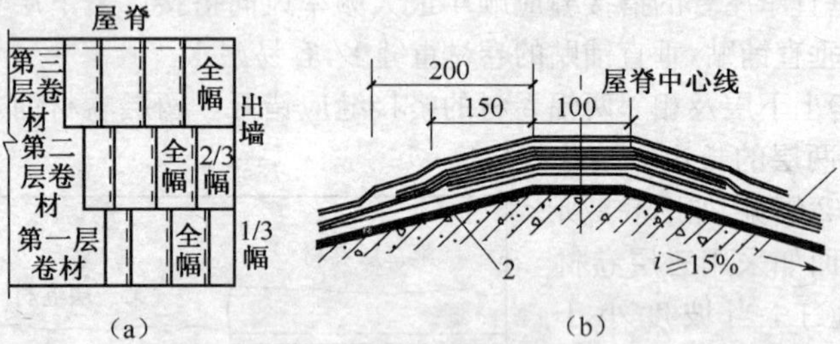

图 5-10　垂直于屋脊方向铺贴卷材

(a)上下各层错开搭接　(b)在屋脊处卷材应铺过屋脊

1. 设计卷材层　2. 基层

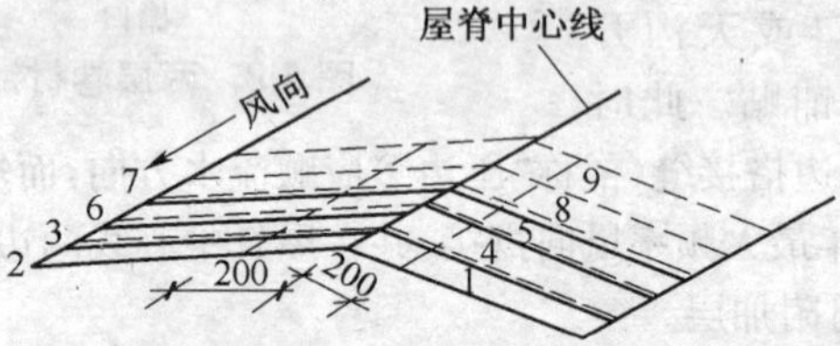

图 5-11　垂直于屋脊方向铺贴卷材的次序

(4)立面或大坡面铺贴高聚物改性沥青或合成高分子防水卷材时，应采用满粘法，并宜减少短边搭接。其搭接缝宜用材料性能相容的密封材料封严。

(5)在铺贴卷材时，不得污染檐口的外侧和墙面。

三、卷材铺贴的一般顺序

屋面防水卷材的铺贴必须遵守一定的施工顺序，这种顺序为“先高后低；先节点、后大面；由檐口向脊、由远及近”。

即高低跨屋面相连的建筑物应先铺高跨屋面，后铺低跨屋面；卷材防水大面铺贴时，应先将所有节点附加层铺贴好后，再铺贴大面卷材。卷材的铺贴方向一般由檐沟向屋脊方向铺贴。檐沟内从水落口处向两边“分水线”处铺贴，使防水卷材顺水接槎。在同一高度的屋面上，先铺贴距离较远的部位，后铺贴距离较近的部位，或安排合理的施工流水段，使已施工完工的屋面防水层不再上人来回行走，避免踩踏已完工的卷材。

四、卷材粘结技术要求

（一）沥青防水卷材

沥青防水卷材三毡四油或二毡三油叠层铺贴的卷材屋面，用热玛帝脂或冷玛帝脂进行粘结，其粘结层的厚度见表5-5。

表5-5　玛帝脂粘结层厚度

粘结部位	粘结层厚度(mm)	
	热玛帝脂	冷玛帝脂
卷材与基层粘结	1～1.5	0.5～1
卷材与卷材粘结	1～1.5	0.5～1
保护层粒料粘结	2～3	1～1.5

（二）高聚物改性沥青防水卷材

高聚物改性沥青防水卷材屋面，一般为单层铺贴，随其施工工艺不同，应按照表5-6的不同粘结要求施工。

表5-6　高聚物改性沥青防水卷材粘结的技术要求

热粘法	热熔法	冷粘法	自粘法
1. 采用与卷材相容的热熔型改性沥青胶，施工时宜用导热油炉加热，加热温度不高于200℃，使用温度不低于180℃ 2. 沥青胶厚度宜为1～1.5mm 3. 随刮涂沥青胶随滚铺卷材，并展平压实	1. 幅宽内应均匀加热，熔融至呈光亮黑色为度 2. 不得过分加热，以免烧穿卷材 3. 热熔后立即滚铺 4. 滚压排气，使之平展、粘牢，不得皱褶 5. 搭接部位溢出热熔胶后（溢出沥青宽度以2mm左右为宜）随即刮封接口 6. 厚度小于3mm的卷材不得用本法施工	1. 均匀涂刷胶粘剂，不漏底，不堆积 2. 根据胶粘剂性能及气温，控制涂胶后粘合的最佳时间 3. 滚压、排气、粘牢 4. 溢出的胶粘剂随即刮平封口 5. 搭接缝口应用材性相容的密封材料封严	1. 基层表面应涂刷基层处理剂 2. 自粘胶底面的隔离纸应全部撕净 3. 滚压、排气、粘牢 4. 低温时的立面、大坡面及搭接部位宜用热风机加热，溢出自粘胶随即刮平封口 5. 搭接缝口应用材性相容的密封材料封严

(三)合成高分子防水卷材

合成高分子防水卷材一般采用单层铺贴,因其施工工艺不同,粘结要求也有所不同,如表 5-7 所示。

表 5-7　合成高分子防水卷材粘结的技术要求

冷　粘　法	自粘法	热风焊接法
1. 在找平层上均匀涂刷基层处理剂 2. 在基层或基层和卷材底面涂刷配套的胶粘剂 3. 控制胶粘剂涂刷后的粘合时间 4. 粘合时不得用力拉伸卷材,避免卷材铺贴后处于受拉状态 5. 滚压、排气、粘牢 6. 清理干净卷材搭接缝处的搭接面,涂刷专用配套胶粘剂,滚压、排气、粘牢 7. 卷材搭接部位也可采用胶粘带。此时粘合面应清理干净,撕去隔离纸后及时粘合上层卷材,并滚压粘牢。低温时宜采用热风机加热 8. 搭接缝口应用材性相容的密封材料封严	同高聚物改性沥青防水卷材的粘结方法和要求	1. 先将卷材结合面清洗干净 2. 卷材铺放平整顺直,搭接尺寸精确 3. 控制热风加热温度和时间 4. 滚压、排气、粘牢 5. 先焊长边搭接缝,后焊短边搭接缝

第四节　卷材防水屋面细部构造处理

屋面防水工程节点很多,且形状复杂多变、不规则、施工工序多、搭接缝多、操作面狭小、操作困难、质量难以保证,常因局部封闭不严而导致渗漏,是防水工程的薄弱环节。因此,做好细部构造的防水处理,是确保防水工程质量的重点和难点,必须充分注意。

一、收头处理

卷材收头是卷材防水层的关键部位,处理不好极易产生张口、翘边、脱落等缺陷。确保卷材收头的质量关键是必须做到“固定、密封”的要求。“固定”是要求用确实有效的措施将卷材的收头固定;“密封”是在收头固定处用密封材料封口。常见的卷材收头做法见表 5-8。

表 5-8　卷材收头处理

收头形式	简　　图	做法要求
立面凹槽收头	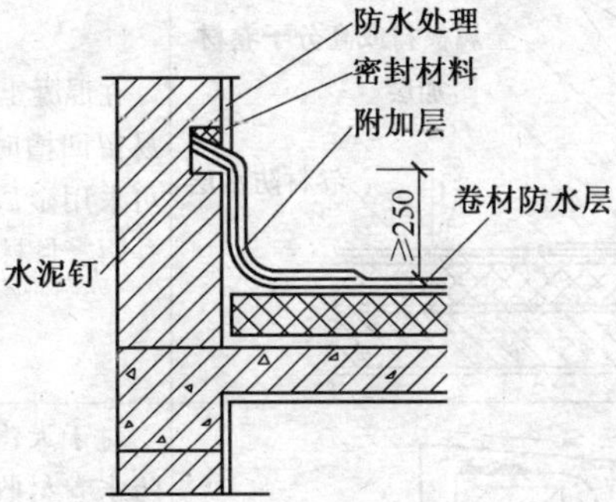	一般在砖砌体墙上预留 60mm×60mm 的凹槽，槽内用水泥砂浆抹成平整的斜坡，将卷材粘贴到斜坡上，用压条和水泥钉钉入凹槽内固定，再用密封材料封口，水泥砂浆抹平
平面凹槽收头	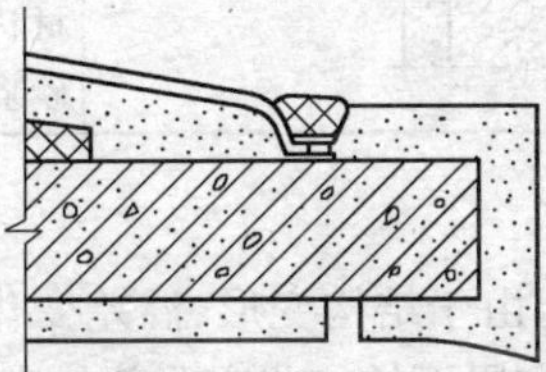	一般多用于无组织排水屋面，在抹找平层时，离开檐口 100mm 抹出 40mm×20mm 的梯形凹槽，将卷材收头压入凹槽，再用压条和水泥钉钉压，上面用密封材料封严
埋压收头	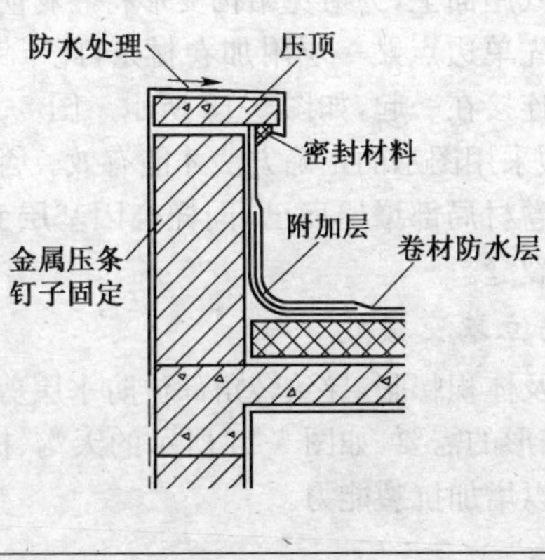	当女儿墙较低时，卷材收头可直接铺至女儿墙压顶下，用压条钉固定，并用密封材料封闭严密；压顶应做防水处理

续表 5-8

收头形式	简图	做法要求
立面钉压收头	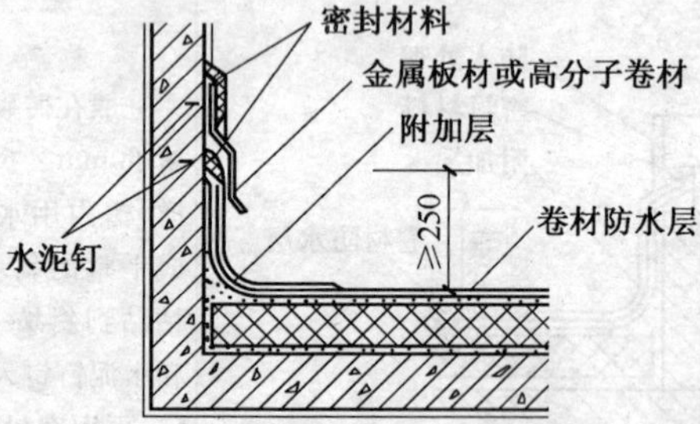	在混凝土女儿墙上不易留凹槽时，卷材收头可采用金属压条钉压，并用密封材料封固
平面钉压收头	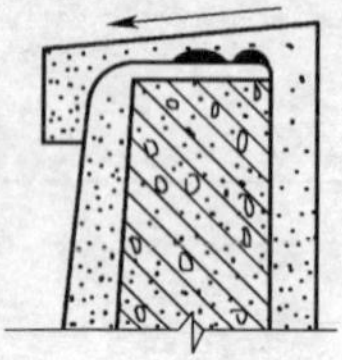	对于天沟、檐沟处的防水卷材收头，可将卷材用水泥钉钉压在混凝土沟帮上面，再用密封材料封口，上面用水泥砂浆保护

二、局部空铺处理

卷材粘贴到找平层上后，由于结构变形、温差变化等原因，常将防水层拉裂而导致渗漏，因此，在屋面的一些主要部位宜进行空铺处理。

(一)屋面板板端缝上面

在无保温层的装配式屋面上，为避免结构变形将卷材防水层拉裂，应在沿屋面板的端缝上先单边点贴一层附加卷材条，此干铺的卷材条不与基层及上面的卷材连接在一起，如图 5-12 所示。图 5-13 所示，为干铺卷材条的方法，必须采用图示的正确方法才能有效。否则，它只不过将基层或上面的一层卷材局部增厚而已，同样会因基层变形或开裂使设计卷材层一起发生裂缝。

(二)屋面上平面与立墙交接处

屋面常因温差变形及体积膨胀，导致转角部位防水层剪坏，故在此处应空铺卷材，以适应变形的需要，如图 5-14 所示的天沟、檐沟与屋面交接处，宜空铺附加层，以增加抗裂能力。

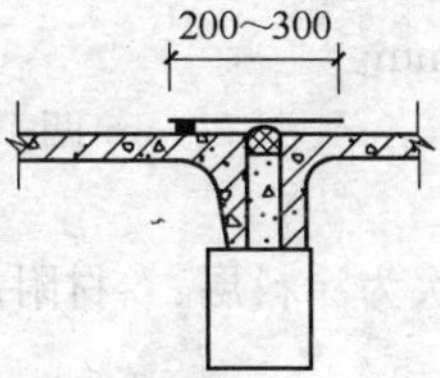

图 5-12　屋面板板端缝空铺卷材条

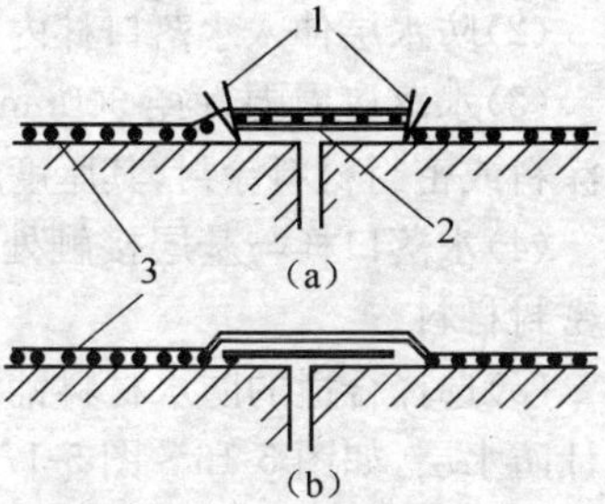

图 5-13　干铺卷材条的方法

(a)不正确　(b)正确

1. 卷材破裂位置　2. 干铺卷材条与上部卷材错误粘牢　3. 胶粘层

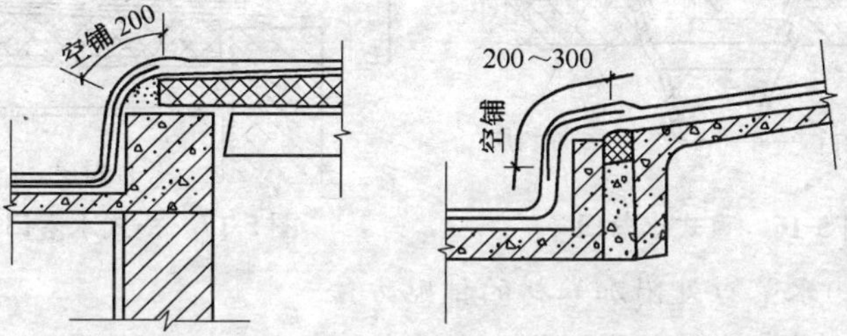

(a) 檐沟　　(b) 天沟、檐沟

图 5-14　屋面上平面与立墙交接处空铺

(三)找平层的排汽道上

当做排汽屋面时，在找平层的排汽道上宜空铺宽度为 100mm 以上的卷材条，如图 5-15 所示。

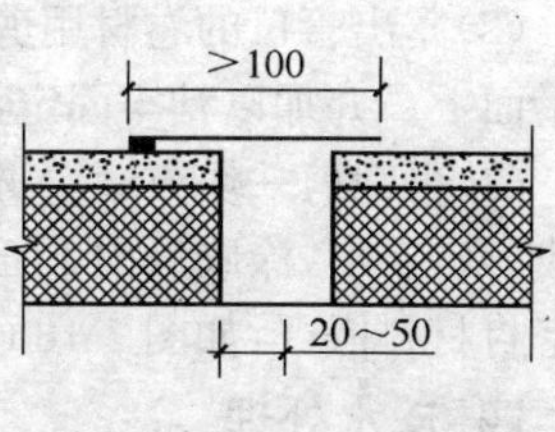

图 5-15　排汽道上空铺卷材条

三、水落口处理

水落口有直式和横式两种。是目前渗漏最严重的部位，应从以下几方面加以控制。

(一)防水构造规定

(1)水落口杯上口的标高应设置在沟底的最低处。

(2)防水层伸入水落口杯内应不小于 50mm。

(3)水落口周围直径 500mm 范围内坡度应不小于 5%,并采用防水涂料或密封材料涂封,其厚度应不小于 5mm。

(4)水落口杯与基层接触处应留置宽 20mm、深 20mm 凹槽,并嵌填密封材料。

(5)选择合适的防水材料铺设次序,依次为涂料层、卷材附加层及设计防水层,如图 5-16～图 5-17 所示。

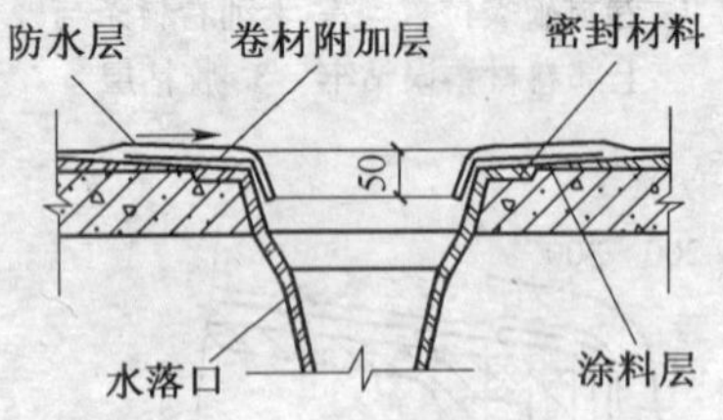

图 5-16 直式水落口

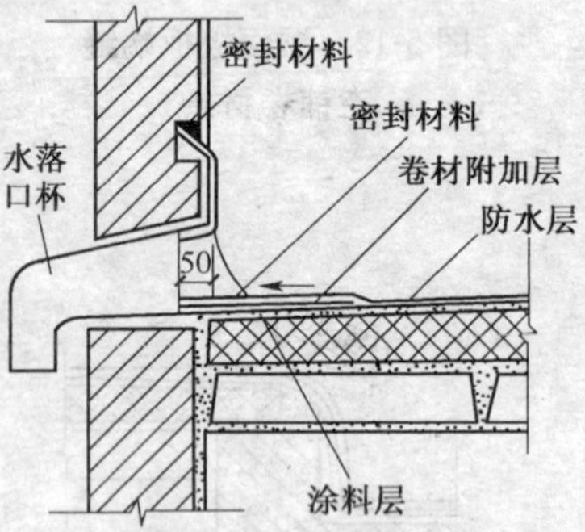

图 5-17 横式水落口

(二)水落口处附加卷材的铺贴方法

(1)铺贴水落口处附加卷材时,先裁一条 250mm 宽的卷材,长度比排水口径大出 100mm 的搭接宽度,卷成圆筒并粘结好,伸入排水口中 150mm,涂胶后粘结牢固,如图 5-18a 所示。

(2)露出管口的卷材用剪刀裁口、翻开,涂胶后平铺在水落口四周的平面上。并加以粘牢固定,如图 5-18b 所示。

(3)再裁剪一块方型卷材,比水落口大出 150mm,以水落口中心点裁成"米"字形,涂胶后向下插入水落口孔径内,并粘结牢固,封口处再用密封材料嵌严,如图 5-18d 所示。

四、泛水处理

泛水是指屋面与立墙的转角部位,例如屋面与女儿墙交接处,此处结构变形较大,容易造成防水层的破坏。为此在立面和平面上应加铺各为 250mm 宽的卷材附加层,如图 5-19 所示。此外,泛水应采取隔热防晒措施,以延长其使用年限。可在泛水卷材面砌砖后,抹水泥砂浆或浇细石混凝土保护，也可涂刷浅色涂料或粘贴铝箔保护层。

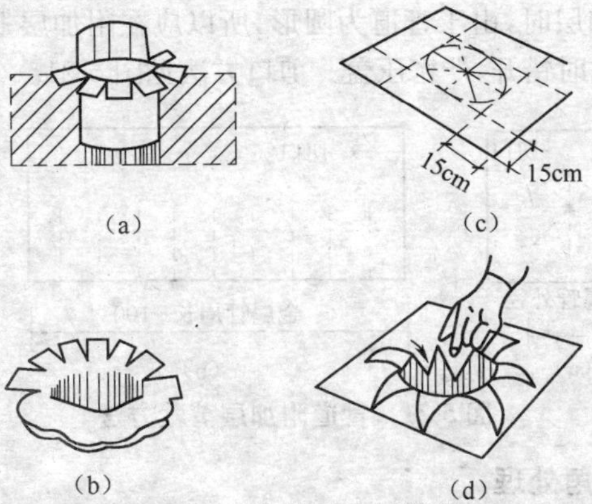

图 5-18　水落口卷材铺贴

五、出屋面管道处理

(一)出屋面管道处理

伸出屋面的管道主要是排汽孔等，由于热胀冷缩的原因容易引起管道与混凝土脱开，混凝土的干缩变形，易形成孔道周围的环向裂缝。因此，出屋面管道处的防水层应做附加增强层。施工找平层时，管道周围应抹成圆锥台，高出屋面找平层 30mm，以防止根部积水。在管道根部与找平层之间应预留 20mm×20mm 的凹槽，嵌填密封材料，以适应金属管道的胀缩，然后加铺附加层，最后做防水层，如图 5-20 所示。

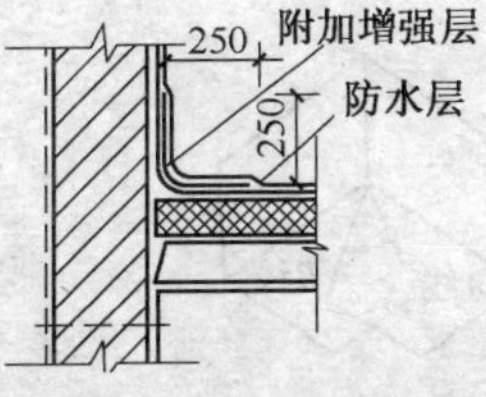

图 5-19　泛水附加层

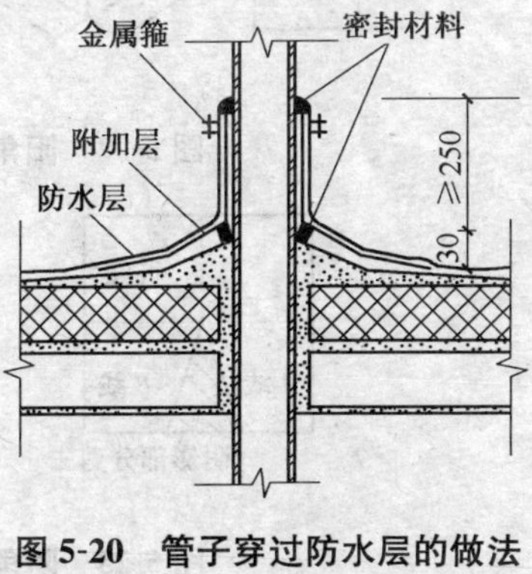

图 5-20　管子穿过防水层的做法

(二)管道附加层剪裁方法

铺贴附加层时，由于管道为圆形，所以应在附加层上剪出切口，上下层切缝粘贴时错开，严密压盖。剪口方法见图 5-21。

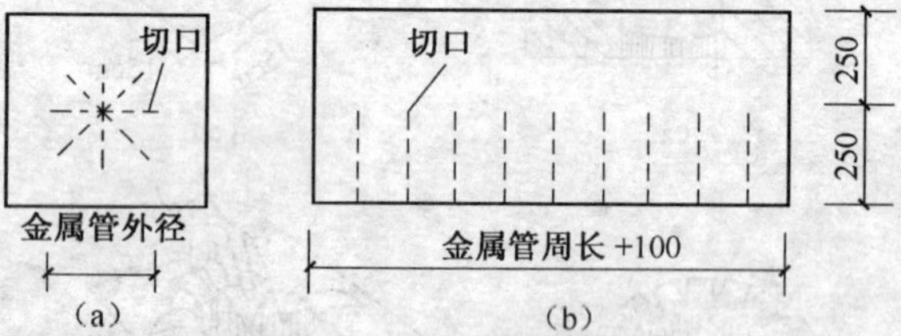

图 5-21 管道附加层剪裁方法

六、阴阳角处理

(一)阴阳角处理办法

阴阳角是屋面防水层变形容易被拉裂的部位，由于三面交接，施工比较麻烦，稍有不慎就易发生渗漏。为此要求在阴阳角处在基层上距角每边 100mm 范围内，先用密封材料涂封，然后再铺贴增强附加层。

(二)阴阳角附加层的剪贴方法

为了保证附加层与基层粘贴严密，阳角应采取图 5-22 的剪裁方法；阴角附加层的剪裁方法见图 5-23。

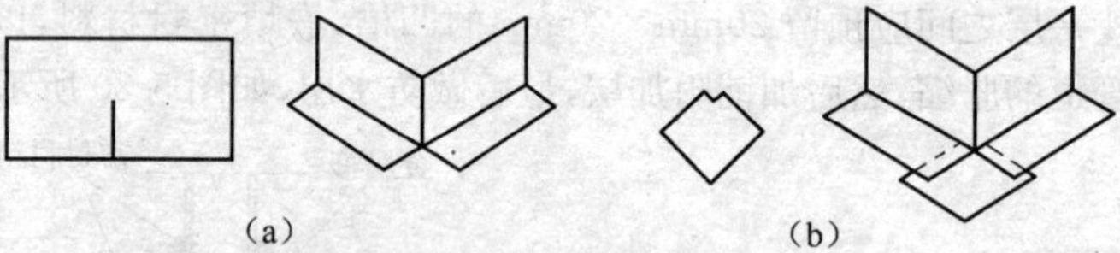

图 5-22 阳角附加层剪裁方法

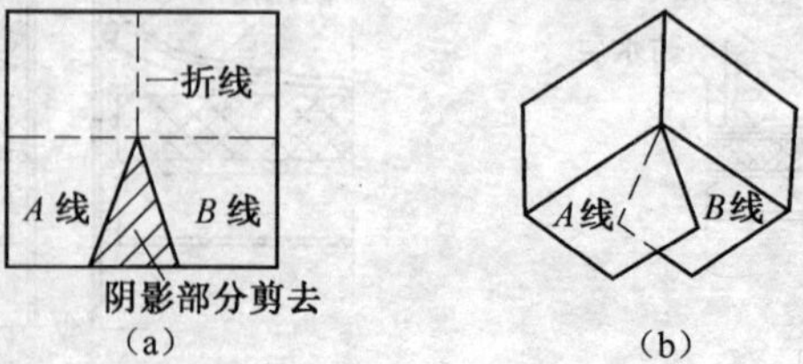

图 5-23 阴角附加层剪裁方法

七、变形缝处理

屋面变形缝是屋面上变形较大的部位。在处理时应根据下列不同情况分别处理。

(一)等高变形缝处理

等高变形缝的处理见图 5-24,具体操作如下:

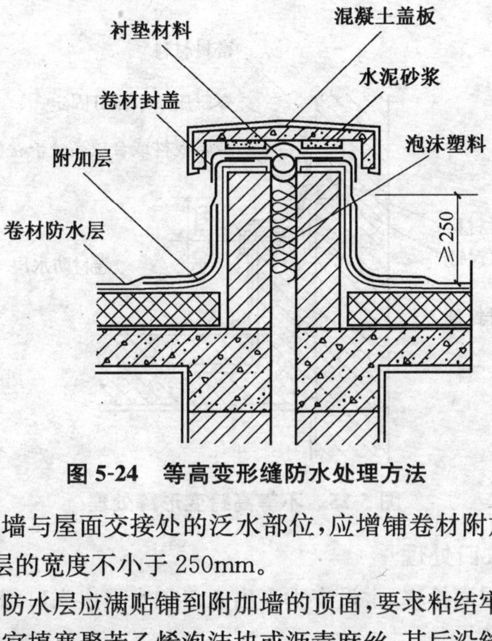

图 5-24 等高变形缝防水处理方法

(1)附加墙与屋面交接处的泛水部位,应增铺卷材附加层,立面和平面上附加层的宽度不小于 250mm。

(2)卷材防水层应满贴铺到附加墙的顶面,要求粘结牢固。

(3)缝中宜填塞聚苯乙烯泡沫块或沥青麻丝,其后沿缝粘贴一层凹形卷材,并在其内放置聚氯乙烯泡沫塑料棒等衬垫材料。

(4)上部覆盖一层盖缝卷材,并延伸到附加墙立面上;卷材在立面上采用满粘法,铺贴宽度不小于 100mm,但卷材与附加墙顶面不宜粘结。

(二)不等高跨变形缝处理

不等高跨变形缝的处理见图 5-25,具体操作如下:

(1)低跨的卷材防水层应先铺贴至低跨墙顶面。

(2)在变形缝中填入泡沫塑料后,上做一层 U 形卷材。该卷材上部一端全粘在高跨外墙上，并压入墙上预留的凹槽内固定、密封；将 U 形卷材放入变形缝中，另外一端全粘于低跨附加墙上面，用密封材料封口。

(3)然后在其上加铺一层金属板材或合成高分子防水卷材封盖，其一端与铺至低跨墙顶的防水卷材粘牢，另一端用金属压条水泥钉固定在高跨墙体上。

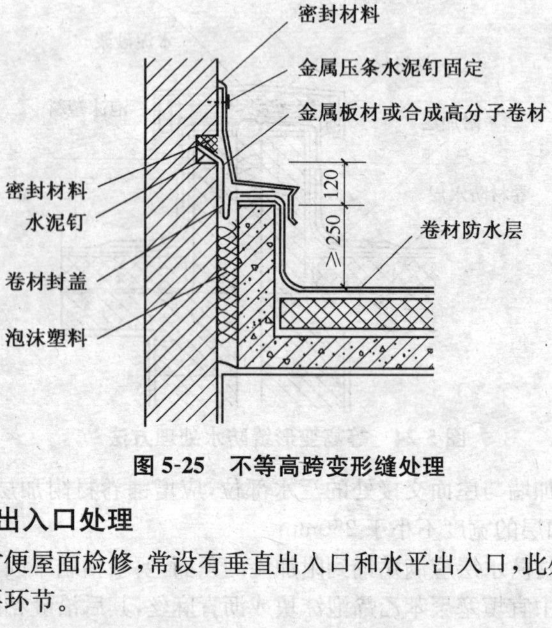

图 5-25　不等高跨变形缝处理

八、出入口处理

为方便屋面检修，常设有垂直出入口和水平出入口，此处也是防渗漏的重要环节。

(一)垂直出入口处理

出入口应高出屋面 250mm 以上；出入口外侧四周应增设附加层，防水卷材收头应压在混凝土压顶圈下，井圈高度和井盖要挑出做好滴水，如图 5-26 所示。

(二)水平出入口处理

水平出入口处理防水层收头应压在混凝土踏步下，防水层的泛水应设护墙。屋面与挡墙间增设附加层，在门口处用钢筋混凝土板挑出做踏步，板下与砌体间应留出一定的空隙，以适应沉降的需要，如图

5-27 所示。

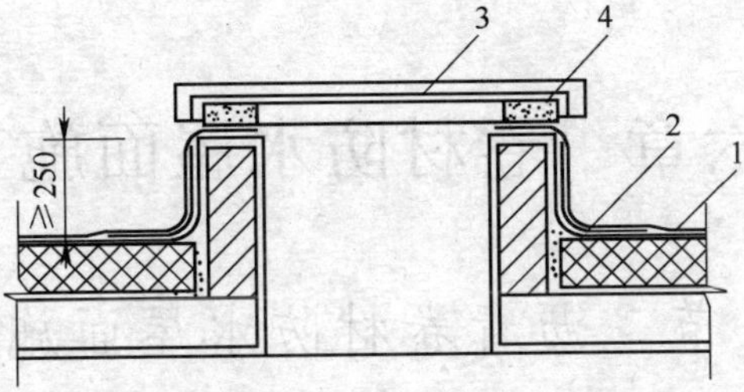

图 5-26　垂直出入口防水构造

1. 防水层　2. 附加层　3. 出入孔盖　4. 混凝土压顶圈

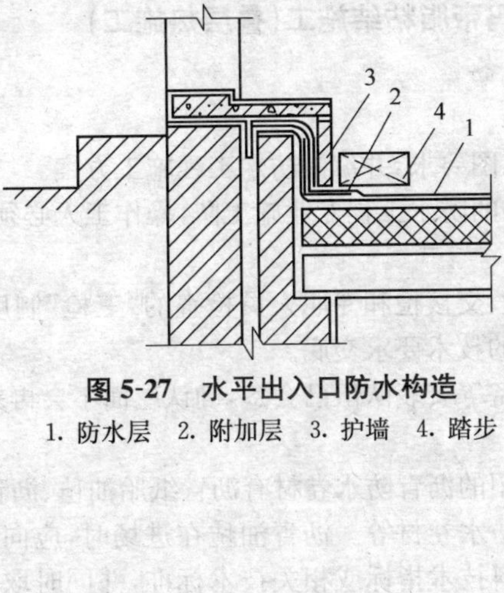

图 5-27　水平出入口防水构造

1. 防水层　2. 附加层　3. 护墙　4. 踏步

第六章　卷材防水屋面施工

第一节　沥青卷材防水屋面施工

沥青卷材防水屋面一般是叠层施工（二毡三油或三毡四油），粘结材料是沥青玛帝脂，有热法施工和冷法施工两种操作方法。

一、卷材热玛帝脂粘结施工（叠层热施工）

（一）施工准备

1. 技术准备

(1)熟悉施工图要求，并编制防水工程施工方案。

(2)选择合格的防水工程专业施工队，操作工人必须经培训合格并有上岗证。

(3)建立自检、交接检和专职人员检查的“三检”制度，施工前向操作人员进行详细的技术要求交底。

(4)水、电设备等安装队伍已会签，确认屋面不会再剔砸孔洞。

2. 材料准备

(1)卷材：常用的沥青防水卷材有沥青纸胎油毡、沥青玻纤胎油毡、沥青复合胎柔性防水卷材等。沥青油毡在进场时，应向生产厂家索取产品合格证及材料技术指标或相关技术标准，并同时取样送试验室进行检验，不合格者不得使用。沥青油毡在现场的检测项目包括拉力、耐热度、柔度及不透水性。

(2)胶结材料：包括沥青玛帝脂、填充料和有关的配料。沥青玛帝脂的标号，应根据屋面坡度及当地气候条件，由设计或土建总包单位确定。然后根据玛帝脂的标号及沥青等原材料进场情况，由相应资质的试验部门进行玛帝脂配合比试验。防水施工专业队在施工时，不得随意更改配合比。

填充料主要有滑石粉、板岩粉、云母粉、石棉粉等，其含水率不得大于3%，粉状通过0.045mm方孔筛筛余量不大于20%。

其他配料包括豆石（绿豆砂）、汽油、煤油、麻丝、苯类、玻璃布，豆石的粒径为3～5mm，必须干净、干燥。

每100m² 防水层各种材料的需用量见表6-1。

表6-1　沥青防水卷材热法施工参考用量

施工做法	每100m² 材料用量						
	350号油毡 (m²)	沥青玛帝脂 (m³)	冷底子油 (kg)	绿豆砂 (m³)	沥青 (kg)	溶剂 (kg)	填料 (kg)
冷底子油一道			(49)		15	34	
二毡三油一砂	240	(0.70)		0.52	578		192
每增一毡一油	120	(0.15)			124		41

注：1. 本表参考《全国统一建筑工程基础定额》(GJD-101—95)有关内容编制。

2. 冷底子油的配比按沥青：溶剂＝3：7(质量比)计算；沥青玛帝脂的配比按沥青：填料＝75：25(质量%)计算，玛帝脂的相对密度以1.1计算。

3. 根据玛帝脂熬制方法不同，尚应考虑其他辅助用料，如煤或木柴等。

3. 主要施工机具

卷材热玛帝脂粘结施工的主要施工机具见表6-2。

表6-2　卷材热法操作工艺主要施工机具

名　称	规　格	数量	用　途
空气压缩机	0.6m³/min	1台	清理基层
棕扫帚	普通	3把	清理基层和油毡
小平铲(腻子刀)	小型	2把	清理基层
钢丝刷	普通	4把	清理基层
长柄刷	棕刷或胶皮刷	2把	涂刷冷底子油
剪刀	普通	1把	剪裁卷材用
沥青锅	节能消烟沥青锅或自制	2只	加热熬制玛帝脂
磅秤	500kg	1台	玛帝脂配合比计算
油桶	20L	3个	运输玛帝脂
加热保温沥青车	0.3m³	2台	冬季低温运输时用
油壶(鸭嘴壶)		4只	浇灌玛帝脂
笊篱	铁丝编制	2把	熬制沥青时搅拌、捞渣
橡胶刮板		4个	推刮玛帝脂及刮边

续表 6-2

名　称	规　格	数量	用　途
铁皮刮板		2 个	用于复杂部位推刮玛帝脂
滚筒	80～100kg 包胶皮	1 只	滚压大面积油毡
大平铲		2 把	撒铺绿豆砂
长柄木刮子		1 把	刮铺(推铺)绿豆砂
竹扫帚		2 把	清扫绿豆砂保护层
铁板		2 块	用于绿豆砂炒干、预热
铁锤	普通	1 把	卷材收头钉水泥钉
消防器材		若干	包括灭火器、铁板、砂等

表中熬制沥青的沥青锅一般有两种：一种是传统的在现场砌筑沥青锅灶，并安放用钢板焊成的沥青锅；另一种是工厂定型生产的节能消烟沥青锅。前者沥青锅灶成本较低，一般施工单位均可制作、砌筑。但由于燃料燃烧不够充分，易产生有毒烟雾，造成环境污染，危害操作者的健康，也不利于防火安全，因此应当尽量少用。

节能消烟沥青锅由于消烟除尘效果好，克服了烟雾造成的环境污染，有利于文明施工，应优先采用。同时也可以采用图 4-27 所示的沥青加热车。

(1)砖砌沥青锅灶的砌筑方法：现场砌筑的普通沥青锅灶分地上式和半地下式。地上式沥青锅全部用砖砌筑，燃料口及出灰口均设在地上。半地下式比较简单，在地面上挖个坑，炉条以下置于地下，炉条以上砌砖。如图 4-28 所示炉灶均设燃料口、出灰口、鼓风口及烟囱。烟囱高度约 2m。

沥青锅容积依据施工面积的大小而定。一般容积有 0.5m^3、0.75m^3、1m^3、1.5m^3 四种，全部用钢板焊接而成。锅的两边用角钢或其他型钢与灶膛固定的铁件焊在一起。沥青锅四周与炉灶之间要留有 100mm 的空隙，以利火焰上升，使沥青锅能全面受热。

(2)节能消烟沥青锅：图 4-26 所示的节能消烟沥青锅是一种全封闭式多回程沥青熔化锅，它全部采用钢板将沥青锅与炉灶合成为一个整体。由于应用封闭式烟气再燃烧原理，有毒物得到充分燃烧，达到净化的目的。

JXL-89 型沥青锅热效率高，熔化沥青时间短，可连续出油，出油量为 300kg/h。一台沥青锅可供 9～11 人进行沥青油毡热法施工，每班防水施工面积为 1000～1500m²。

4. 常用劳动保护用具

沥青防水热施工是一种有毒有害作业，且容易发生烫伤事故。因此要准备必要的安全防护用具，以保证操作者的安全和健康。常用护具见表 6-3。

表 6-3　防水施工常用护具一览表

名　称	配置数量及使用范围
工作服	每人一身
护脚	每人一件，或可用球鞋代替
安全帽	每人一顶
墨镜	每人一副
防烫伤药膏	共用
清洗剂	共用
手套	每人一副
安全绳	高空作业的工人配用
口罩	每人一个
防毒口罩	接触苯类、丙酮、石棉等操作时使用

5. 作业条件

(1)相关工序要经过质量验收合格，基层表面必须平整、坚实、干燥、清洁，不得有起砂、开裂和空鼓等缺陷。

(2)基层的坡度应符合设计规定，不得有倒坡积水现象。

(3)防水层施工前，屋面的细部构造要按相关要求做好基层处理。

(二)施工工艺

1. 工艺流程

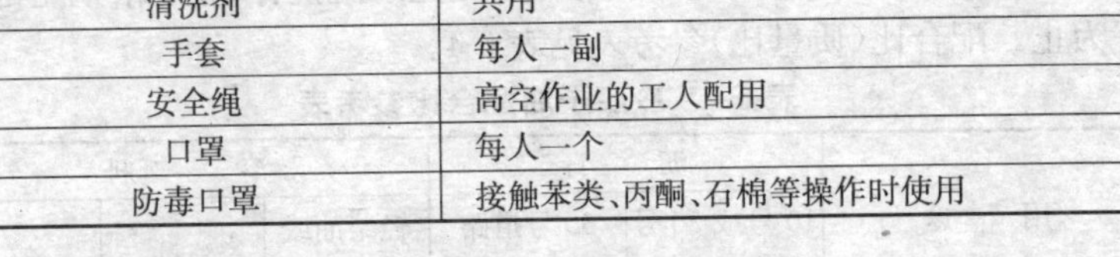

2. 操作工艺

(1)基层清理。做防水层底层前，要将验收合格的基层表面的尘土、杂物清扫干净，节点处可用吹风机辅助清理。

(2)檐口防污。为防止卷材铺贴时，热沥青玛帝脂污染檐口，可在檐口前沿刷上一层较稠的滑石粉浆或粘贴防污塑料纸，待卷材铺贴完后，将滑石粉上的沥青胶铲除干净，或撕去防污塑料纸。

(3)沥青熬制配料。该道工序包括沥青熬制、配制冷底子油和沥青玛帝脂。

①沥青熬制：先将沥青破成碎块，放入沥青锅中逐渐均匀加热，加热过程中随时搅拌，熔化后用漏勺及时捞清锅中杂物，熬至脱水无泡沫时进行测温，建筑石油沥青熬制温度应不高于 240℃，使用温度不低于 200℃。

②配制冷底子油：配制时先将熬好的沥青倒入料桶中冷却至 110℃，再缓慢加入汽油。再注入溶剂，随注入随搅拌，直至溶剂全部溶解为止。配合比(质量比)参考表见表 6-4。

表 6-4　冷底子油配合比参考表

用途	沥青		溶剂		
	10 号或 30 号石油沥青	60 号道路石油沥青	轻柴油或煤油	汽油	苯
涂刷在终凝前的水泥砂浆基层上	40		60		
		55	45		
涂刷在已硬化干燥的水泥砂浆基层上	50		50		
		30		70	
		60			40
涂刷在金属表面上	30			70	
	35			65	
	45				55

③沥青玛帝脂配制：按表 6-5 选用沥青玛帝脂的标号，然后根据试验室确定的配合比(质量比)或参考表 6-6 严格进行配料、熬制。配料时将各种标号的沥青按配合比要求计量进行混合加热熔化，然后慢慢加入按配合比要求计量并经 120℃～140℃预热脱水干净的填充料，充

分均匀搅拌后，表面无泡沫疙瘩即可。

表 6-5　沥青玛帝脂选用标号

屋面坡度	历年极端最高气温	沥青玛帝脂标号
1%～3%	低于 38℃	S-60
	38～41℃	S-65
	41～45℃	S-70
3%～15%	低于 38℃	S-65
	38～41℃	S-70
	41～45℃	S-75
15%～25%	低于 38℃	S-75
	38～41℃	S-80
	41～45℃	S-85

表 6-6　热玛帝脂配合比参考表(质量%)

耐热度	沥青标号			填充料				催化剂
(℃)	10	30	60	滑石粉	太白粉	石棉粉	石棉绒	(占沥青质量的%)
70	75			25				
70	65		10	20			5	
70	70	5		25				
70	65	10		25				
70	80			20				硫酸铜 1.5%
75	75			25				硫酸铜 1.5%
75	70		5	25				
75	75					25		
75	60	15			25			
75		75			25			
75	50	25			25			
80	75			20			5	氯化锌 1.5%
80	75				25			硫酸铜 1.5%
80	75			25				
80	80			20				氯化锌 1.0%

熬制玛帝脂控制“火候”是十分重要的，它是保证质量的重要一环。

一般而言，沥青在锅内加热时间不宜过长。以 3～4h 为好，并尽量在 8h 内用完。如用不完，应与新熬制的材料混合使用。

熬制沥青玛帝脂时，加热温度应不高于 240℃，使用温度宜不低于 190℃，并应经常检查。

冷沥青玛帝脂的配合比见表 6-7。

表 6-7　冷玛帝脂配合比参考表(质量%)

10 号石油沥青	轻柴油或煤油	油酸	热石灰粉	石棉
50	25～27	1	14～15	7～10

(4)喷刷冷底子油。冷底子油的作用是增强基层与防水卷材间的粘结，涂刷工作一般应在水泥砂浆养护完毕，表面基本干燥后进行(俗称"干刷法")。冷底子油需用棕刷或胶皮刷蘸油均匀涂刷在水泥砂浆基层上。要涂刷均匀，愈薄愈好，不得留有空白。切忌涂刷太厚，否则在炎热天气会造成卷材与沥青玛帝脂的滑动，粘结不牢。冷底子油也可用机械喷涂，机械喷涂既能保证质量，又节省材料与劳力。大面积喷刷前，应将边角、管根、雨水口等处先喷刷一遍，然后大面积喷刷第一遍，待第一遍油干燥后，再喷刷第二遍，要求喷刷均匀，无漏底。

涂刷冷底子油的时间宜在卷材铺贴前 1～2d 内进行，这样才能保证施工质量。冷底子油涂刷后经过风干感觉不粘手后即可铺贴卷材。

冷底子油的喷刷也可在水泥砂浆凝结过程中进行，此时称为"湿刷法"。采用这种方法施工时，要掌握好冷底子油的涂刷时间，防止踩踏新抹好的水泥砂浆基层。冷底子油的涂刷时间宜在水泥砂浆抹好后 2～6h 进行，视水泥品种、砂浆配合比、气候等条件经试验后确定。湿刷时所用的冷底子油要用慢挥发性的溶剂(如煤油)调制，比一般的冷底子油要稍浓一些。涂刷时，应顺着风向，由屋脊向檐口进行，要少蘸油，勤提刷，避免使劲揉刷、拖刷。

(5)节点附加层增强处理。如第五章第四节所述，沥青防水卷材屋面，在女儿墙、檐沟墙、天窗壁、变形缝、烟囱根、管道根与屋面的交接处，以及檐口、天沟、斜沟、雨水口、屋脊等部位，按设计要求事先要根据节点的情况，剪裁卷材，铺设增强卷材附加层。排汽道、排汽帽必须通畅、排汽道上的附加层必须单面点粘，宽度不小于 250mm。并强调以下几点：

①排水檐口在 800mm 宽范围内卷材应满铺，卷材收头应固定封严。

②屋面与突出屋面结构的连接处，铺贴在立墙上的卷材高度应不小于 250mm，一般可用叉接法与屋面卷材相互连接，将上头固定在墙上，缝隙要用密封材料嵌封严密。

③内部排水铸铁雨水口，应牢固地固定在设计位置上，安装前应清除铁锈，刷好防锈漆，水落口连接的各层卷材应牢固地粘贴在杯口上，压接宽度不小于 100mm。水落口周围 500mm 范围内，泛水坡度不小于 5%，基层与水落口杯接触处应预留 20mm 宽、20mm 深的凹槽。填嵌密封材料。

④伸出屋面管道根部应做成圆锥形，管道与找平层相接处预留凹槽，填嵌密封材料。防水层收头处用钢丝箍紧，并填嵌密封材料。

(6)定位、弹线试铺。为了便于掌握卷材铺贴的方向、距离和尺寸，应事先检查卷材有无弯曲，在正式铺贴前要进行定位、弹线试铺工作。在找平层上弹线以确定卷材的搭接位置，保证铺贴顺直，无卷材扭曲、皱褶缺陷。

(7)铺贴第一层油毡。卷材在使用的前几天，应先将表面的撒布物清扫干净。卷材表面的撒布物为滑石粉时，可用干净扫帚清扫，直到手摸不出滑石粉为止；如撒布物为云母片，则应用废窗纱叠在一起作为钢刷来刷，刷至表面露出沥青本色，无细粉末为止。卷材清理好后要反卷起成筒状，直立放在通风处备用，这样铺贴时就比较平服，不易翘边。

为了保持屋面的清洁，最好不要在屋面上清理卷材。天热时，一次不要清扫过多和堆压在一起。以免卷材发生粘结。带有滑石粉撒料的卷材，用扫帚清扫有时不易清扫干净，此时可用抹布蘸煤油或苯拧干后在卷材上来回擦拭，使滑石粉被溶剂吸收，不影响与沥青玛帝脂的粘结。清理后的卷材必须松松地反卷起来，放在通风的房间内干燥，待溶剂挥发后才可使用。

第一层油毡油的铺贴要严格控制下列要点：

①铺贴防水卷材的方向：屋面防水层卷材铺贴的方向，应根据屋面坡度、防水卷材的种类、屋面工作条件及历年主导风向等情况选定(必须从下风方向开始)。坡度小于 3%时，宜平行屋脊铺贴；坡度在 3%～15%时，平行或垂直于屋脊铺贴；当坡度大于 15%或屋面受振动，卷材

应垂直于屋脊铺贴。

②铺贴防水卷材的顺序：先铺贴排水比较集中的部位，如雨水口、檐口、天沟等处，在高低跨屋面相毗连的建筑物，要先铺高跨屋面，后铺低跨屋面，铺贴应从标高低处往标高高的方向滚铺；在同高度的大面积屋面上，要先铺远部位后铺近部位。

在相同高度的大面积屋面上铺贴卷材，要分成若干施工流水段。分段的界线是：屋脊、天沟、变形缝等。根据操作要求再确定各流水段的先后施工程序。如在包括檐口在内的施工流水段中，应先贴檐口，再向上贴到屋脊或天窗的边墙；在包括天沟在内的施工流水段中，应先贴水落口，再向两边贴到分水岭并往上贴到屋脊或天窗的边墙。

在铺贴时，接缝应顺年最大频率风向搭接。上述施工顺序的基本原则，也适合于其他防水卷材、涂料等操作工艺，以后不赘述。

③铺贴各层防水卷材搭接宽度：长边不小于 70mm；短边不小于 100mm。上下层不得相互垂直铺贴。若第一层采用点、条、空铺方法，其长边不小于 100mm，短边不小于 150mm。

④铺贴卷材的几种操作方法。在铺贴卷材时，必须有正确的操作方法，才能保证卷材铺后平整、粘结牢固，不出现鼓泡、漏水、流淌等不良后果，常用的操作方法如下：

a. 浇油法。我国各地习惯采用这种操作方法。一般以三人为一小组，浇油、铺毡、滚压收边各一人。

浇油的人手提油壶，在推毡人的前方，向油毡宽度方向成蛇形浇油。不可浇得太多或太长，玛帝脂的厚度一般控制在 1～1.5mm，最厚不超过 2mm。浇油法铺贴卷材，如图 6-1 所示，图 a 卷材前沥青饱满，不易产生气泡；图 b 卷材前沥青胶不饱满，容易产生气泡。

铺毡的人两手紧压油毡，两腿在油毡卷筒的中间成前弓后蹬的姿势，眼睛盯着前面浇下的油，油浇到后，就用两手推着油毡向前滚进。推毡时应将卷材前后滚动，以便把玛帝脂（或沥青胶）压匀并把多余的材料挤压出来，粘实、不存在空气为度。

推毡时，要随时注意油毡划线的位置。以免偏斜、扭曲、起鼓，并要用力压毡，力量均匀一致，平直向前。另外，还要随身带上小刀，如发现卷材有鼓泡或粘结不牢的地方，要立即刺破开刀，并用玛帝脂贴紧封死。

毡铺完后为了使卷材之间、卷材与基层之间紧密地粘贴在一起,宜采用重 80～100kg 的滚筒(滚筒的表面包有厚 20～30mm 的胶皮)进行滚压收边,随铺随碾,不得来回拉动。铁滚筒如图 6-2 所示。

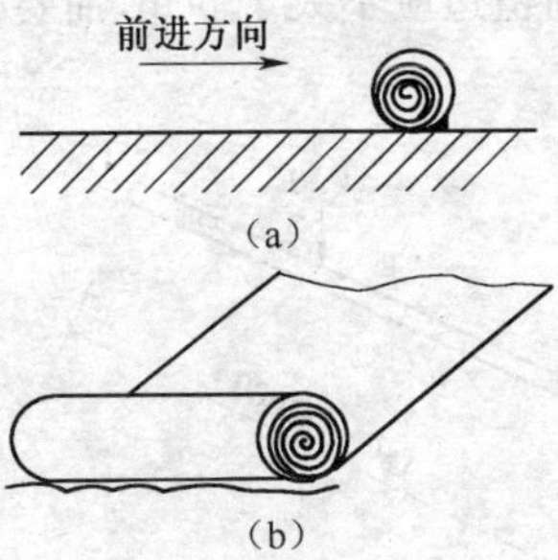

图 6-1 浇油法铺贴卷材

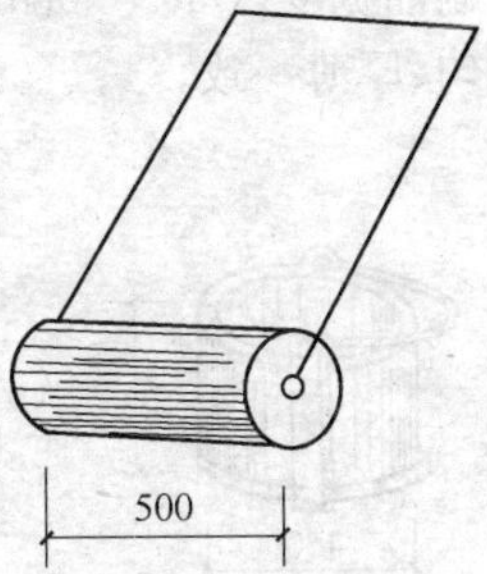

图 6-2 铁滚筒

具体的操作方法是由一人(包括收边)跟着铺毡人的后面向前慢慢滚压。滚压时,不能使滚筒来回拉动,要压得及时,滚筒离铺毡处应保持 1m 左右距离。油毡边缘挤出的玛帝脂,要用胶皮刮板刮去,刮平为度,不能有翘边现象。对天沟、檐口、泛水及转角处滚压不到的地方,亦要用刮板仔细刮平压实。

这种操作方法的优点是,生产效率高,气泡少,粘贴密实。缺点是容易使玛帝脂铺得过厚,而且使用滚筒滚压使用效果不太理想,可以采用图 6-3 所示的卷芯棍子,在铺贴时,先在卷材里面卷进铁棍子(或木棍子),借助棍子的压力,将多余的沥青玛帝脂挤出,从而使

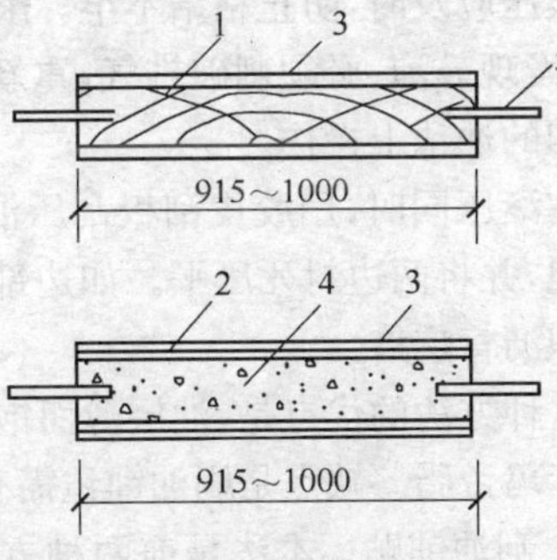

图 6-3 卷芯棍子

1. ϕ150mm 木棍 2. ϕ50mm 钢管
3. 5mm 厚胶皮 4. 混凝土 5. ϕ12mm 钢筋

油毡铺贴平整，与基层粘结牢固。

b. 刷油法。采用四人小组，即刷油、铺毡、滚压、收边各由一人操作。

此法是将浇油工序改为用长柄刷蘸油涂刷。操作时一人用长柄刷蘸油（图 6-4），将玛帝脂带到基层上涂刷。涂刷时人要站在油毡前面进行，刷油宽度以 30～50cm 为宜。出油毡边应不大于 5cm，油要刷饱满、均匀、厚薄一致。

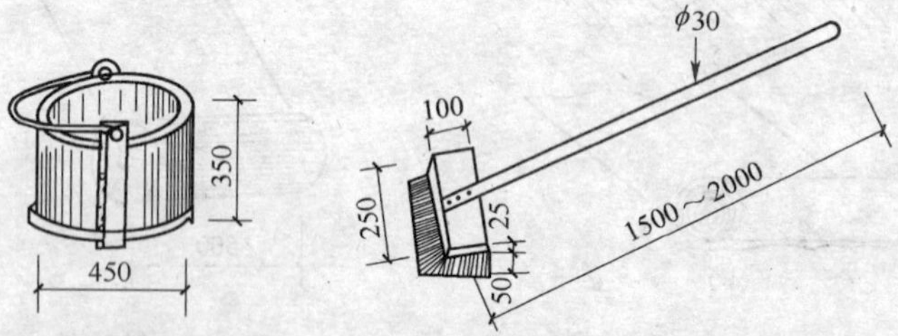

（a）油桶（装沥青胶用）　（b）长把刷子（棕刷或帆布做成）

图 6-4　油桶及刷子

铺毡时，工人应弓身前俯，双手紧压油毡，全身用力随油稳推压油浪，应防止油毡松卷，推压无力。

滚压应及时，防止粘结不牢。滚压紧跟铺毡后 2m 进行，边滚边自检，如发现鼓泡，必须刺破排气，重新压实。滚压时操作工人不得站在未冷却的油毡上操作。

在滚压同时，用胶皮刮板刮压油毡的两边，挤出多余的玛帝脂，赶出气泡，并将两边封死压平。如边部有皱褶或翘边时，需及时处理，防止堆积沥青疙瘩。

这种方法的优点是，油层薄而饱满，均匀一致，油毡平整压得实，节约沥青玛帝脂。缺点是刷油铺毡需有熟练的技术。

c. 刮油铺贴。本法是前两种方法的综合和改进。这种方法的操作要点是：一人在前面先用油壶浇油，随即手持长把胶皮刮板（图 6-5）进行刮油；第二人紧跟着铺贴油毡；第三人进行收边滚压。此法质量较好，工效也高。

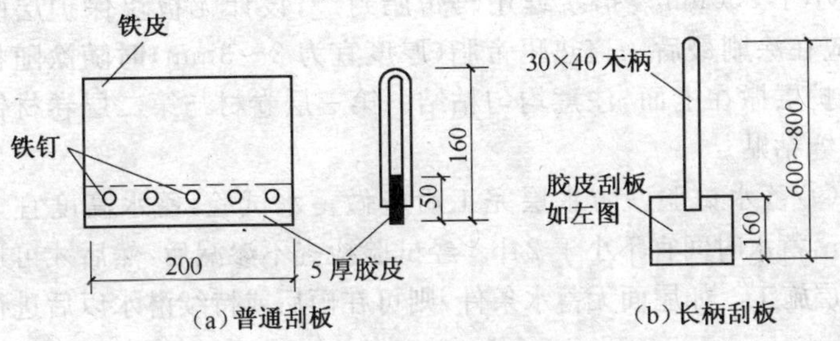

图 6-5 胶皮刮板

d. 花铺法。这种施工方法是在铺第一层卷材时,在卷材侧边四周宽为150～200mm的范围内满涂沥青玛帝脂,中间不满涂玛帝脂,而是采用图6-6所示的蛇形、条形浇油的办法。此法使第一层卷材与基层之间有相互串通的空隙(称为花铺)。花铺第一层卷材后,其他各层均需满涂玛帝脂,其操作方法与前三种方法相同。

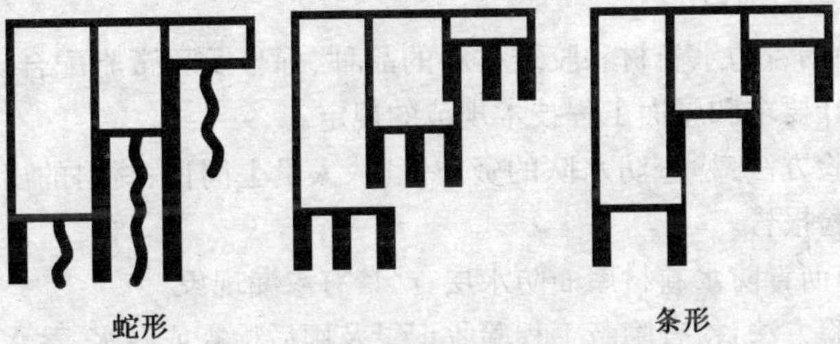

图 6-6 花铺浇油图

此法有利于防水层与基层脱离,当基层发生变化时,防水层不受影响。但在檐口、屋脊和屋面转角处至少应满刷800mm宽的玛帝脂,使卷材牢牢地粘结在基层上。

以上各种铺贴方法,应严格控制沥青玛帝脂铺刷厚度。同时在铺贴过程中,运到屋面的热沥青玛帝脂要派专人测温,不断进行搅拌,防止在油桶、油壶内发生沉淀。

(8)铺贴2～3层卷材。一般防水层为五层做法(即“两毡三油”),第二层做法与第一层相同,第一层与第二层卷材错开搭接接缝不小于 250mm。搭接缝用玛帝脂封严；设计无板块保护层的屋面，应在涂刷最后一道热玛帝脂（厚度宜为 2～3mm）时随涂随将豆石保护层撒在上面，注意均匀粘结。第三层卷材与第二层卷材错进搭接缝粘贴。

(9)蓄水试验。防水层完工后应做蓄水试验，蓄水高度宜大于 50mm，蓄水时间宜不小于 24h。经试验检查不渗漏后，然后才可进行保护层施工。如屋面无蓄水条件，则可在雨后或持续淋水以后进行检查。

(10)铺设卷材保护层。沥青防水卷材屋面的保护层一般选用绿豆砂，豆石必须洁净、干燥，粒径为 3～5mm，要求材质耐风化，将绿豆砂预热至 100℃左右，在清扫干净的卷材防水层表面上刮涂一层热沥青玛帝脂，同时铺撒热绿豆砂，并进行滚压，使二者粘结牢固，事后清除未粘牢的豆石。

(三)质量标准

1. 主控项目

(1)沥青防水卷材和胶结材料的品种、标号及玛帝脂配合比，必须符合设计要求和屋面工程技术规范的规定。

检验方法：检查防水队的资质证明、人员上岗证、材料的出厂合格证及复验报告。

(2)沥青防水卷材屋面防水层，严禁有渗漏现象。

检验方法：检查隐蔽工程验收记录及雨后检查或淋水、蓄水检验记录。

2. 一般项目

(1)沥青卷材防水层的基层平整度应符合排水要求，无倒坡现象。

(2)冷底子油应涂刷均匀，铺贴方法、压接顺序和搭接长度应符合屋面工程技术规范的规定；粘贴牢固，无滑移、翘边、起泡、皱褶等缺陷。油毡的铺贴方向正确、搭接宽度误差不大于 10mm。

检验方法：观察和尺量检查。

(3)泛水、檐口及变形缝的做法应符合屋面工程技术规范的规定，粘贴牢固、封盖严密；油毡卷材附加层、泛水立面收头等，应符合设计要求及屋面工程技术规范的规定。

(4)沥青防水卷材屋面绿豆砂保护层的粒径应符合屋面工程技术规范的规定，筛洗干净，撒铺均匀，预热干燥，粘结牢固，表面清洁。其他保护层的质量标准应符合相关技术标准的要求。

检验方法：观察和尺量检查。

(5)水落口安装牢固、平正，标高符合设计要求；变形缝、檐口薄钢板安装顺直，防锈漆及面漆涂刷均匀、有光泽。镀锌钢板水落管及伸缩缝必须内外刷锌磺底漆，外面再按设计要求刷面漆。

3. 允许偏差项目

允许偏差项目见表6-8。

表6-8 允许偏差项目

项次	项目	允许偏差	检查方法
1	卷材附加层搭接宽度	-10mm	尺量检查
2	玛帝脂软化点	±5℃	检查铺贴时测温记录
3	沥青胶结材料使用温度	-10℃	

(四)成品保护

(1)施工过程中应防止损坏已做好的保温层、找平层、防水层、保护层。施工中及施工后操作人员不准穿硬底及带钉鞋在屋面上行走。

(2)已铺贴好的卷材防水层，应采取措施进行保护，严禁在防水层上进行施工作业和运输，并应及时做防水层的保护层。

(3)施工屋面运送材料的手推车支腿应用麻布包扎，不得在屋面上堆重物，以防损坏已做好的防水层。

(4)做防水层底层时应采取措施防止污染墙面、檐口及门窗。

(5)屋面施工过程中应及时清理施工杂物，不得有杂物堵塞和损坏水落口、天沟、排汽帽等。

(6)屋面各构造层应与防水层连续施工(特别是保护层)，以保证施工完的防水层不受破坏。

(五)安全与环保要求

1. 沥青的安全操作

(1)沥青锅灶的设置。

①城市市区不宜使用沥青油毡防水；郊外使用时，施工前应经当地环保部门批准。

②沥青锅设置地点应处于工地的下风向，场地应便于操作和运输。

③沥青锅距建筑物和易燃物应在25m以上，距离电线在10m以上，周围严禁堆放易燃物品。

④沥青锅不得搭建在煤气管道及电缆管道上方，如必须搭设应远离5m以外。

⑤沥青锅应制作坚固，设置烟囱，其烧火口处，必须砌筑1m高的防火墙，锅边应高出地面30cm以上，相邻两个沥青锅的间距不得小于3m。

⑥必须备齐防火设施及工具。

(2)熬制沥青。

①熬制沥青的人员应由有经验的工人专人负责，并应严守岗位，必须备齐防火设施及工具。

②熬制沥青时应站在上风口操作，熬油前应清除锅内杂质和积水。投放锅内的沥青数量应不超过全部容积的2/3，下料应慢慢溜放，严禁大块投放，防止溢锅发生火灾。沥青熬制过程中经常测温，不要超过沥青的闪点。

③沥青熬至熔化温度后，撤除灶内火源，用笊篱打捞杂质和悬浮物。

④当天熬制的沥青最好当天用完，当天用不完的沥青油料，需用盖子盖严，防止雨水尘土侵入，避免次日熬油时发生溢锅。

⑤调制冷底子油时，应严格控制沥青的配制温度，防止加入溶剂时发生火灾。同时调制地点应远离明火10m以外，操作人员不得吸烟。

⑥预热桶装沥青或煤焦油时，应将桶上的盖子打开，盖孔朝上或侧放，让气体由盖孔导出，以免爆炸。满装的油桶侧放加热时，应将出油口处放低一点，并从出油口处，由前向后慢慢加热；当预热不满的油桶时，应特别注意火力要均匀，出油口要畅通，并要顺风向操作。

⑦用铁钎疏通出油口时，人应站在油桶的侧面。严禁站在桶口的正前方。尤其是头部，不应该对着桶口操作。

⑧下班后应留有专人负责看火，如不连续作业时，应待灶内炉火完全熄灭后才能离开；如用鼓风机，应关断电源，开关应加盖上锁。

(3)沥青起火的处理。

①锅灶附近应备有防火设备，如铁锅盖、灭火机、干砂、铁锹、铁板等。

②如发现沥青锅内着火，应立即用铁锅盖盖住锅灶，切断电源停止鼓风，封闭炉门，熄灭炉火，如沥青外溢到地面起火，可用干砂压住，或用泡沫灭火机灭火。绝对禁止在已着火的沥青上浇水。

(4)沥青的运输与涂刷。

①所有参加沥青施工的人员必须穿戴工作服和手套，脚上应加帆布护盖。

②运送沥青玛帝脂时，只能用加盖的桶或专用车，用桶装运玛帝脂，每次不能超过桶高的 3/4。运输道路应设有防滑措施。

③垂直运输的上料平台，要设有防护栏杆。

④在屋面上工作，油桶、油壶要放在能够移动的、按屋面坡度制成的水平木架上。不能放在斜坡或屋脊等不稳的地方。

⑤用机械涂刷冷底子油时，周围无关人员应尽量避开，以免冷底子油散落在脸或手上。在屋面或其他基层上涂刷冷底子油时，不准在 30m 以内进行电焊、气焊等工作，操作人员严禁吸烟。

⑥用滑车运送玛帝脂时，不能猛拉猛干，要升降均匀和注意拖绳及挂钩牢靠。向上拉油的工人，应戴安全帽，并远离油桶的垂直下方。在屋面上拉油的工人，应使用 1m 长的搭钩，严禁用手拉桶，以防摇晃不定造成安全事故。

2. 油毡铺贴

(1)屋面铺贴卷材，四周应设 1.2m 高的围栏，靠近屋面四周应侧身操作。

(2)在接近檐口的地方，不论坡度大小、高度如何，应一律使用安全带。

(3)严禁在同一平面上进行立体交叉作业。

(六)职业健康

(1)沥青玛帝脂的熬制和施工均有臭味和毒素，除按规定发放劳保食品外，操作中必须配备足够的工作服、手套、口罩、胶鞋、围裙、布帽等劳保用品，防止中毒和烫伤。

(2)施工前必须有书面或口头的安全技术交底，施工中严格按安全技术规定执行。

(3)患眼病、喉病、结核病、皮肤病及对沥青刺激有过敏的人，不得从事沥青施工。

(4)工人在操作中，如感觉头痛或恶心，应立即停止工作，并到通风凉爽的地方休息，或请医生治疗。

(5)工地应设保健站，配备防护药膏(或药水)、急救药品以及治疗烧伤和防暑药品等。

(6)工地上应保证茶水供应，特别是在夏季。应备有清凉饮料和采取适当的防暑降温措施。

(7)工地应有洗澡设施。夏季劳动时间要合理安排。

二、卷材叠层冷施工

卷材叠层冷施工主要是指采用石油沥青玻璃布油毡(简称玻璃布油毡)、石油沥青玻璃纤维胎油毡(简称玻璃纤维油毡)为卷材，以冷玛帝脂或专用冷胶料为粘结料的一种防水冷施工方法。其操作工艺与上面介绍的卷材热玛帝脂粘结施工大同小异，以下介绍其不同的地方，相同的地方不赘述。

(一)施工准备

1. 材料准备

施工前需备好如表 6-9 所示的材料。

表 6-9 卷材附加层冷法操作施工用料表

材料名称	用途
玻璃布油毡或玻纤胎油毡	防水主体
冷玛帝脂或冷胶料	胶粘剂
玻璃丝布	附加层
云母粉	保护层

2. 工具准备

刮板、小平铲、剪刀、小铁桶、棕刷、扫帚、卷尺、弹线包、铁锹、运输小车等。

3. 基层要求和作业条件

同热法施工有关规定。应采用能在潮湿基面上固化的改性沥青冷胶料。其基层含水率可不受限制，即在无明水的基层上就可铺贴卷材。

(二)施工工艺

1. 工艺流程

常用做法为二毡三油冷贴施工，其工艺流程如下。

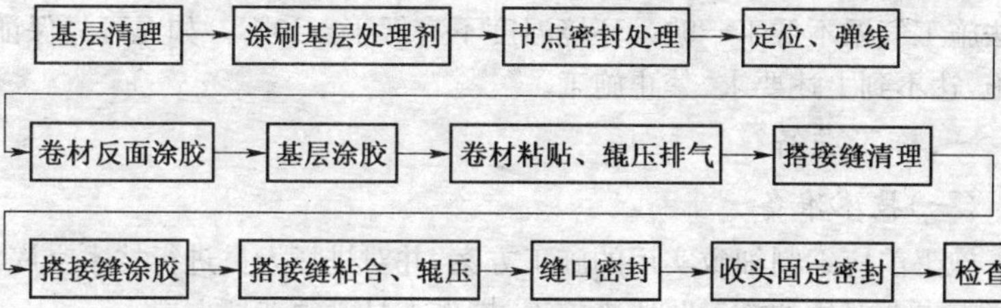

2. 操作要点

(1)粘贴附加层。先将玻璃丝布用冷胶料粘贴在管道根部、水落口、女儿墙、阴阳角等构造部位。也可用聚酯无纺布(60g)粘贴。

(2)铺第一层油毡。卷材铺贴方向、搭接尺寸与油毡热法操作相同。先将冷胶料倒在基层上，用刮板按弹线部位摊刮，厚度为0.8～1mm，宽度与卷材宽度相同，涂层要均匀。然后将油毡端部与冷胶料粘牢，随即双手用力向前滚铺，不得出现倾斜与皱褶。卷材铺贴后应用压辊或刮板压实，将气泡赶出。

(3)铺第二层油毡。卷材铺贴方法与第一层相同。上下两层卷材不得垂直铺贴。长边及短边的搭接缝均应错开。

(4)检查防水层质量。卷材防水层铺贴完毕后，应仔细检查防水层的质量，所有搭接缝及封口处应粘结牢固。不得出现气泡、翘边等现象，如发现问题应及时修补。蓄水试验与热法施工相同，蓄水后不渗漏为合格。

(5)保护层施工。保护层材料一般采用云母粉。铺撒前，先在防水层表面刮涂一层冷胶料，厚为1～1.5mm。边刮冷胶料边均匀撒云母粉，不要过厚。待冷胶料表面已干，能上人时可将多余的云母粉扫掉。

第二节 高聚物改性沥青防水卷材屋面防水层施工

高聚物改性沥青防水卷材屋面防水层多采用热熔法铺贴，热熔法铺贴是采用火焰加热器熔化改性沥青卷材底层的热熔胶进行粘贴。热熔法施工气温不低于−5℃，环境温度不宜低于−10℃。如无可靠保证措施，达不到上述要求，禁止施工。

一、施工准备

(一)技术准备

施工前应编制细致实用的施工方案，并对进场人员进行技术交底。选择有专业资质的施工队伍来施工，操作人员必须持证上岗。

(二)材料准备

(1)高聚物改性沥青防水卷材在进场前，应向生产厂家索取合格证，并按规定在现场检测有关性能，不合格者不得使用。

(2)施工前应按设计要求备好各种材料。各项材料需用量如表 6-10 所示。

表 6-10 改性沥青卷材热熔法施工参考用量

施工做法	每 100m² 材料用量					
	卷材 (m²)	冷底子油 (kg)	沥青 (kg)	溶剂 (kg)	汽油 (kg)	液化气 (瓶)
冷底子油一道		(49)	15	34		
铺贴单层改性沥青卷材	120				40	0.7

注：燃料品种视选用机具而定，一般任选其中一种备料。汽油牌号为 70 号。

(3)采用热熔法施工的单层改性沥青卷材，其厚度应不小于 4mm，复合使用时厚度应不小于 2mm。

(三)工具及护具准备

卷材热熔法操作工艺的主要施工机具如表 6-11 所示。常用护具见表 6-3。

表 6-11　卷材热熔法操作工艺主要施工机具

名　称	规　格	数量	用　途
空气压缩机	0.6m³/min	1台	清理基层
棕扫帚	普通	3把	清理基层
小平铲	小型	2把	清理基层
钢丝刷	普通	4把	清理基层
长柄刷	棕刷或胶皮刷	2把	涂刷冷底子油
剪刀	普通	1把	裁剪卷材
彩色粉袋		1个	弹基准线用
粉笔		1盒	做标记用
钢卷尺	2m	1把	度量尺寸
皮卷尺	50m	1把	度量尺寸
火焰加热器	喷灯或专用喷枪	3支	烘烤卷材用
手持压辊	ϕ40×500mm	2个	压实卷材用
铁辊	300mm长、30kg重	1个	压实卷材用
刮板	胶皮刮板	2个	推刮卷材及刮边
铁锤	普通	1把	卷材收头钉水泥钉

(四)作业条件

(1)基层表面必须平整、坚实、干燥、清洁,不得有起砂、开裂和空鼓等缺陷。施工前应将基层表面的尘土、杂物清理干净。

(2)基层的坡度应符合设计规定,不得有倒坡积水现象。

(3)防水层施工前,找平层与突出屋面的物体(如女儿墙、烟囱等)相连的阴角,应抹成光滑的小圆角;找平层与檐口、排水沟等相连的转角,应抹成光滑一致的圆弧形。

(4)施工前申请点火证。施工现场应备有粉末灭火器或砂袋。

二、施工工艺

(一)工艺流程

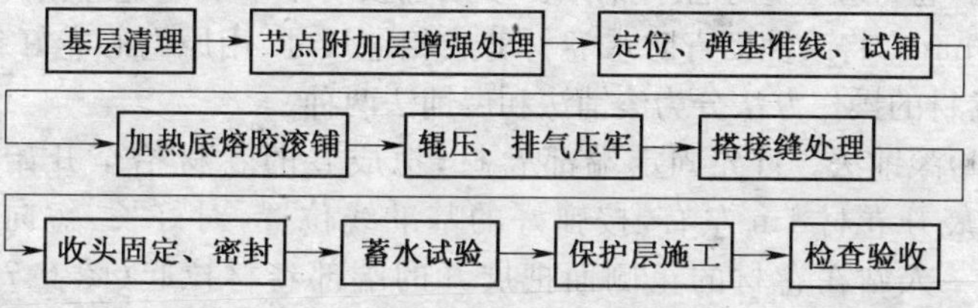

（二）操作工艺

1. 清理基层

施工前将验收合格的基层表面尘土、杂物清理干净。

2. 涂刷基层处理剂

高聚物改性沥青防水卷材施工，按产品说明书配套使用基层处理剂。通常将氯丁橡胶沥青胶粘剂加入工业汽油稀释，搅拌均匀，用长把滚刷均匀涂刷于基层表面上，常温经过 4h 后（以不粘脚为准），开始铺贴卷材。注意涂刷基层处理剂要均匀一致，切勿反复涂刷。

3. 节点附加层增强处理

待基层处理剂干燥后，女儿墙、水落口、管根、檐口、阴阳角等细部先做附加层，在其中心 200mm 范围内，均匀涂刷 1mm 厚的胶粘剂，干后再粘结一层聚酯纤维无纺布，在其上再涂刷 1mm 厚的胶粘剂，干燥后形成一层无接缝和弹塑性的整体附加层。

排汽道、排汽帽必须畅通，排汽道上的附加卷材每边宽度不小于 250mm，必须单面点粘。节点附加层增强处理，参见第五章第四节施工。

4. 定位、弹基准线、试铺

附加层铺设以后，可以进行定位、弹线、试铺等工作，详见上节相关内容。

5. 加热底熔胶滚铺卷材、辊压、排气压牢，处理好搭接缝和收头密封

试铺完成后即可进行卷材热熔铺贴。卷材的层数、厚度应符合设计要求。铺贴方向应考虑屋面坡度及屋面是否受振动和历年主导风向等情况（必须从下风方向开始），坡度小于 3％时，宜平行于屋脊铺贴；坡度在 3％～15％时，平行或垂直于屋脊铺贴；当坡度大于 15％或屋面受振动，卷材应垂直于屋脊铺贴。多层铺设时上下层接缝应错开不小于 250mm。将改性沥青防水卷材剪成相应尺寸，用原卷心卷好备用。铺贴卷材的操作方法分为滚铺法和展铺法两种。

（1）滚铺法。首先固定端部卷材，把成卷的卷材抬至开始铺贴位置，展开卷材 1m 左右，按弹好的基准线位置，对好长、短向的搭接缝，一人站在卷材的正侧面把展开的端部卷材拉起（图 6-7），另一人持喷枪站在卷材背面一侧慢慢旋开喷枪开关，当听到燃料气喷出的嘶嘶声，即可点燃火焰，再调节开关，使火焰呈蓝色时即可进行操作。

图 6-7　热熔卷材端部粘贴

操作时，先将喷枪火焰对准卷材与基面交接处，同时加热卷材底面粘胶层和基层，使卷材附加层底面的沥青熔化。喷枪头距加热面50～100mm，与基层成30°～45°角为宜。当烘烤到沥青熔化，卷材附加层底有光泽并发黑，有一薄的熔层时，此时提卷材端头的工人把卷材稍微前倾，并且慢慢地放下卷材，平铺在规定的基层位置上，另一人用手持压辊碾压密实排气，这样边烘烤边推压使卷材熔粘在基层。当熔贴卷材的端头只剩下30cm左右时，将卷材末端翻放在隔热板上加热，同时用喷枪火焰分别加热余下卷材和基层表面，粘贴卷材并压实，如图6-8所示。

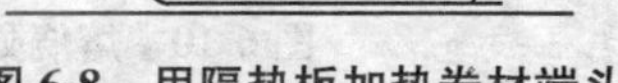

图 6-8　用隔热板加热卷材端头

1. 喷枪　2. 隔热板　3. 卷材

粘贴好端部卷材后，开始进行大面铺贴。持枪人应站在卷材滚铺的前方，把喷枪对准卷材和基面的交接处，使之同时加热卷材和基面。条粘时只需加热两侧边，加热宽度各为150nm左右。此时推滚卷材的工人应蹲在已铺好的端部卷材上面，待卷材加热充分后就可缓缓地推压卷材。与此同时，另一人紧跟其后，用棉纱团从中间向两边抹压卷材，赶出气泡，并用抹刀将溢出的热熔胶刮压抹平。距熔粘位置1.2m处，另一人用压辊压实卷材，见图6-9。当两侧边卷材热熔粘贴只剩下末端1000mm长时，应按前述固定端部卷材的方法，务使末端粘贴牢固。

图 6-9 滚铺法铺贴热熔卷材

1. 加热 2. 滚铺 3. 排气、收边 4. 压实

铺贴时随时注意卷材的搭接缝宽度，搭接部位应满粘牢固，搭接宽度满粘法长边为 80mm，短边为 100mm。铺第二层卷材时，上下层卷材不得互相垂直铺贴。搭接缝的热熔封边是保证质量的重要一环，搭接缝粘结前，先熔烧下层卷材上表面搭接宽度内的防粘隔离层，处理时，操作人员一手持烫板，一手持喷枪，使喷枪靠近烫板并距卷材 5～100mm，边熔烧，边沿搭接线后退。为防止火焰烧伤卷材其他部位，烫板与喷枪应同步移动，如图 6-10 所示。

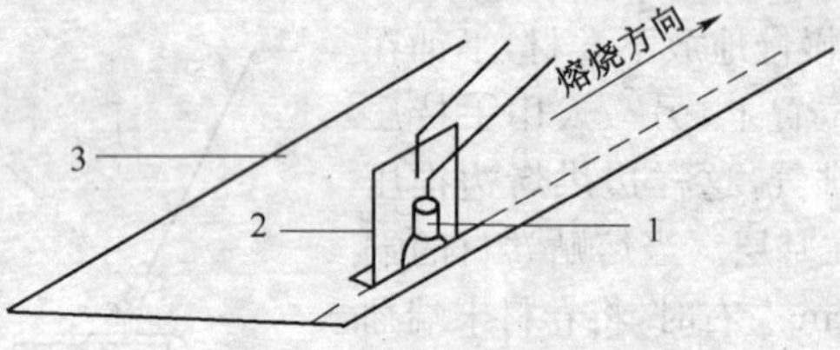

图 6-10 熔烧处理卷材上表面防粘隔离层

1. 喷枪 2. 烫板 3. 已铺下层卷材

处理完隔离层，即可依次进行纵向和横向搭接接缝的粘结，滚压时，待搭接缝口有热熔胶(胶粘剂)溢出，收边人员趁热用棉纱团抹平卷材后，即可用抹灰刀把溢出的热熔胶刮平，沿边封严。

对于卷材短边搭接缝，还可用抹灰刀挑开，同时用汽油喷灯烘烤卷材搭接处，待加热至适当温度后，随即用抹灰刀将接缝处溢出的热熔胶刮平、封严。纵横接缝熔焊粘结后，要再用火焰及抹子在接缝边缘上均匀地加热抹压一遍。

整个防水层粘结完毕，所有搭接缝用密封材料予以严密封涂。密封材料可用聚氯乙烯建筑防水接缝材料或建筑防水沥青嵌缝油膏，也可采用封口胶或冷玛帝脂。密封材料应在缝口抹平，使其形成有明显的沥青条带。

热熔卷材施工、热熔卷材纵向搭接处理、热熔卷材封边以及接缝熔焊粘结后处理见图 6-11～图 6-14 所示。

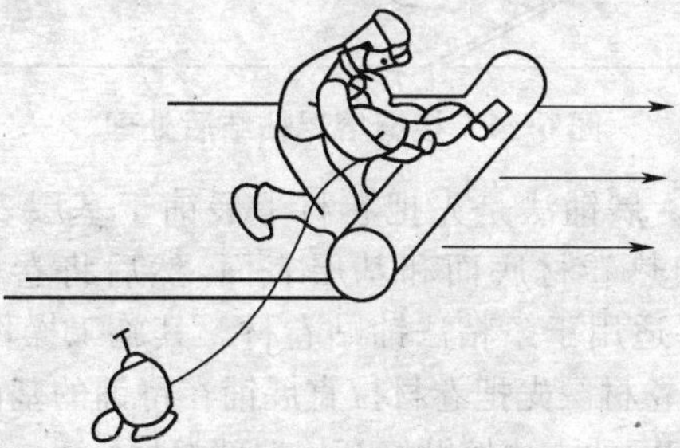

图 6-11　热熔卷材施工

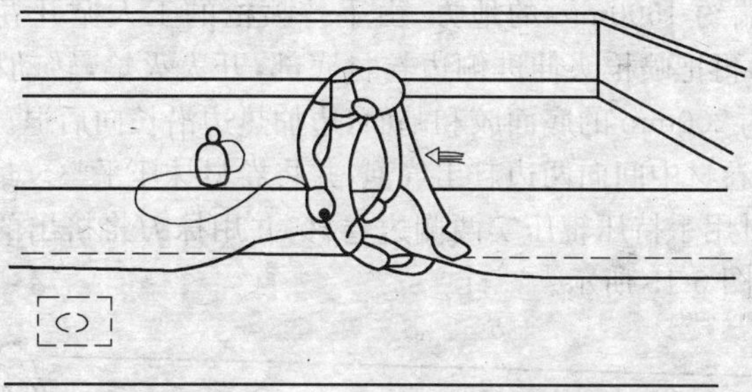

图 6-12　热熔卷材纵向搭接处理

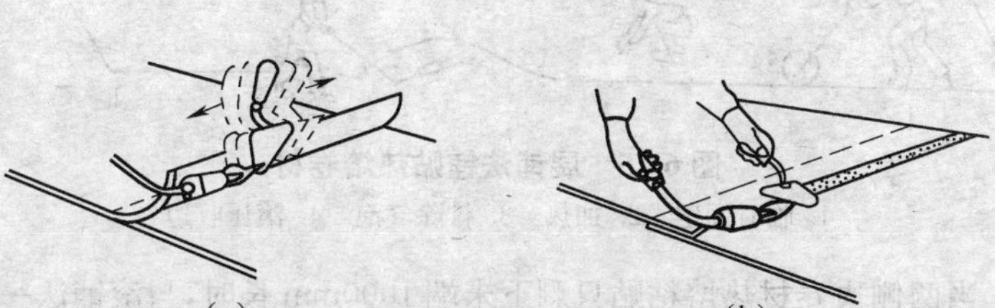

图 6-13　热熔卷材封边

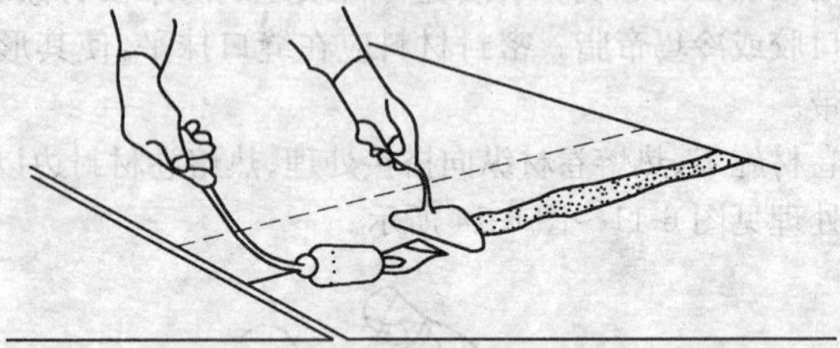

图 6-14 接缝熔焊粘结后处理

(2)展铺法。展铺法是先把卷材平展铺于基层表面,再沿边缘掀起卷材予以加热卷材底面和基层表面,然后将卷材粘贴于基层上。展铺法主要适用于条粘法铺贴卷材。其施工操作方法如下:

①熔贴端部卷材。先把卷材拉直展铺在待铺的基面上,对准搭接缝,按与滚铺法相同的方法熔贴好开始端部卷材。

②熔贴大面卷材。固定好末端后,从始端开始熔贴卷材。操作时,在距开始端约 1500mm 的地方,由手持喷枪的工人掀开卷材边缘约 200mm 高,再把喷枪头伸进侧边卷材底部,开大火焰,转动枪头,加热卷材边宽约 200mm 的底面胶和基面,边加热边沿长向后退。另一人拿棉纱团,从卷材中间向两边赶出气泡,并将卷材抹压平整。最后一人紧随其后及时用手持压辊压实两侧边卷材,并用抹刀将挤出的胶粘剂刮压平整,如图 6-15 所示。

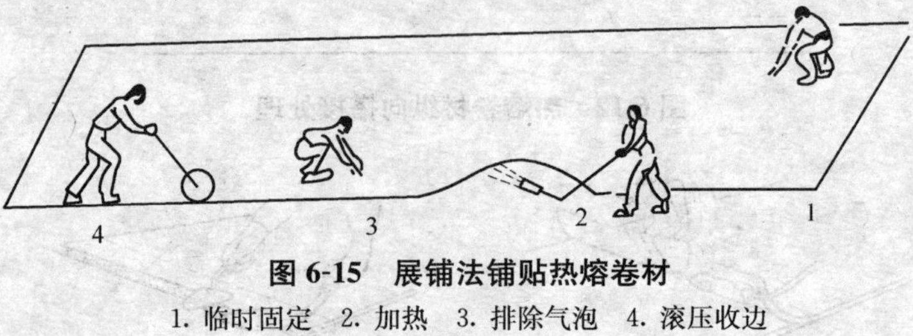

图 6-15 展铺法铺贴热熔卷材

1. 临时固定 2. 加热 3. 排除气泡 4. 滚压收边

当两侧边卷材热熔粘贴只剩下末端 1000mm 长时,与滚铺法一样,熔贴好末端卷材。这样每幅卷材的长边、短边四周均能粘贴于屋面基层上。

防水层完工后应做蓄水试验，其方法与前述相同。合格后才可按设计要求施工保护层。

6. 保护层施工

(1)上人屋面按设计要求做各种刚性防水层屋面保护层(细石混凝土、水泥砂浆、贴地砖等)。保护层施工前，必须做油纸或玻纤布隔离层。刚性保护层的分格缝留置应符合设计要求，设计无要求者，水泥砂浆保护层的分格面积为 $1m^2$，缝宽、深均为 10mm，并嵌填沥青砂浆；块材保护层分格面积宜不大于 $100m^2$，缝宽宜不小于 20mm；细石混凝土保护层分格面积不大于 $36m^2$；刚性保护层与女儿墙、山墙间应预留 30mm 宽的缝，并用密封材料嵌填严密；女儿墙内侧砂浆保护层分格间距不大于 1m，缝宽、深为 10mm，内填沥青嵌缝膏。保护层的分格缝必须与找平层及保温层的分格缝上下对齐。

(2)不上人屋面做保护层有以下两种形式：

①防水层表面涂刷氯丁橡胶沥青胶粘剂，随即撒石片，要求铺撒均匀，粘结牢固，形成石片保护层。

②防水层表面涂刷银色反光涂料(银粉)二遍。如设计有要求，按设计施工。

三、质量标准(主控项目)

(1)高聚物改性沥青防水卷材及胶粘剂的品种、牌号及胶粘剂的配合比，必须符合设计要求和有关标准的规定。

检验方法：检查防水材料及辅料的出厂合格证和质量检验报告及现场抽样复验报告。

(2)卷材防水层及其变形缝、天沟、沟檐、檐口、泛水、水落口、预埋件等处的细部做法，必须符合设计要求和屋面工程技术规范的规定。

检验方法：观察检查和检查隐蔽工程验收记录。

(3)卷材防水层严禁有渗漏或积水现象。

检验方法：检查雨后或淋水、蓄水检验记录。

四、成品保护

(1)已铺贴好的卷材防水层，应采取措施进行保护，严禁在防水层上进行施工作业和运输，并应及时做防水层的保护层。

(2)穿过屋面、墙面防水层处的管位，防水层施工完工后不得再变更和损坏。

(3)屋面变形缝、水落口等处，施工中应进行临时塞堵和挡盖，以防落杂物，屋面及时清理；施工完成后将临时堵塞、挡盖物及时清除，保证管内畅通。

(4)屋面施工时不得污染墙面、檐口侧面及其他已施工完的成品。

五、安全环保措施

除了遵守沥青防水卷材热法操作工艺有关要求外。还应特别注意以下几点：

(1)改性沥青卷材及辅助材料均系易燃品，存放及施工中注意防火，必须备齐防火设施及工具。

(2)施工现场不得有其他明火作业，遇屋面有易燃设备时，应采取隔离防护措施，以免引起火灾。

(3)火焰喷枪或汽油喷灯应由专人保管和操作，点燃的火焰喷枪(或喷灯口)不准对着人员或堆放卷材处，以免烫伤或着火。

(4)喷枪使用前，应先检查液化气钢瓶开关及喷枪开关等各个环节的气密性，确认完好无损后才可点燃喷枪。喷枪点火时，喷枪开关不能旋到最大状态，应在点燃后再缓缓调节。

(5)在地下室或其他不通风环境下进行热熔施工时，应有通风设施；施工人员应缩短作业时间。

(6)改性沥青卷材及辅助材料均有毒素，操作者必须戴好口罩、袖套、手套等劳保用品。

(7)吃饭、抽烟、喝水前必须洗手。

六、用冷粘法铺贴改性沥青卷材

冷粘法铺贴高聚物改性沥青防水卷材是指采用冷胶粘剂或冷玛帝脂粘贴于基层上的方法。施工时不需加热卷材和基层。

(一)施工准备

1. 技术准备

冷粘法铺贴改性沥青卷材施工前应根据现场和工程的实际情况编制切实可行的施工方案，选择防水专业施工队伍，向操作人员进行技术交底和相关培训，操作人员要持证上岗。

2. 施工机具准备

按表 6-11 准备。此外要准备汽油喷灯(3L)，以便气温较低时，加热搭接缝处卷材及用于立面卷材的铺贴。所有机具应处于良好的工作状态。

3. 材料准备

(1)进场卷材应经现场复验，其外观质量和技术性能必须合格。

(2)基层处理剂、胶粘剂等必须与卷材的材料性能相容，并应经现场抽验合格。

常用的胶粘剂为改性沥青胶粘剂、橡胶沥青玛帝脂等，而基层处理剂可为相应胶粘剂的稀释液。

4. 作业条件

(1)天气无雨、雪。

(2)气温在 0℃以上，无 5 级及以上风。

(3)基层应干燥、平整、洁净。

(二)施工工艺

1. 工艺流程

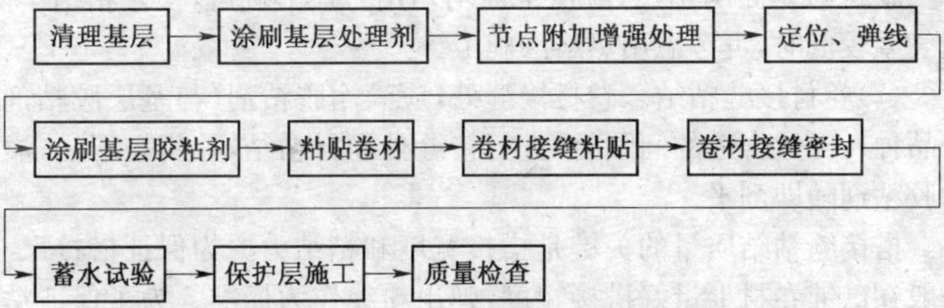

2. 操作要点

(1)清理基层。剔除基层上的隆起异物，清除基层上的杂物，清扫干净尘土。

(2)喷涂基层处理剂。高聚物改性沥青防水卷材的基层处理剂可选用氯丁沥青胶乳、橡胶改性沥青溶液、沥青溶液等，将基层处理剂搅拌均匀，先将节点部位涂刷一遍，然后进行大面积涂刷，涂刷应均匀，不得过厚、过薄，一般涂刷后 4h 左右，方可进行下道工序的施工。

(3)节点的附加增强处理。在构造节点部位及周边扩大200mm范围内，均匀涂刷一层厚度不小于1mm的弹性沥青胶粘剂，随即粘贴一层聚酯纤维无纺布，并在布上涂一层厚1mm的胶粘剂，构成无接缝的增强层。

(4)定位、弹线。按卷材排布配置，弹出定位和基准线。

(5)涂刷基层胶粘剂。基层胶粘剂可用胶皮刮板涂刷，涂刷在基层上的胶粘剂要求厚薄均匀，不漏底，不堆积，厚度约0.5mm。空铺法、条粘法、点粘法应在屋面周边800mm宽的部位满涂刷胶粘剂，进行满粘贴。点粘和条粘还应按规定的位置和面积涂刷胶粘剂。保证达到点粘和条粘的质量要求。

(6)粘贴防水卷材。要根据各种胶粘剂的性能和施工环境要求的不同，安排粘贴的时间和控制两次涂刷的间隔时间。粘贴时，要推赶、滚压、排气、粘牢一气呵成。一人在后均匀用力推赶铺贴卷材，并注意排除卷材下面的空气，防止温度升高气体膨胀而使卷材起鼓。一人用手持压辊，滚压卷材面，使之与基层更好地粘结，溢出的胶粘剂随即刮平。整个卷材的铺贴应平整顺直，不得扭曲、皱褶等。

卷材与立面的粘贴，应从下面均匀用力往上推赶，使之粘结牢固。当气温较低时，可考虑用热熔法施工。

(7)卷材接缝粘结。卷材接缝处，应满涂胶粘剂(与基层胶粘剂同一品种)，经过合适的间隔后，进行接缝处卷材粘结，并用辊压之，溢出的胶粘剂随即刮平。

搭接缝粘结质量的关键是搭接宽度和粘结力。为保证搭接尺寸，一般在已铺卷材上量好搭接宽度，弹出粉线作为标准。为了保证粘结更可靠，卷材与卷材搭接缝也可用热熔法粘结。

(8)卷材接缝密封。为提高防水层的密封抗渗性能，接缝口应用密封材料封严，宽度不小于10mm。

(9)蓄水试验。防水层完工后，按卷材热玛帝脂粘结施工的要求做蓄水试验。

(10)保护层施工。屋面经蓄水试验合格后，放水待面层干燥，立即进行保护施工，以避免防水层受损。做法同热法铺贴高聚物改性沥青防水卷材。

七、用自粘法粘贴改性沥青卷材

自粘法施工是指自粘型卷材的铺贴方法。施工的特点是不需涂刷胶粘剂。自粘型卷材在工厂生产过程中，在其底面涂上了一层高性能的胶粘剂，胶粘剂表面敷有一层隔离纸。施工中剥去隔离纸，就可以直接铺贴。

用自粘法粘贴改性沥青卷材的施工方法与下节合成高分子防水卷材防水屋面施工方法相似，具体操作方法详见下节内容。

要强调的是，对于搭接缝的处理，为了保证接缝粘结性能，搭接部位提倡用热风枪加热，尤其在温度较低时施工，这一措施更为重要。

用自粘法粘贴改性沥青卷材施工要点：

(1)铺贴卷材前，基层表面应均匀涂刷基层处理剂，干燥后及时铺贴卷材。

(2)铺贴卷材时，应将自粘胶底面隔离纸撕净。

(3)卷材滚铺时，高聚物改性沥青防水卷材要稍拉紧一点，不能太松弛。应排除卷材下面的空气，并辊压粘结牢固。

(4)搭接缝粘贴质量关键：

①自粘型卷材上表面有一层防粘层(聚乙烯薄膜或其他材料)，在铺贴卷材前，应将相邻卷材待搭接部位上表面的防粘层先熔化掉，使搭接缝能粘贴牢固。操作时用手持汽油喷灯沿搭接线熔烧待搭接卷材表面的防粘层。

②粘结搭接缝时，应掀开搭接部位卷材，用扁头热风枪加热搭接卷材底面的胶粘剂并逐渐前移。另一人随其后，把加热后的搭接部位卷材用棉纱团由里向外予以排气，并抹压平整。最后紧随一人用手持压辊滚压搭接部位，使搭接缝密实。

③加热时应注意控制好加热温度，其控制标准为手持压辊压过搭接卷材后，使搭接边末端胶粘剂稍有外溢。

④搭接缝粘贴密实后，所有搭接缝均用密封材料封边，宽度应不小于10mm。

⑤铺贴立面、大坡面卷材时，可采用加热方法使自粘卷材与基层粘结牢固，必要时还应加钉固定。

第三节 合成高分子防水卷材防水屋面施工

合成高分子防水卷材，大多用于屋面单层防水，卷材的厚度宜为1.2～2mm。合成高分子卷材与基层粘贴的主要方法是冷粘法、自粘法和热风焊接法。

一、冷粘贴合成高分子防水卷材施工

各种合成高分子卷材的冷粘贴施工除了由于配套胶粘剂引起的差异外，大致相同。

(一)施工准备

1. 材料准备

(1)合成高分子防水卷材进场后应进行检验，其外观质量和技术性能指标应合格。常用材料有三元乙丙橡胶防水卷材、LYX-603防水卷材、氯化聚乙烯-橡胶共混防水卷材等，铺贴具体用料参见表6-12～表6-14。基层处理剂一般以聚氨酯-煤焦油系的二甲苯溶液或氯丁橡胶乳液组成，用于处理基层表面，要求施工性能好，耐候性、耐真菌性好。

表 6-12 三元乙丙橡胶防水卷材配套材料

名称	用途	颜色	容量(kg/桶)	用量(kg/m^2)	备注
聚氨酯底胶	基层处理剂	甲料:黄褐色胶体 乙料:黑色胶体	18 17	0.2	
氯丁系胶粘剂(如CX-404胶)	基层与卷材胶粘剂	黄色浑浊胶体	15	0.4	亦可用BRICI J-4
丁基胶粘剂	卷材接缝胶粘剂	A料:黄色胶体 B料:黑色胶体	17 17	0.1	亦可用BRICI J-6
表面着色剂	表面着色	银色涂料	17	0.2	分水乳型和溶剂型两种
聚氨酯密封膏	接缝增补密封剂	甲料:黄褐色胶体 乙料:黑色胶体	18 24	0.1	

表 6-13　LYX-603 防水卷材配套材料

名　称	外　观	使用部位	用量(kg/m²)
LYX-603　3号胶	甲组分:浅黄色液体 乙组分:乳白色液体	卷材与基层粘结	0.4
LYX-603　2号胶	灰色黏稠液体	卷材与卷材搭接	0.05
LYX-603　1号胶	银色黏稠液体	卷材表面着色	0.08

注:以上材料均由厂方配套生产。

表 6-14　氯化聚乙烯-橡胶共混防水卷材配套材料

名　称	用　途	用量(kg/m²)
聚氨酯底胶	基层处理剂	0.2
氯丁系胶粘剂(CX-409)	基层与卷材胶粘剂	0.4
CX-401 胶	卷材接缝胶粘剂	0.1
聚氨酯密封膏	接缝密封、嵌缝	0.1
LY-T102、104 涂料	保护层装饰涂料	0.5

基层胶粘剂用于防水卷材与基层之间的粘合,应具有施工性能好,耐候性良好、耐日光、耐水性等。

卷材接缝胶粘剂是用于卷材与卷材接缝的胶粘剂,应具有良好的耐腐蚀性、耐老化性、耐候性、耐水性等。

卷材密封剂是用于卷材收头的密封材料。一般选用双组分聚氨酯密封膏、双组分聚硫橡胶密封膏等。

(2)合成高分子卷材的胶粘剂一般由厂家随卷材配套供应或由厂家指定产品,并应经现场复验合格。

(3)辅助材料:主要有二甲苯、乙酸乙酯和汽油等。二甲苯是基层处理剂的稀释剂和施工机具的清洗剂,其用量约为 0.25kg/m^2。乙酸乙酯主要用于擦洗手及被胶粘剂等材料污染的部位,其用量约为 0.05kg/m^2。

2. 机具准备

合成高分子卷材冷粘法操作主要施工工具见表 6-15。

表 6-15　卷材冷粘法操作主要施工工具

工具名称	规　格	数　量	用　途
高压吹风机	300W	1 台	清理基层用
扫帚	普通	3 把	清理基层用
小平铲	小型	2 把	清理基层用
电动搅拌器	300W	1 台	搅拌胶粘剂等用
滚动刷	ϕ60×300mm	4 把	涂布胶粘剂用
铁桶	20L	2 个	装胶粘剂用
扁平辊		2 个	转角部位压实卷材
手辊		2 个	压实卷材(垂直部位)
大型辊	30kg 重	1 个	压实卷材(平面)
剪刀	普通	3 把	剪裁卷材用
皮卷尺	50m	1 把	度量尺寸用
钢卷尺	2m	4 个	度量尺寸用
铁管	ϕ30×1500mm	1 根	铺贴卷材用
小线绳		50m	弹基准线用
彩色笔		1 套	弹基准线用
粉笔		1 盒	做标记用
安全带		1 套	施工安全保护用品
工具箱		1 个	保存工具用

3. 作业条件

(1)雨天、雾天严禁施工。

(2)冷粘法施工环境温度不低于 5℃。

(3)五级风(含五级)以上不得施工。

(4)施工途中下雨、下雾应做好已铺卷材周边的防护工作。

(5)基层必须干净、干燥。

(二)施工工艺

1. 工艺流程

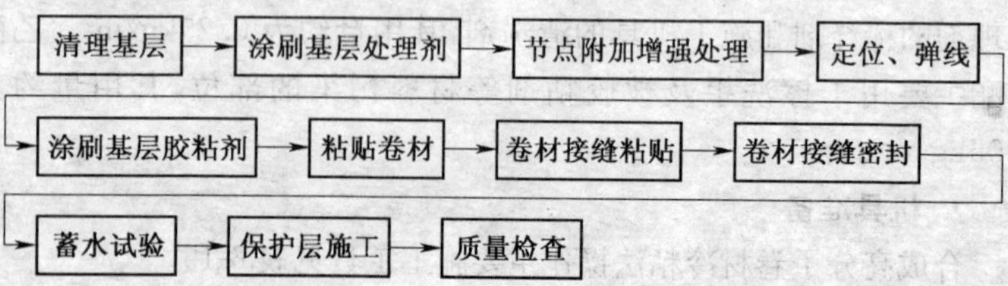

2. 操作工艺

合成高分子防水卷材目前流行的做法是单层铺贴，其构造如图6-16所示。其操作工艺要点如下：

(1)清理基层。剔除基层上的隆起异物，清除基层上的杂物，清扫干净尘土。因卷材较薄易被刺穿，所以必须将基层清除干净。

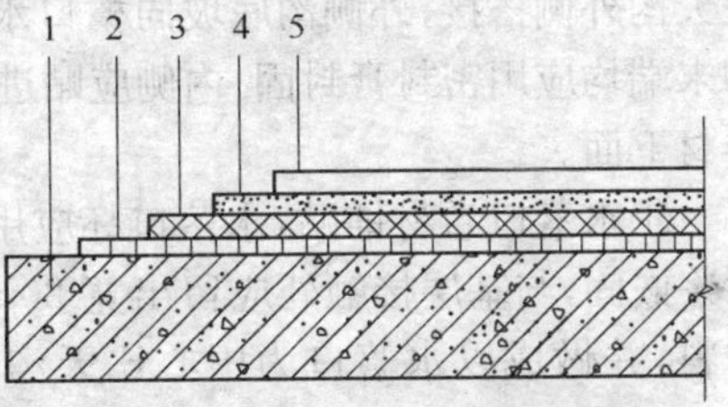

图6-16　单层外露防水构造

1. 基层面　2. 基层处理剂　3. 基层胶粘剂
4. 高分子防水卷材　5. 表面着色剂

(2)涂刷基层处理剂。基层处理剂一般是用低黏度聚氨酯涂膜防水材料，其配合比为甲料∶乙料∶二甲苯=1∶1.5∶3，用电动搅拌器搅拌均匀备用。基层处理剂可用喷或涂等方法均匀涂布在基层表面。涂刷施工时，将配制好的基层处理剂搅拌均匀，在大面积涂刷施工前，先用油漆刷蘸胶在阴阳角、水落口、管道及烟囱根部等复杂部位均匀地涂刷一遍，然后用长柄滚刷进行大面积涂刷施工。基层处理剂厚度应均匀一致，切勿反复来回涂刷，也不得漏刷露底。经干燥4h以上，即可进行下一工序的施工。基层处理剂施工后宜在当天施工防水层。

(3)节点封闭处理。屋面容易产生漏水的薄弱处，如山墙水落口、天沟、突出屋面的阴阳角，穿越屋面的管道根部等，需采用涂膜防水材料做增强处理，用聚氨酯涂膜防水材料的处理方法是，先将甲料和乙料按1∶1.5比例搅拌均匀，再均匀涂刷于阴阳角、水落口等周围，涂刷宽度应从中心算起约200mm以上，厚度以1.5mm以上为宜。涂刷固化24h以上，才能进行下一工序的施工，除此之外还应按下列规定处理：

①卷材末端的收头及封边处理：为了防止卷材末端剥落或渗水，末端收头必须用与其配套的嵌缝膏封闭。当密封材料固化后在末端收头处再涂刷一层聚氨酯防水涂料，然后用108胶水泥砂浆(水泥∶砂∶108胶=1∶3∶0.15)压缝封闭。

②檐口卷材收头处理：可直接将卷材贴到距檐口边20～300mm处，采用密封膏封边，也可在找平层施工时预留30mm半圆形洼坑，将

卷材收头压入后用密封膏封固，再抹掺108胶的水泥砂浆。

③天沟卷材铺贴：卷材应顺天沟整幅铺贴，尽量减少接头，接头应顺流水方向搭接，并用密封膏封严；当整幅卷材不足天沟宽时，应尽量在天沟外侧搭接，外侧沟底坡向檐口水落口处搭接缝和檐沟外侧卷材的末端均应用密封膏封固，内侧应贴进檐口不少于50mm，并压在屋面卷材下面。

④水落口卷材铺贴：水落口杯应用细石混凝土或掺108胶的水泥砂浆嵌固，与基层接触处应留出宽20mm、深20mm的凹槽，嵌填密封材料，并做成以水落口为中心比天沟低30mm的洼坑。在周围直径500mm范围内应先涂基层处理剂，再涂2mm厚的密封膏，并宜加衬一层胎体增强材料，然后做一层卷材附加层，深入水斗不少于100mm，上部剪开将四周贴好，再铺天沟卷材层，并剪开深入水落口，用密封膏封严。

⑤阴阳角卷材铺贴：阴阳角的基层应做成圆弧形，其圆弧半径约20mm，涂底胶后再用密封膏涂封，其范围距转角每边宽200mm，再增铺一层卷材附加层，接缝处用密封膏封固。

⑥高低跨墙、女儿墙、天窗下泛水及收头处理：屋面与立墙交接处应做成圆弧形或钝角，涂刷基层处理剂后，再涂100mm宽的密封膏一层，铺贴大面积卷材前顺交角方向铺贴一层200mm宽的卷材附加层，搭接长度不少于100mm。

高低跨墙及女儿墙、天窗下泛水卷材收头应做滴水线及凹槽，卷材收头嵌入后，用密封膏封固，上面抹掺108胶水泥砂浆。当遇到卷材垂直于山墙泛水铺贴时，山墙泛水部位应另用一平行于山墙方向的卷材压贴，与屋面卷材向下搭接不少于100mm；当女儿墙较低时，应铺过女儿墙顶部，用压顶压封。

⑦排气洞、管卷材收头处理：排气洞根部卷材铺贴和立墙交接处相同，转角处应按阴阳角做法处理。排气管根部，应先用细石混凝土填嵌密实，并做出圆弧或45°左右的坡面，上口留20mm宽、20mm深的凹槽，待大面积的卷材铺贴完，再加铺两层附加层，然后在端部用麻丝或细钢丝绑缠后再用密封膏密封，必要时再加做细石混凝土保护层。

⑧当屋面为装配式结构时，板的端缝处必须加做缓冲层，第一种是

在板的端缝处空铺一条150mm左右的卷材条；第二种做法是单边点粘200mm左右的普通石油沥清卷材条，然后再铺贴大面积卷材。

(4)定位、弹基准线。按卷材排布配置，弹出定位线和基准线。

(5)涂刷基层胶粘剂。基层胶粘剂一般为氯丁橡胶胶粘剂，需涂刷在基层和防水卷材的表面。先将氯丁橡胶系胶粘剂(或其他基层胶粘剂)的铁桶打开，用手持电动搅拌器搅拌均匀，即可进行涂刷基层胶粘剂，具体做法如下：

①在卷材反面涂胶。先将卷材展开摊铺在平整、干净的基层上(靠近铺贴位置)，用湿布除去卷材背面的浮灰，划出长边及短边各不涂胶的接合部位(满粘法不小于80mm，其他方法不小于100mm)，然后用长柄滚刷蘸满胶粘剂，均匀涂刷在卷材的背面，涂刷应厚薄均匀，不得有露底、凝胶现象。涂刷基层胶粘剂的部位如图6-17所示。

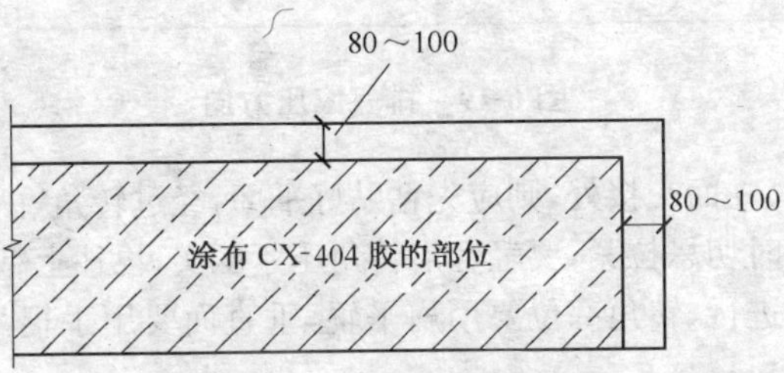

图6-17　涂刷基层胶粘剂部位

(空白处留作涂刷接缝胶粘剂)

涂刷胶粘剂后，经静置10～20min，待指触基本不粘手时，将卷材用纸筒芯卷好，就可进行铺贴。

②在基层表面上涂刷。用长柄滚刷蘸满胶粘剂，均匀涂刷在基层处理剂已基本干燥和洁净的表面上。涂刷时要均匀，切忌在一处反复涂刷，经过干燥10～20min，指触基本不粘手时，即可铺贴卷材。

(6)卷材粘贴、滚压排气。

①卷材粘贴。操作时，几个人将刷好基层胶粘剂的卷材抬起翻过来，将一端粘贴在预定部位，然后沿着基准线向前粘贴。应注意粘贴时不得将卷材拉伸。要使卷材在松弛不受拉伸的状态下粘贴在基层上。

②滚压排气。随后用压辊用力向前和向两侧滚压，使防水卷材与

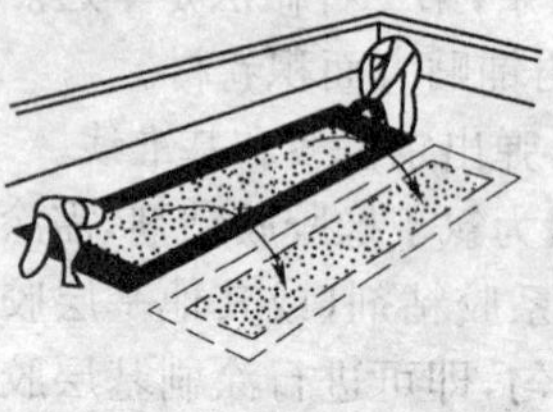

图 6-18 卷材粘贴方法

基层粘结牢固，卷材粘贴方法如图 6-18 所示。

每铺完一幅卷材，应立即用干净、松软的长柄压辊从卷材一端顺卷材的横向顺序滚压一遍，彻底排出卷材粘结层间的空气，排出空气后，卷材平面部位可用外包橡胶的大压辊滚压（一般重 30～40kg），使其粘贴牢固。滚压时，应从中间向两侧移动，做到排气彻底。如图 6-19 所示。

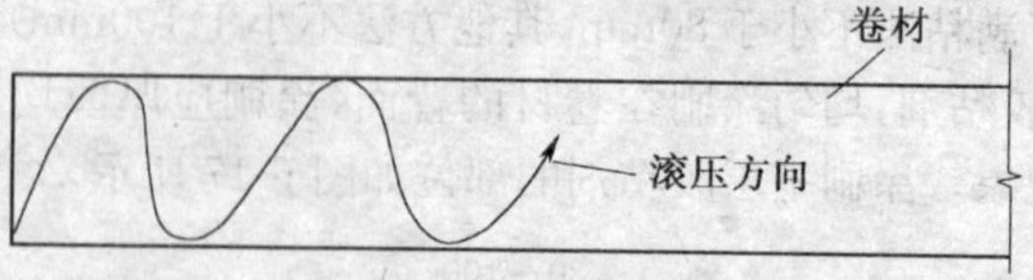

图 6-19 排气滚压方向

在平面、立面交接处，则应先粘贴好平面，经过转角，由下往上粘贴卷材。粘贴时切忌拉紧，要轻轻沿转角压紧压实，再往上粘贴。滚压时应从上往下进行，转角部位要用扁平辊，垂直面要用手辊，各种压辊外形见图 6-20。

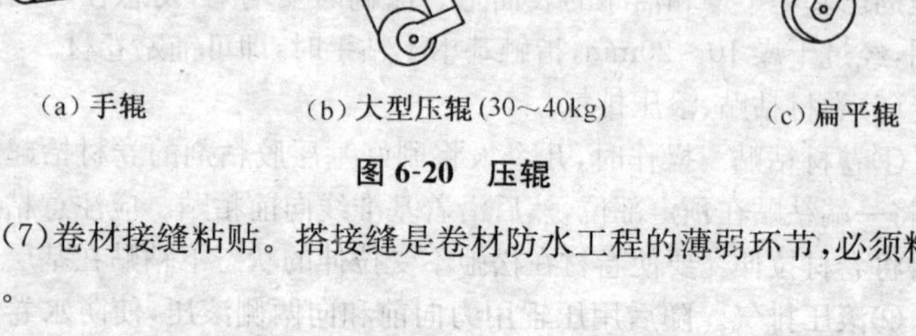

(a) 手辊　(b) 大型压辊 (30～40kg)　(c) 扁平辊

图 6-20 压辊

(7) 卷材接缝粘贴。搭接缝是卷材防水工程的薄弱环节，必须精心施工。

①搭接面清理、清洗，将准备处理的接缝搞干净备用。

②搭接缝涂胶。在卷材接缝宽度范围内，用丁基橡胶胶粘剂，按A：B=1：1的比例配制并搅拌均匀，随即进行粘贴。

施工时，首先将搭接部位上层卷材表面顺边每隔500～1000mm处涂刷少量接缝胶粘剂，待其基本干燥后，将搭接部位的卷材翻开，临时反向粘贴固定在面层上(图6-21)，然后将配制好的接缝胶粘剂用油漆刷均匀涂刷在翻开的卷材搭接缝的两个粘结面上，涂胶量一般以0.5～0.8kg/m^{2}为宜。干燥20～30min后，指触手感不粘时，即可进行粘贴。粘贴从一端顺卷材长边方向至短边方向进行，一边压合一边驱除空气，并用手持压辊滚压，使卷材粘牢。接缝处不允许有气泡或皱褶存在。在纵横搭接缝相交处，遇到三层重叠的接缝处，必须填充密封膏进行封闭，否则将成为渗水路线，如图6-22所示。

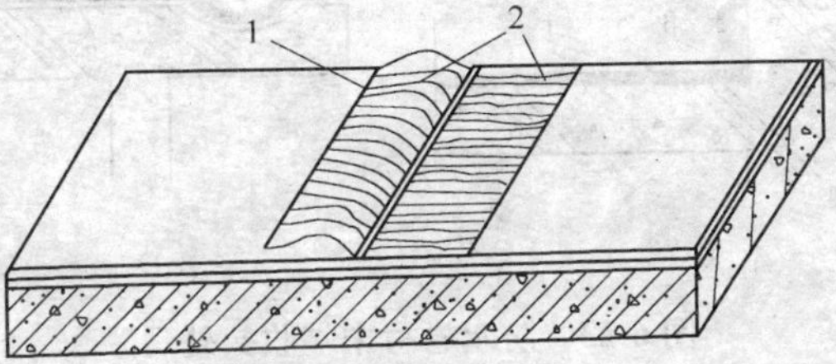

图6-21 接缝胶粘剂的涂刷

1. 临时点粘固定 2. 涂刷接缝胶粘剂部位

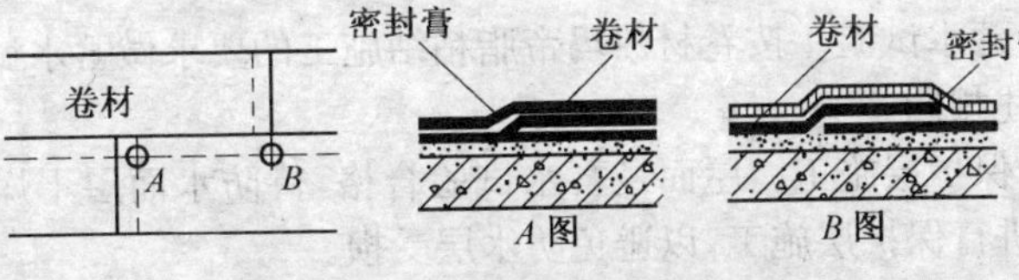

图6-22 三层重叠部位的粘贴

③卷材接缝口密封。为了防止卷材末端收头和搭接缝边缘的剥落或渗漏，该部位必须用单组分氯磺化聚乙烯或聚氨酯密封膏封闭严密，并在末端收头处用掺有水泥用量20%的107胶水泥砂浆进行压缝处理。常见的几种末端收头处理形式见图6-23。

在整个防水层铺贴完成后，所有卷材搭接缝边均应用密封材料涂封严密，其宽度应不小于10mm。其方法与前述相同。

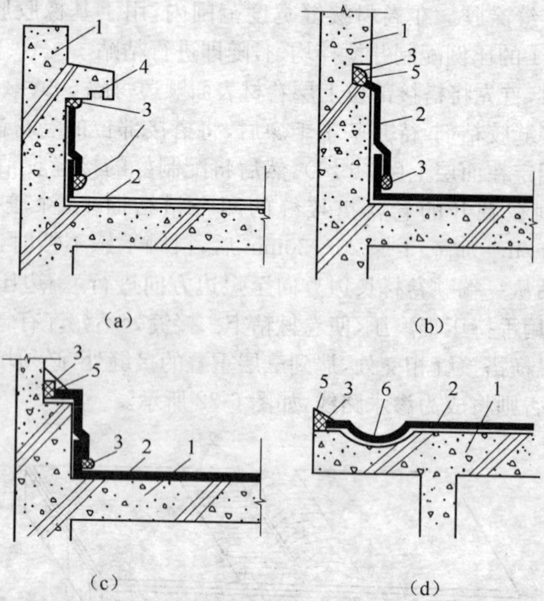

图 6-23 防水卷材末端收头处理

(a)、(b)、(c)屋面与墙面 (d)檐口

1. 混凝土或水泥砂浆找平层 2. 高分子防水卷材 3. 密封膏嵌填

4. 滴水槽 5. 107 胶水泥砂浆 6. 排水沟

(8)蓄水试验。按卷材热玛帝脂粘结施工的要求做蓄水试验，其方法与前述相同。

(9)保护层施工。屋面经蓄水试验合格，待防水面层干燥后，按设计立即进行保护层施工，以避免防水层受损。

(三)质量标准

1. 主控项目

(1)所用卷材及其配套材料，必须符合设计要求。

检验方法：检查所有材料应有出厂合格证、质量检验报告和现场抽样复验报告。

(2)卷材防水层不得有渗漏或积水现象。

检验方法：应通过淋（蓄）水检验。

（3）卷材防水层在天沟、檐沟、檐口、水落口、泛水、变形缝和伸出屋面管道的防水构造，必须符合设计要求。

2. 一般项目

（1）卷材防水层的搭接缝应粘（焊）结牢固，密封严密，不得有皱褶、翘边和鼓泡等缺陷；防水层的收头应与基层粘结并固定牢固，封口严密，不得翘边。

（2）卷材防水层上的撒布材料和浅色涂料保护层应铺撒或涂刷均匀，粘结牢固；水泥砂浆、块材或细石混凝土保护层与卷材防水层间应设置隔离层；刚性保护层的分格缝留置应符合设计要求。

（3）排气屋面的排气道应纵横贯通，不得堵塞。排气管应安装牢固，位置正确，封闭严密。

（4）卷材的铺贴方向应正确，卷材搭接宽度的允许偏差为－10mm。

（四）成品保护

（1）施工人员应认真保护已经做好的防水层，严防施工机具等把防水层戳破；施工人员不允许穿带钉子的鞋在卷材防水层上走动。

（2）穿过屋面的管道，应在防水层施工以前进行，卷材施工后不应在屋面上进行其他工种的作业。

如果必须上人操作时，应采取有效措施，防止卷材受损。

（3）屋面工程完工后，应将屋面上所有剩余材料和建筑垃圾等清理干净，防止堵塞水落口或造成天沟、屋面积水。

（4）施工时必须严格避免基层处理剂、各种胶粘剂和着色剂等材料污染已经做好饰面的墙壁、檐口等部位。

（5）水落口应认真清理，保持排水通畅，防止天沟积水。

（五）安全环保措施

（1）防水工程施工前应编制安全技术措施，书面向全体操作人员进行安全技术交底，并办理签字手续备案。

（2）各种高分子防水卷材、配套材料及辅助材料进入施工现场后，应存放在远离火源和通风干燥的室内。基层处理剂、胶粘剂和着色剂等均属于易燃物质，存放这些材料的仓库和施工现场必须严禁烟火，同时要配备足够的消防器材。

(3)屋面四周应做好安全防护。严格执行相关的安全操作规程。

(4)操作人员不得赤脚或穿短袖衣服进行作业，为防止胶粘液溅泼和污染，施工时应将袖口和裤脚扎紧。

(5)施工时禁止穿高跟鞋、带钉鞋、光滑底面的塑料鞋和拖鞋。

(6)施工现场严禁吸烟。严禁在卷材或胶泥油膏防水层上方进行电、气焊作业。

(7)屋面防水层施工时，应临时切断电源或采取其他的安全措施，施工照明应使用36V安全电压，其他施工工艺电源应安装触电保护器。

(六)职业健康要求

(1)经安全培训并取得合格证后，方可上岗操作。

(2)操作人员应身着工作服，戴好防护用具后方可进行施工操作。

(3)患有皮肤病、支气管炎、结核病、眼病以及对胶泥过敏的人员，不得参加操作。

二、卷材自粘法操作工艺

自粘法是采用带有自粘胶的防水卷材，不需热加工，也不需涂刷胶粘剂，可直接实现防水卷材与基层粘结的一种操作工艺。由于自粘型卷材的胶粘层与卷材同时在工厂生产成型，因此质量可靠，施工简便、安全；更因自粘型卷材的粘结层较厚，有一定的徐变能力，适应基层变形的能力增强，且胶粘剂与卷材合二为一，同步老化，延长了使用寿命。

(一)施工准备

1. 技术准备

按前述冷粘法施工相关的技术准备工作要求进行。

2. 材料准备

(1)自粘型的主体材料防水卷材应在现场抽样复检，外观和技术性能必须合格。

(2)施工所需胶粘剂等辅助材料经复验合格。应根据卷材要求，选择基层处理剂，卷材接缝胶粘剂、卷材搭接缝的密封膏及稀释剂等。自粘型彩色三元乙丙复合防水卷材的辅助材料见表6-16。

表6-16　自粘型彩色三元乙丙复合防水卷材辅助材料用量

名　称	用　途	用量(kg/m^2)
乳化沥青	基层处理剂	0.15
CX-401胶	卷材接缝胶粘剂	0.05
丙烯酸密封膏	卷材搭接缝密封	0.01
二甲苯	CX-401胶稀释剂	按需要购置

(3)检查卷材库存期限，防止卷材存期过久，粘结失效。

(4)自粘型防水卷材在存放过程中，要避免受潮受热，保持干燥，并有良好的通风环境，叠放时不得超过5层。

3. 机具准备

按表6-17准备施工机具，进场的施工机具应保持良好状态。

表6-17　卷材自粘法操作主要施工机具

工具名称	规　格	数量	用　途
高压吹风机	300m	1台	清理基层用
小平铲	小型	3把	清理基层用
扫帚	普通	6把	清理基层用
橡胶压辊	ϕ150×200mm	2个	压实卷材
手持压辊	ϕ40×50mm	2个	压实卷材搭接缝
油漆刷	5cm、15cm	各4把	涂刷搭接缝胶粘剂及基层处理剂用
剪刀		4把	剪裁卷材
钢卷尺	2m	1把	度量尺寸
粉笔		1盒	打标记用
小线绳		50m	弹基准线用
汽油喷灯	QD-3.5	2台	立面烘烤卷材胶粘剂用
扁头喷枪	自制	2把	与喷灯配套用

4. 作业条件

(1)施工温度在5℃以上为宜。温度低，不易粘结。

(2)雨、雪天，风沙天，0℃以下天气，不得施工。

(3)胶粘剂、卷材临时存放地点100m内无火源。

(4)基层要求同冷粘法。

(二)施工工艺

1. 工艺流程

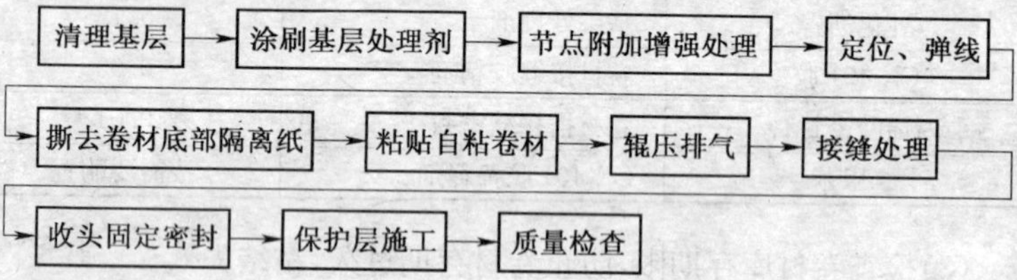

2. 操作工艺

(1)清理基层。剔除基层隆起异物,清除基层上的浮浆、杂物,清扫干净尘土。

(2)节点密封处理。按设计要求,在构造节点部位铺贴附加层。为确保质量,可在做附加层之前,再涂刷一遍增强胶粘剂,然后再做附加层。

(3)涂刷基层处理剂。基层处理剂可用稀释的乳化沥青或其他沥青基的防水涂料。涂刷要薄而均匀,不露底,不凝滞。干燥 6h 后,即可铺贴防水卷材。

(4)定位、弹基准线。按卷材排铺布置,弹出定位线、基准线。

(5)铺贴大面自粘型卷材(滚铺法)。施工时一般三人一组配合施工,一人撕纸,一人滚铺卷材,一人随后将卷材压实粘牢。应先仔细剥开卷材一端背面隔离纸约 500mm,将卷材头对准标准线轻轻摆铺,位置准确后随撕隔离纸,随将卷材向前滚铺,将端头粘牢。端头粘牢后即可将卷材反向放在已铺好的卷材上,从纸芯中穿进一根长钢管,由两人各持一端徐徐往前沿标准线摊铺。铺贴时,卷材应保持自然松弛状态,不得拉得过紧或过松,不得出现皱褶,每铺好一段卷材,应立即用胶皮压辊压实粘牢,再压实,如图 6-24 所示。

(6)铺贴特殊部位自粘型卷材。铺贴天沟、泛水、阴阳角或有突出物的基面时可采用抬铺法施工。抬铺法是先根据屋面形状考虑卷材的搭接长度预先剪裁好卷材,然后撕剥隔离纸。

剥完隔离纸后,使卷材的粘结胶面朝外,把卷材沿长向对折,然后由两人从卷材的两端配合翻转卷材铺贴。在整个铺放过程中,各操作

图 6-24　自粘型卷材滚铺法施工

1. 撕剥隔离纸，并卷到用过的包装纸芯筒上　2. 滚铺卷材　3. 排气滚压

工人用力要均匀，配合默契。

由于自粘型卷材与基层的粘结力相对较低，故在低温环境下，在立面或坡度较大的屋面上铺贴卷材，容易产生流坠下滑现象。在此情况下，宜用手持式汽油喷灯将卷材底面的胶粘剂适当加热后再进行粘贴和滚压。待卷材铺贴完成后，应与滚铺法一样，从中间向两边缘处排出空气后，再用压辊滚压，使其粘结牢固。

(7)搭接缝粘贴。自粘型彩色三元乙丙防水卷材的长、短向一边不带自粘型胶（宽 50～70mm），施工时需现场刷胶封边，以确保卷材搭接缝处粘结牢固。

卷材搭接应在大面卷材排出空气并压实后进行。粘结搭接缝时，为提高可靠性，可采用热风焊枪加热。先掀开搭接部位的卷材，用扁头热风枪加热搭接卷材底面的胶粘剂，并逐渐前移；另一人紧随其后，把加热后的搭接部位卷材马上用棉纱团从里向外予以排气，并抹压平整。最后一人则用手持压辊滚压搭接部位，使搭接缝密实。

搭接缝粘贴密实后，所有搭接缝均应用密封材料封边，宽度不少于10mm，其涂封量可参照材料说明书的有关规定。三层重叠部位的处理方法与卷材冷粘法操作相同。

(8)嵌缝。大面卷材铺贴完毕，在卷材接缝处，用丙烯酸密封膏嵌缝。嵌缝时应宽窄一致、封闭严密。

(9)蓄水试验。同其他防水卷材施工方法。

(三)安全注意事项

在施工中除遵守冷粘结法施工有关安全操作规定外，结合自粘型防水卷材的特点，还应特别注意以下几点：

(1)卷材、胶粘剂等应存放在远离火源且干燥的室内,卷材应平放,胶粘剂等的包装要密封。基层处理剂为水乳型,应在0℃以上存放。

(2)胶粘剂、稀释剂属于易燃物,施工现场严禁烟火。

(3)防水层施工完后,不得受尖物碰刺,以免损坏。施工人员不得穿带钉子鞋,以免碰坏防水层。

(4)自粘型防水卷材较薄,应特别注意成品保护。

(5)低跨屋面的防水层受高跨檐口雨水冲刷的部位或雨水口集中排水的部位,应铺设预制件抗冲层。

(6)注意卷材的存放期限,严防卷材粘结失效和胶粘剂粘结力降低。

三、卷材热风焊接法操作工艺

热风焊接法是采用热空气焊枪进行防水卷材搭接粘合的一种操作工艺。热风焊接法一般适用热塑性合成高分子防水卷材的接缝施工。由于合成高分子卷材粘结性差,采用胶粘剂粘结可靠性差,所以在与基层粘结时,采用胶粘剂,而接缝处采用热风焊接,保证防水层搭接缝的可靠。此外,目前屋面也用宽幅聚氯乙烯防水卷材,由于产品幅宽达2m,焊缝减少,防水质量可靠。

(一)施工准备

技术准备和材料准备同冷粘法施工。进场材料经现场复检,其外观质量和技术性能指标都应合格。

卷材施工所用的工具除按表6-11中的一般机具准备外,还应准备热压焊接机、热风塑料焊枪和小压辊、冲击钻、钩针以及油刷、刮板、胶桶、小铁锤、水泥钉、膨胀螺栓、铝合金压条等。进场的施工机具必须处于良好状态。

(二)施工工艺

1. 工艺流程

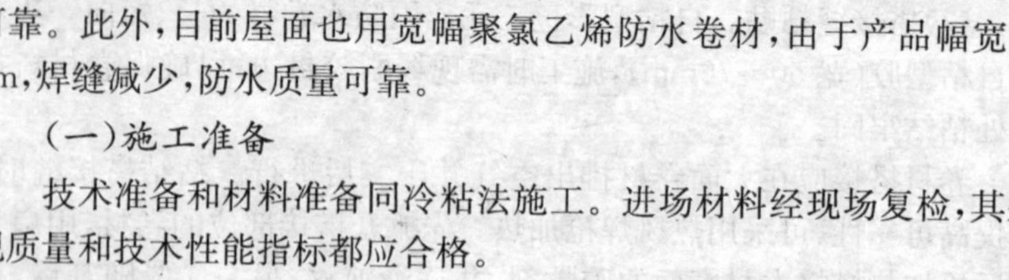

2. 热风焊接合成高分子防水卷材操作要点

热风焊接合成高分子卷材施工除搭接缝外，其他要求与合成高分子卷材冷粘法施工完全一致。接缝的焊接要求如下：

(1)为使接缝焊接牢固和密封，必须将接缝的接合面清扫干净，无灰尘、砂粒、污垢，必要时用清洁剂清洗。

(2)焊缝施焊前，搭接缝焊接的卷材必须铺贴平整，不得皱褶。搭接部位按事先弹好的标准对齐，以保证搭接尺寸的准确。

(3)为了保证焊接缝的质量和便于施焊操作，应先焊长边搭接缝，后焊短边搭接缝。

3. 聚氯乙烯防水卷材焊接操作要点

聚氯乙烯防水卷材的铺贴方法是采用空铺法，另加机械固定或点粘、条粘。细部构造则采用胶粘，接缝采用热风焊接。

(1)基层检查、清扫。将找平层压光，内外角抹成弧形。表面应洁净，不能有起砂、起灰现象。一切易戳破卷材的尖锐物，应彻底清除干净。

(2)节点密封处理。增强处理的附加层卷材必须与基层粘结牢固。特殊部位如水落口、排气口、上人孔等，均可提前预制成型或在现场制作，然后粘结或焊接牢固。

(3)定位、弹基准线。聚氯乙烯防水卷材长、宽的尺寸比较大，要求事先定出接缝的位置并弹出基准线。

(4)铺贴卷材。将卷材垂直于屋脊方向由上至下铺贴平整，搭接部位要尺寸准确，并应及时排空卷材下的空气，卷材不得皱褶。采用空铺法铺贴卷材时，在大面积上(每平方米有 5 个点用胶粘剂与基层固定，每点胶粘面积约 400cm^2)以及檐口、屋脊和屋面的转角处及突出屋面的连接处均应用胶粘剂，将卷材与基层固定。

(5)接缝焊接。整个屋面卷材铺设完后，将卷材焊缝处擦洗干净，必要时还需用溶剂擦洗。用热风机将上、下两层卷材热粘，焊枪喷出的温度应使卷材热熔后，小压辊能压出熔浆为准，为了保证焊接后卷材表面平整。应先焊长边搭接缝，后焊短边搭接缝。卷材长短边搭接缝宽度均为 50mm，可采用图 6-25 所示的单道或双道缝焊接。

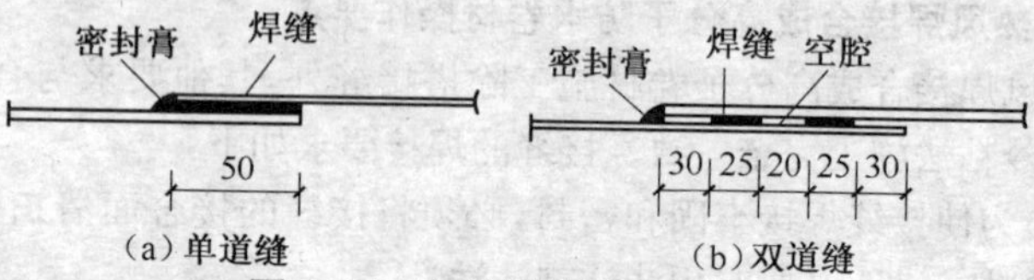

图 6-25　卷材搭接缝焊接方法

(6)焊缝检查。如采用双道焊缝，可用 5 号注射针与压力表相接，将钩针扎于两个焊缝的中间，再用打气筒进行充气。当压力表达到 0.15MPa 时应停止充气，当保持压力时间不少于 1min，说明焊接良好；如压力下降，说明有未焊好的地方。这时可用肥皂水涂在焊缝上，若有气泡出现，则应在该处重新用焊枪或电烙铁补焊，直到检查不漏气为止。另外，每工作班、每台热压焊接机均应取一处试样检查，以便改进操作质量。

(7)机械固定。如不采用胶粘剂固定卷材，则应采用机械固定法。机械固定需沿卷材之间的焊缝进行，间隔 600～900mm 用冲击钻将卷材与基层钻眼，埋入直径 60mm 的塑料膨胀塞，加垫片用自攻螺钉固定，然后在固定点上用卷材焊接，并将该点密封。也可将上述固定点放在下层卷材的焊缝边，再在上层与下层卷材焊接时将固定点包焊在内部。

(8)蓄水试验。同其他合成高分子卷材的试验方法。

(9)卷材收头处理、密封。卷材全部铺贴完毕经蓄水试验合格后，收头部位可用铝条加钉固定。用水泥钉或膨胀螺栓固定铝合金压条，压牢卷材收头，并用厚度不小于 5mm 的油膏层将其封严，然后再用水泥砂浆覆盖。如坡度大时，则须加设钢丝网后方可覆盖砂浆。如有留槽部位，应将卷材弯入槽内，加点固定后，再用密封膏封闭，最后用水泥砂浆抹平封死。

(三)施工安全注意事项

(1)热压焊机应设专人操作与保养。

(2)施工时不准穿带钉子鞋进入现场。

(3)热压焊机工作时，严禁用手触摸焊嘴，以免烫伤。

(4)热压焊机停机后，不准在地面上拖拉，不准存放在潮湿地方，要轻拿轻放。

(5)热压焊机用完后，要及时关掉总闸。

(6)其他安全注意事项参照冷粘法施工的有关要求。

第四节　屋面卷材防水工程质量通病防治

不同卷材防水屋面常见质量问题归纳起来有屋面开裂、流淌、积水；卷材鼓泡(起鼓)、破损；山墙、女儿墙推裂与渗漏；细部漏水及防水层剥离等。发生问题的原因多种多样，采取的防治措施也各不相同，下面就主要的共性问题作扼要介绍。

一、沥青防水卷材屋面

(一)屋面开裂

屋面开裂分为有规则的横向裂缝和无规则裂缝两种。

1. 原因分析

产生有规则的横向裂缝的主要原因是温度变化，屋面板产生胀缩，引起板端角变而形成。产生无规则裂缝的原因，有卷材搭接太少，卷材收缩后接头开裂、翘起，卷材老化龟裂、鼓泡破裂或外伤等。

2. 防治措施

(1)在基层变形较大的部位(如屋面板拼缝处)空铺或干铺卷材条以缓冲基层伸缩变化，如图 5-12、图 5-13 所示。

(2)重要工程选用延伸率较大的高聚物改性沥青防水卷材或高聚物改性沥青防水卷材。

(3)选用合格的卷材，腐朽、变质者应剔除不用。

(4)对已形成的有规则裂缝，应先清除缝内杂物并喷涂基层处理剂，在裂缝内嵌填密封材料，面层用不小于 300mm 宽的卷材覆盖，且与原防水层的有效粘结宽度不小于 100mm。

(5)对已形成的无规则裂缝，因其位置、形状、长度各不相同，治理前应先清除缝内杂物并喷涂基层处理剂，在裂缝内嵌填密封材料，面层沿裂缝铺贴宽度不小于 250mm 的卷材或涂刷带有脂体增强材料的涂膜防水层，其厚度宜为 1.5mm。

(二)屋面流淌

严重的屋面流淌可导致卷材横向搭接产生严重错动;轻的流淌也会引起卷材产生轻微的皱褶。

1. 原因分析

(1)沥青玛帝脂耐热度偏低。

(2)沥青玛帝脂粘结层过厚。

(3)屋面坡度过陡,且平行于屋脊方向铺贴卷材;或采用垂直屋脊铺贴卷材,但在半坡进行短边搭接。

2. 防治措施

(1)沥青玛帝脂的耐热度必须经过严格检验,其标号应按规范选用。垂直面的耐热度应提高 5～10 号。

(2)每层玛帝脂的厚度必须控制在 1～1.5mm,并确保粘结牢固。

(3)屋面坡度大于 25%时,卷材防水层应采取加固措施,固定点应密封严密。

(4)重要工程选用延伸率较大的高聚物改性沥青防水卷材或合成高分子防水卷材。

(5)已发生的严重流淌应拆除重铺,轻微流淌如不发生渗漏,一般可不予处理。中等流淌可采取切割、局部切除重铺等方法处理。

(三)屋面积水

1. 原因分析

(1)基层找坡不准,形成坑洼。

(2)水落口标高过高,雨水在天沟中无法排除;水落口管径过小,周围排水不畅造成堵塞。

(3)大挑檐及中天沟反梁过水孔标高过高或过低,出水孔孔径过小,易引起堵塞长期积水。

2. 防治措施

(1)防水层施工前应严格检查找平层的坡度,有低洼不平的地方应修补处理合格后,方可进行防水层施工。

(2)水落口、反梁过水孔的标高应根据设计要求,在施工时经测量后确定。

(3)水落管的管径和数量应根据设计确定,并经常清理其内的垃圾及杂物，防止堵塞。

（四）卷材起鼓

1. 原因分析

卷材防水层中有粘结不实的部位，窝有水分和气体，受热膨胀形成鼓泡。

2. 防治措施

（1）基层应平整、干净、干燥，基层处理剂涂刷均匀。

（2）防止卷材受潮，施工应连续有序进行，沥青玛帝脂应涂刷均匀，确保增强卷材与基层粘结牢固。

（3）不得在雨天、大雾、大风或风沙天施工，防止基层受潮。

（4）已形成的中小鼓泡可用针管抽出鼓泡内的空气，同时用针管灌入纯 10 号建筑石油沥青稀液，边抽边灌，灌实后将针眼封闭。大鼓泡可用割补法治理，先用刀将鼓泡卷材割除，进行基层清理，再用喷灯烘烤旧卷材槎口，并分层剥开，除去旧玛帝脂后，依次将新卷材与旧卷材有序搭接粘结在一起，并严密封闭。

（五）卷材过早老化

沥青胶结材料有不同程度的早期开裂，或卷材收缩、腐烂。

1. 原因分析

沥青胶结材料标号选用不当，软化点过高；熬制温度过高，加热时间过长；涂刷过厚，维修不当等均会引起材料的提前老化。

2. 防治措施

（1）合理选择沥青胶结材料的标号，并现场控制每锅的软化点。

（2）严格控制沥青胶结材料的熬制温度和使用温度。加强日常的维护工作。

（3）重要屋面防水工程，宜选用耐老化性能较好的高聚物改性沥青防水卷材或合成高分子防水卷材。

（六）女儿墙推裂与渗漏

1. 原因分析

（1）屋面结构层与女儿墙之间未留空隙，也未嵌填松散材料，致使屋面结构在高温季节暴晒时，因温度膨胀产生推力，使女儿墙发生开裂或位移，从而出现渗漏。

(2)女儿墙的压顶如采用水泥砂浆抹面，由于温差和干缩变形，使压顶出现垂直裂缝，有时往往贯通，从而引起渗漏。

(3)女儿墙推裂与渗漏，还与地基不均匀沉降、设计不周、施工质量低劣等有关。

2. 防治措施

(1)炎热地区砖混结构的建筑物，在屋顶上设置通风隔热层或采用种植屋面、倒置屋面等多种措施，可有效防止女儿墙的催裂。

(2)对于不良地基，应进行加固处理后，方能作为建筑物地基的土层。特别在江、河、湖、海地区，更要控制软土地基引起的不均匀沉降。

(3)减少约束影响。刚性防水层宜每隔 4～6m 设置一条温度伸缩缝；屋面结构层与女儿墙之间则应留出大于 20mm 的空隙，并用松散材料予以填充，封口收头处应密封。

(4)改进细部结构的防水处理。

(5)不严重的裂缝可不作处理，但须不断观察其发展情况。

(6)应处理的裂缝先在女儿墙的内侧进行防水处理。处理时，先将裂缝部位凿成 V 形槽，清洗干净后，用喷灯烘烤干燥，然后用改性沥青防水油膏密封，达到粘结牢靠和防水的双重目的。

(七)细部构造渗漏

檐口、天沟、檐沟、水落口、变形缝、伸出屋面的管道以及各种出入口等细部构造的渗漏是屋面渗漏的重要组成部分，是防渗的关键环节。

1. 原因分析

(1)细部构造是积水和雨水比较集中的地方，环境较别的地方恶劣，所以卷材的老化、腐烂或破损比别处早。

(2)细部构造是结构变形和温度应力集中的地方，易引起结构位移和卷材收头密封不严等情况，以致渗漏。

(3)屋面杂物未及时清理，造成排水不畅。

2. 防治措施

(1)泛水处卷材应采用满粘法施工，确保卷材与基层粘结牢固。

(2)基层潮湿又急需施工时，应采用喷火方法烘烤基层，将多余潮气排出后再铺贴卷材。

(3)改进细部构造设计。

(八)防水层剥离

第一层卷材铺贴后，从卷材一端稍用力撕揭，卷材即成片以至从基层上剥离，有时还会带起水泥砂浆找平层上的浮皮。

1. 原因分析

(1)找平层有起皮、起砂现象，卷材铺贴前基层上有灰尘和潮气。

(2)热沥青玛帝脂使用温度过低，卷材铺贴后未与基层粘牢。

(3)在屋面转角处，因卷材拉伸过紧，或因衬材料收缩，使防水层与基层剥离。

2. 防治措施

(1)严格控制找平层的表面质量，铺贴前基层要平整、干净、干燥。

(2)适当提高热沥青玛帝脂的加热和使用温度。

(3)在大坡面和立面施工时，一定要用满粘法铺贴，必要时可采取金属压条固定。在铺贴时，要注意压实，卷材接缝处及收头要作密封处理。

二、高聚物改性沥青防水卷材屋面

(一)卷材起鼓

1. 原因分析

(1)加热不均匀，导致卷材与基层的粘结不充分。

(2)卷材铺贴时压实不紧，残留的空气未全部排出。

2. 防治措施

(1)热熔法铺贴卷材时，加热要均匀、充分、适度。

(2)趁热推滚，赶尽空气。

(二)转角、立面和卷材接缝处粘结不牢

1. 原因分析

(1)高聚物改性沥青防水卷材厚度较大，质地较硬，在屋面转角、立面等部位粘贴困难，压实不易，较易出现脱空和粘结不牢的问题。

(2)热熔卷材表面有一层防粘隔离层，在粘结搭接缝时如不将隔离层熔烧掉，则接缝处极易粘结不牢。

2. 防治措施

(1)基层必须做到平整、干净、干燥、坚实。

(2)基层处理剂要涂刷均匀,无空白和漏刷现象。

(3)转角按规定增加附加层,附加层与原卷材层相互搭接牢固,粘结密实。

(4)立面的卷材应将收头固定于立墙的凹槽内,并用密封材料嵌填封严。

(5)卷材之间的搭接缝口,应用密封材料封严,宽度不小于 10mm。密封材料应在缝口抹平,使其形成明显的沥青条带。

(三)卷材施工后破损

1. 原因分析

(1)热熔法铺贴卷材后,在未冷却时就来回走动,极易损伤或戳穿卷材。

(2)铺贴卷材时,喷枪离卷材面过近或熔烧沥青涂层时温度过高而损伤卷材。

2. 防治措施

(1)热熔法铺贴卷材时,禁止非施工人员在屋面上走动。

(2)铺贴时,加热、滚铺、排气、收边与压实要一气呵成。

(3)加热卷材时,喷枪不能触及卷材面(保持 50～100mm 距离)并与基层成 30°～45°角度。

三、合成高分子防水卷材屋面

(一)屋面开裂

1. 原因分析

(1)设计构造考虑不周。使用外露单层的合成高分子防水卷材,因其耐穿刺性差更易出现卷材开裂现象。

(2)合成高分子防水卷材的材性较差。

(3)与施工工艺有关。满粘法施工的卷材屋面易开裂。采用条粘法和点粘法铺贴的卷材屋面,情况好些。

(4)成品保护差。屋面铺贴防水层后,后续工序不注意保护防水层成品,造成开裂现象较多。

2. 防治措施

(1)改进设计构造,宜在合成高分子防水卷材层上加设保护层。

(2)使用合格产品。使用前和使用过程中,要加强原材料的抽查和检测,不合格的产品坚决不用。

(3)改进铺贴工艺。重点控制卷材搭接缝的搭接质量,要确保搭接宽度,粘结牢固,封固严密,不张口、不开裂。

(4)修补方法可参照沥青防水卷材屋面开裂的处理方法进行。

(二)屋面渗漏

1. 原因分析

(1)选用材料不当,防水构造不合理。

(2)细部构造及卷材收头有问题。

(3)屋面基层不平,防水层表面积水,使卷材发生腐烂导致渗漏。

(4)卷材的铺贴方法不当,搭接宽度不够。

(5)防水材料变质失效。

2. 防治措施

(1)严格控制与防水工程相关各道工序的工程质量,不得将工程隐患带到下一道工序中去。

(2)细部构造是防渗漏的关键部位,大面积铺贴合成高分子防水卷材前,一定要按照工艺标准的要求认真、细致、一丝不苟地进行增强处理。做到粘结牢固,封闭严密。

(3)立面或大坡面铺贴合成高分子防水卷材应采用满粘法工艺。并宜采取减少短边搭接,立面收头用压条或垫片钉压固定,上口用密封材料封严等增强措施。

(4)基层必须达到平整、干净、干燥、坚实的要求。

(5)确保搭接宽度和粘结质量是合成高分子防水卷材屋面不出现渗漏的关键。为此,铺贴前要编制详尽的施工方案,铺贴时做好弹线、试铺、按序铺贴等每一步工作。

(6)施工环境温度为5℃～30℃,雨、雪、5级及5级以上大风天气,不得进行施工。施工过程中,突遇下雨,应立即封闭已粘好的卷材端部,以免雨水侵入。

(三)粘贴不牢

1. 原因分析

(1)选用材料不当,胶粘剂使用时未充分搅拌。

(2)基层有影响粘结的各种污物和杂质，基层处理剂涂刷不均匀。

(3)铺贴时基层表面太潮湿。

(4)卷材铺贴方法不当，滚压不充分。

2. 防治措施

(1)合成高分子防水卷材的各种配套材料(基层处理剂、胶粘剂等)要专材专用，不得错用或代用。

(2)基层必须达到平整、干净、干燥、坚实的要求。在其上涂刷基层处理剂后，经 12h 左右才能进行下一道工序施工。

(3)胶粘剂涂刷前应充分搅拌，涂刷要求均匀、厚薄一致，不露底、不堆积。

(4)铺贴时不要用力拉伸卷材，卷材推进时要均匀一致，卷材自然展平，与基层表面紧贴铺牢即好。

(5)铺完一幅卷材后，要立即用干净而松软的长柄滚刷，从卷材的一端开始，沿卷材横向用力地顺次滚压排气，再用铁辊滚压，以提高粘结力和紧密性。

(6)卷材铺好压实后，应将搭接部位清理干净，用配套专用胶粘剂封闭。

(四)卷材起鼓、破损

1. 原因分析

(1)基层未达到要求即急于铺贴卷材。

(2)卷材铺贴时，层间空气未全部赶出。

(3)成品保护工作不到位。

2. 防治措施

(1)基层必须达到平整、干净、干燥、坚实的要求。

(2)涂胶时要做到：按量、涂刷均匀，手感基本干燥时再铺贴卷材。

(3)卷材防水屋面的施工宜在屋面有关工序全部结束后进行。确需交叉施工时，应采取切实可行的保护措施予以保护。

(4)卷材有起鼓和破损时，可按前述方法进行修补。

第七章　涂膜防水屋面施工

第一节　基本要求

涂膜防水是指在屋面或地下建筑物的混凝土或砂浆基层上，抹压或涂布具有防水能力的流态或半流态物质，经过溶剂水分蒸发固化或交链化学反应，形成具有一定弹性和一定厚度的无接缝的完整薄膜，使基层表面与水隔绝，起到防水密封作用。

一、涂膜防水屋面的构造

在屋面工程中，根据涂料的性质与防水层的厚度不同，防水层做法及厚度不同，有的只涂几层涂膜，有的要在涂膜之间加铺胎体增强材料，与此同时，对所有接缝尚应用密封材料进行嵌填，使之成为增强的涂膜防水层。屋面涂膜防水层的构造见表 7-1。

表 7-1　屋面涂膜防水层的构造

编号	适用材料	构造简图	防水层做法及厚度	胎体增强材料
1	高聚物改性沥青防水涂料	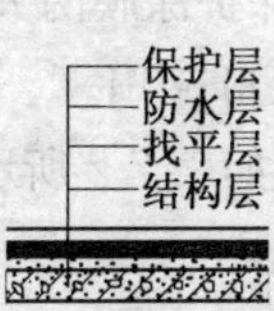	Ⅱ级防水屋面可作为一道防水层，不小于3mm Ⅲ级防水屋面，单独使用时不小于 3mm；复合使用时不小于1.5mm Ⅳ级防水屋面，单独使用时不小于 2mm	1.5mm 防水层宜铺一层聚酯毡；3mm 防水层宜铺设二层玻纤布或铺设聚酯毡、玻纤布各一层

续表 7-1

编号	适用材料	构造简图	防水层做法及厚度	胎体增强材料
2	合成高分子防水涂料	同上	Ⅰ级防水屋面只能有一道，不小于1.5mm Ⅱ级防水屋面可作为一道防水层，不小于1.5mm Ⅲ级防水屋面，单独使用时不小于2mm	1.5mm 以下防水层可不铺设胎体增强材料；2mm 以上防水层宜铺设一层聚酯毡或化纤毡
3	聚合物水泥防水涂料	同上	同上	选用 JS-1 型，1.5mm 防水层内应铺一层聚酯毡或化纤毡

二、涂膜防水分类及适用范围

(一)涂膜防水分类

(1)按涂膜厚度分为薄质涂膜和厚质涂膜。

(2)按防水层胎体的做法分为单纯涂膜层和加胎体增强材料涂膜(增强材料有玻璃丝布、化纤、纤维毡等)，加胎体增强材料涂膜可以做成一布二涂、二布三涂、多布多涂等。

(3)按涂料类型分为溶剂型、水乳型、反应型 3 种。

(4)按涂料成膜物质的主要成分分为沥青基防水涂料、高聚物改性沥青防水涂料、合成高分子防水涂料 3 大类。

(5)按涂膜功能分为防水涂膜和保护涂膜两大类。

(二)各种防水涂料的特点及适用范围

各种防水涂料的特点及适用范围如表 7-2 所示。

(三)涂膜防水屋面施工基本规定

1. 对基层的要求

(1)屋面坡度：上人屋面在 1%以上或不上人屋面在 2%以上，不得有积水。如屋面排水不畅或长期积水，则涂膜长期浸泡在水中，水乳型的防水涂料可能出现“再乳化”现象，降低防水层的功能。其他防水涂料由于积水周围温差不同，干湿不一，若长期浸泡，也会降低涂膜防水层的使用年限。

表 7-2 各种防水涂料的特点及适用范围

序号	涂料类别	防水涂料名称	特点	适用范围	施工工艺
1	高聚物改性沥青防水涂料	水乳型氯丁橡胶沥青防水涂料	为阳离子型，成膜较快，强度高，耐候性好、无毒、不污染环境，抗裂性好，操作方便	可用于Ⅱ、Ⅲ、Ⅳ级屋面，单独使用时厚度不小于 3mm，在Ⅲ级防水屋面上复合使用时厚度不小于 1.5mm	涂刮法冷施工
2		溶剂型再生橡胶沥青防水涂料	有较好的耐高、低温性能，粘结性好，干燥成膜快，操作方便		
3		水乳型再生橡胶沥青防水涂料	具有一定的柔韧性及耐寒、耐热、耐老化性能，无毒、无污染、操作方便，原料来源方便、价格低	同上	冷施工，但气温低于 5℃时不宜施工
4		溶剂型氯丁橡胶沥青防水涂料	有良好的耐水性和抗裂性，高温不流淌，低温不易催裂，弹塑性良好，操作方便，干燥速度快	同上	冷施工，且可在负温下操作
5		SBS 改性沥青防水涂料	有良好的防水性、耐湿热、耐低温、抗裂性及耐老化性，无毒、无污染，是中档的防水涂料	适于寒冷地区的Ⅱ、Ⅲ级屋面使用	冷施工
6	合成高分子防水涂料	聚氨酯防水涂料	具有橡胶状弹性，延伸性好，抗拉强度和撕裂强度高，有优异的耐候、耐油、耐磨、不燃烧及一定的耐酸碱及阻燃性，与各种基层的粘结性优良，涂膜表面光滑、施工简单，使用温度区间为－30℃～80℃	宜用于Ⅰ、Ⅱ、Ⅲ级的屋面防水，单独使用时厚度不小于 2mm，在Ⅲ级防水屋面上复合使用时厚度不小于 1.0mm	反应型，冷施工
7		聚氨酯煤焦油防水涂料	具高弹性、高延伸性，对基层开裂适应性强，具有耐候、耐油、耐磨、不燃烧及一定的耐碱性，与各种基层的粘结性好，但与聚氨酯相比，反应速度不易调整，性能指标较易波动	同上，但外露式屋面不宜采用	冷施工

续表 7-2

序号	涂料类别	防水涂料名称	特　点	适用范围	施工工艺
8	合成高分子防水涂料	丙稀酸酯防水涂料	涂膜有良好的粘结性、防水性、耐候性、柔韧性和弹性，无污染，无毒、不燃，以水为稀释剂，施工方便，且可调成多种颜色，但成本较高	宜涂覆于水乳型橡胶沥青防水层上，适用于有不同颜色要求的屋面	冷施工，可刮、可涂、可喷。但温度需高于4℃时才能成膜
9		有机硅防水涂料	具有良好的渗透性、防水性、成膜性、弹性、粘结性和耐高、低温性能。适应基层变形能力强，成膜速度快，可在潮湿基层上施工，无毒、无味、不燃，可配制成各种颜色，但价格较高	用于Ⅰ、Ⅱ级的屋面防水	冷施工，可涂刷或喷涂

(2)基层平整度是保证涂膜防水屋面质量的关键。找平层的平整度用2m长直尺检查，基层与直尺的最大空隙应不超过5mm，空隙仅允许平缓过渡变化，每米长度内不得多于1处。

(3)基层强度一般应不小于5MPa。不得有酥松、起砂、起皮等缺陷；出现裂缝应予修补。找平层的水泥砂浆配合比，细石混凝土的强度等级及厚度应符合设计要求。如基层表面酥松、强度过低、裂缝过大，就容易使涂膜与基层粘结不牢，在使用过程中往往会造成涂膜与基层剥离，而成为渗漏的主要原因之一。

(4)基层的干燥程度应符合所使用涂料的要求。基层含水率的大小，对不同类型的涂膜有着不同程度的影响。一般来说，溶剂型防水涂料对基层含水率的要求比水乳型防水涂料严格。溶剂型涂料必须在干燥的基层上施工，以避免产生涂膜鼓泡的质量问题。对于水乳型防水涂料，则可在基层表面干燥后涂布施工。

2. 施工要求

(1)施工气候条件影响涂膜防水层的质量和施工操作。溶剂型涂料的施工环境温度宜在－5℃～35℃；水乳型涂料的施工环境温度宜为5℃～35℃。五级风及其以上时不得施工，雨天、雪天严禁施工。

(2)涂膜应根据防水涂料的品种分层分遍涂布，不得一次涂成。

(3)应待先涂的涂层干燥成膜后，方可涂后一遍涂料。

(4)需铺设胎体增强材料时，屋面坡度小于15%时，可平行屋面铺设；屋面坡度大于15%时，应垂直于屋脊铺设。

(5)胎体长边搭接宽度应不小于50mm，短边搭接宽度应不小于70mm。

(6)采用二层胎体增强材料时，上下层不得相互垂直铺设，搭接缝应错开，其间距应不小于幅宽的1/3。

(7)应按照不同屋面防水等级，选定相应的防水涂料及其涂膜厚度。

(8)天沟、檐沟、檐口、泛水和立面涂膜防水层的收头，应用防水涂料多遍涂刷或用密封材料封严。

(9)在天沟、檐沟、檐口、泛水或其他基层采用卷材防水时，卷材与涂膜的接缝应顺流水方向搭接，搭接宽度应不小于100mm。

(10)涂膜防水屋面完工并经验收合格后，应做好成品保护。涂膜实干前，不得在防水层上进行其他施工作业，涂膜防水屋面上不得直接堆放物品。

第二节 工艺流程和操作方法

一、涂膜防水屋面的工艺流程

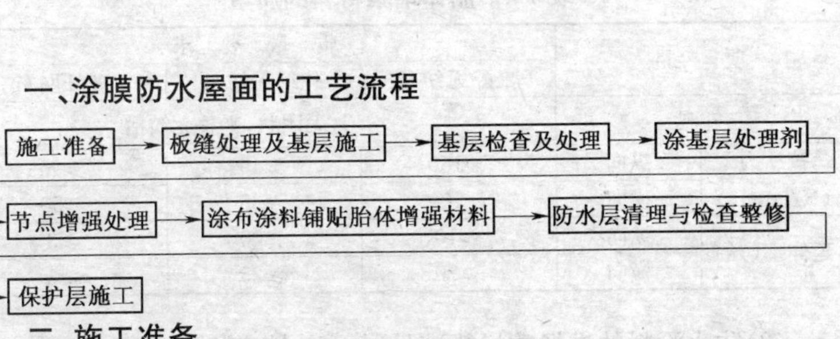

二、施工准备

(一)技术准备

基本同卷材防水屋面有关的技术准备工作。

(二)材料准备

(1)适用于涂膜防水层的防水涂料分成两类:高聚物改性沥青防水涂料和合成高分子防水涂料。高聚物改性沥青防水涂料[包括氯丁橡胶改性沥青防水涂料、SBS(APP)改性沥青防水涂料、聚氨酯改性沥青防水涂料、再生胶改性沥青防水涂料等]的质量指标应符合表3-19的要求。

合成高分子防水涂料(包括聚氨酯防水涂料、丙烯酸酯防水涂料、硅橡胶防水涂料、聚合物水泥防水涂料等)的质量指标即物理性能应符合表7-3的要求。

表7-3 合成高分子防水涂料物理性能

项目		性能要求		
		反应固化型	挥发固化型	聚合物水泥涂料
固体含量(%)		≥94	≥65	≥65
拉伸强度(MPa)		≥1.65	≥1.5	≥1.2
断裂延伸率(%)		≥350	≥300	≥200
柔性(℃)		−30,弯折无裂纹	−20,弯折无裂纹	−10,绕 ϕ10mm 棒无裂纹
不透水性	压力(MPa)	≥0.3		
	保持时间(min)	≥30		

胎体增强材料的质量应符合表7-4的要求。

表7-4 胎体增强材料的质量

项目		质量要求		
		聚酯无纺布	化纤无纺布	玻纤网布
外观		均匀,无团状,平整无皱褶		
拉力(N/50mm)	纵向	≥150	≥45	≥90
	横向	≥100	≥35	≥50
延伸率(%)	纵向	≥10	≥20	≥3
	横向	≥20	≥25	≥3

(2)防水涂料的进场数量能满足屋面防水工程的使用。

(3)各种屋面防水的配套材料准备齐全。

(4)涂膜防水层的材料用量可参考表7-5和表7-6。

表 7-5　水乳型或溶剂型薄质涂料用量参考

层次	一层做法	二层做法		
	一毡两涂（一毡四胶）	二布三涂（二布六胶）	一布一毡三涂（一布一毡六胶）	一布一毡三涂（一布一毡八胶）
增强材料	聚酯毡	玻璃纤维布二层	聚酯毡、玻璃纤维布各一层	聚酯毡、玻璃纤维布各一层
胶料总量（kg/m²）	2.4	3.2	3.4	5.0
总厚度（mm）	1.5	1.8	2.0	3.0
第一遍（kg/m²）	刷胶料 0.6	刷胶料 0.6	刷胶料 0.6	刷胶料 0.6
第二遍（kg/m²）	刷胶料 0.4	刷胶料 0.4	刷胶料 0.4	
第二遍（kg/m²）	铺毡一层 毡面刷胶 0.4	铺玻璃布一层 刷胶料 0.3	铺毡一层 毡面刷胶 0.3	刷胶料 0.6
第三遍（kg/m²）	刷胶料 0.5	刷胶料 0.4	刷胶料 0.5	刷胶料 0.4 铺毡一层 刷胶料 0.3
第四遍（kg/m²）	刷胶料 0.5	刷胶料 0.5 铺玻璃布一层 刷胶料 0.3	刷胶料 0.4 铺玻璃布一层 刷胶料 0.3	刷胶料 0.6
第五遍（kg/m²）		刷胶料 0.4	刷胶料 0.5	刷胶料 0.4 铺玻璃布一层 毡面刷胶 0.3
第六遍（kg/m²）		刷胶料 0.4	刷胶料 0.4	刷胶料 0.6
第七遍（kg/m²）				刷胶料 0.6
第八遍（kg/m²）				刷胶料 0.6

表 7-6 反应型薄质涂料用量参考

层次	纯涂料		一层做法
	二胶	二胶	一布二胶（一布三胶）
增强材料			聚酯毡或化纤毡
胶料总量（kg/m^2）	1.2～1.5	1.8～2.2	2.4～2.8
总厚度(mm)	1.0	1.5	2.0
第一遍（kg/m^2）	刮胶料 0.6～0.7	刮胶料 0.9～1.1	刮胶料 0.8～0.9
第二遍（kg/m^2）	刮胶料 0.6～0.8	刮胶料 0.9～1.1	刮胶料 0.4～0.5 铺毡一层 刮胶料 0.4～0.5
第二遍（kg/m^2）			刮胶料 0.8～0.9

（三）机具准备

涂膜防水施工机具及用途见表 7-7。

表 7-7 涂膜防水施工机具及用途

序号	机具名称	用途	备注
1	棕扫帚	清理基层	
2	钢丝刷	清理基层及管道	
3	衡器	配料称量	
4	搅拌器	拌合多组分材料用	电动、手动均可
5	容器	装混合料	铁桶或塑料桶
6	开罐刀	开涂料罐	
7	棕毛刷、圆滚刷	涂刷基层处理剂	
8	刮板	刮涂涂料	塑料板、胶皮板
9	喷涂机械	喷涂基层处理剂、涂料	根据黏度选用
10	剪刀	裁减胎体增强材料	
11	卷尺	测量、检查	

（四）作业条件

(1)找平层已检查验收，质量合格，找平层应平整、坚实、无空鼓、无起砂、无裂缝、无松动掉灰，含水率符合要求。

(2)消防设施齐全，安全设施可靠，劳保用品已能满足施工操作需要。

(3)施工前，应将伸出屋面的管道、设备及预埋件安装完毕。

(4)找平层与突出屋面结构(女儿墙、山墙、天窗壁、变形缝、烟囱等)的交接处以及基层的转角处应做成圆弧形，圆弧半径≥50mm。内部排水的水落口周围，基层应做成略低的凹坑。

(5)涂膜防水屋面严禁在雨天、雪天和五级风及以上时施工。

三、板缝处理及基层施工

(一)基层施工

涂膜防水屋面的基层施工应符合水泥砂浆或细石混凝土找平层施工的有关规定。找平层应设分格缝，缝宽宜为20mm，并应设在板的支承处，其间距宜不大于6m。分格缝应嵌填密封材料。转角处应抹成圆弧形，其半径不小于50mm。

涂膜防水屋面是满粘在找平层上的，所以找平层应有足够的强度，宜采用掺有膨胀剂的细石混凝土，强度等级不低于C20，厚度不低于30mm。找平层表面出现裂缝时应进行修补。

(二)板缝处理

装配式钢筋混凝土屋面板的板缝内应浇灌细石混凝土，其强度等级不低于C20，混凝土中宜掺微膨胀剂。宽度大于40mm的板缝或上窄下宽的板缝中，应加设构造钢筋。板缝进行柔性密封处理，非保温屋面的板缝上应预留凹槽，其内嵌填密封材料。

四、基层检查及处理

(一)基层检查

屋面坡度必须准确，找平层平整度应不超过5mm；不得有酥松、起砂、起皮等缺陷；出现裂缝应予修补。找平层的水泥砂浆配合比，细石混凝土的强度等级及厚度应符合设计要求。检查合格的基层要进行清理和清扫。

(二)基层处理

基层若存在凹凸不平、起砂、起皮、裂缝、预埋件固定不牢等缺陷，应按表7-8的要求进行修补。

表 7-8　找平层缺陷的修补方法

缺陷种类	修补方法
凹凸不平	铲除凸起部分，低凹处用 1∶2.5 水泥砂浆掺 10%～15%的 108 胶补抹，较浅时可用素水泥掺胶涂刷；对沥青砂浆找平层可用沥青胶结材料或沥青砂浆填补
起砂、起皮	要求防水层与基层粘结牢固时必须修补，起皮处应将表面清除，用水泥素浆掺胶涂刷一道，并抹平压光
裂缝	当裂缝宽度小于 0.5mm 时，可用密封材料刮封；当裂缝宽度大于 0.5mm 时，沿缝凿成 V 形槽，清扫干净后嵌填密封材料，再做 100mm 宽防水涂料层
预埋件固定不牢	凿开重新浇筑掺 108 胶或膨胀剂的细石混凝土，四周按要求做好坡度

五、涂刷基层处理剂

为了增强涂料与基层的粘结，在涂料涂布前，必须对基层进行封闭处理，即先涂刷一道较稀的涂料作为基层处理剂，基层处理剂的种类有以下三种：

(1)若使用水乳型防水涂料，可用掺 0.2%～0.5%乳化剂的水溶液或软化水涂料稀释，其用量比例一般为：防水涂料∶乳化剂水溶液(或软水)＝1∶0.5～1∶1。如无软水可用冷开水代替，切忌加入一般天然水或自来水。

(2)若使用溶剂型防水涂料，可直接用涂料薄涂作基层处理，如溶剂型氯丁胶沥青防水涂料或溶剂型再生胶沥青防水涂料等。若涂料较稠，可用相应的溶剂稀释后使用。

(3)高聚物改性沥青防水涂料也可用沥青溶液(即冷底子油)作为基层处理剂，或在现场以煤油∶30 号石油沥青＝60∶40 的比例配制而成的溶液，作为基层处理剂。

涂刷基层处理剂时，应用刷子用力薄涂，使涂料尽量刷进基层表面的毛细孔中。并将基层可能留下来的少量灰尘等无机杂质，像填充料一样混入基层处理剂中，使之与基层牢固结合。涂布找平层时，先对屋面节点、周边、拐角等部位进行涂布，然后再大面积涂布。注意均匀涂布、厚薄一致，不得漏涂，以增强涂层与找平层间的粘结力。

六、涂膜防水层操作方法

(一)喷涂施工

喷涂施工是利用压力或压缩空气，将防水涂料涂布于防水基层面上的机械施工方法。其特点是：涂膜质量好，工效高，劳动强度低，适用于黏度较小的高聚物改性沥青防水涂料和合成高分子防水涂料的大面积作业。

1. 空气喷涂施工工艺

(1)将涂料调至施工所需黏度，装入贮料罐或压力供料筒中，关闭所有开关。

(2)打开空气压缩机，将空气压力调节到施工压力。施工压力一般为0.4～0.8MPa。

(3)作业时，要握稳喷枪，涂料出口要与受喷面垂直，喷枪移动时应与受喷面平行。喷枪移动速度应适宜保持匀速，一般为400～600mm/min。

(4)喷嘴至受喷面的距离一般应控制在400～600mm，以便喷涂均匀。

(5)喷涂行走路线如图7-1所示。喷枪移动的范围不能太大，一般直线喷涂800～1000mm后，拐弯180°向后喷下一行。根据施工条件可选择横向或竖向往返喷涂。

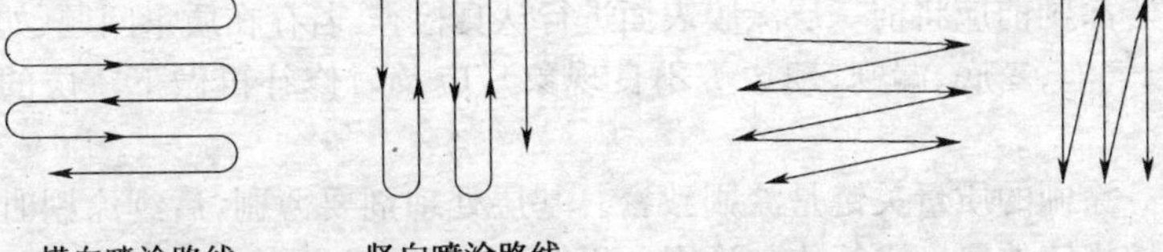

横向喷涂路线　竖向喷涂路线

(a)正确的喷涂行走路线　(b)不正确的喷涂行走路线

图7-1　喷涂行走路线图

(6)第一行与第二行喷涂面的重叠宽度，一般应控制在喷涂宽度的1/3～1/2，以使涂层厚度比较一致。

(7)每一涂层一般要求两遍成活，横向喷涂一遍，再竖向喷涂一遍。两遍喷涂的时间间隔由防水涂料的品种及喷涂厚度而定。

(8)如有喷枪喷涂不到的地方,应用油刷刷涂。

2. 喷涂施工注意事项

(1)涂料的稠度要适中,过稠不便施工,过稀则遮盖力差,影响涂层厚度,且容易流淌。

(2)根据喷涂时间需要,可适量加入缓凝剂,以调节防水涂料的固化时间。

(3)涂料应搅拌均匀。如果发现涂料不洁现象,要用 120 目钢丝筛或 200 目细绢筛筛滤。涂料在使用过程中应不断搅拌。

(4)喷涂压力应适当,一般应根据防水涂料的品种、涂料厚度等因素确定。

(5)对于不需喷涂的部位,应用纸或其他物体将其遮盖,以免在喷涂过程中受污染。

(二)刷涂施工

刷涂施工是用棕刷、长柄刷、圆滚刷蘸防水涂料进行涂刷的方法,用于立面防水层和节点部位细部处理。

涂布时,应先涂立面,后涂平面,采用分条或按顺序进行方法,避免操作人员踏踩刚涂的涂层。操作时,边倒料边刷匀,倒料时要注意控制涂料均匀倒洒,不可在一处倒得过多,造成涂料难以刷开而形成涂层厚薄不均。

涂刷要分层进行,前一层涂料干燥后,方可进行下一层涂料的涂刷。涂刷前应将前一层涂膜表面进行认真检查,若存在质量问题(如灰尘、气泡、露底、漏刷、翘边等不良现象),应及时修补再做下一层的涂刷。

涂刷的质量关键是涂刷致密。基层处理剂要薄刷,后续涂刷时则应按规定的厚度进行均匀涂刷。相邻两道涂层之间的涂刷方向应互相垂直,以提高防水层的整体性和均匀性。涂膜的接槎处,先退槎 50~100mm,接槎时则应超过 50~100mm,避免在搭接处发生渗漏。

(三)抹涂施工

对于流动性较差的厚质防水涂料,一般采用抹涂法施工。这种施工工艺通常包括结合层涂布(底层涂料)和防水层涂膜的抹涂两个工序。

1. 结合层涂布

在基层表面涂布一层与防水层配套的底层防水涂料，目的是填满基层表面的微细孔缝和增强基层与防水层的粘结力。要求涂布均匀，不得漏涂。涂布方法可采用机械喷涂和人工刷涂。

基层平整度较差时，应增加一遍刮涂涂层，即在已涂布底层涂料的基面上再刮涂一遍涂料，其厚度越薄越好。

2. 防水层涂膜的抹涂

底层防水涂料干燥后方可进行防水层涂膜的抹涂。使用抹灰工具（如抹子、压刀、阴阳角、抿子等）抹涂防水涂料，一般一遍成活。

墙角处的防水涂料抹涂，一般应由上而下，自左向右，顺一个方向随涂随抹平，做到表面平整密实。抹涂防水层时，不宜回收落地灰，以免受污染的涂料影响涂膜的防水效果。

（四）刮涂施工

刮涂就是利用刮刀将厚质防水涂料均匀地刮涂在防水层基层上，形成厚度符合设计要求的防水涂膜。刮涂的常用工具有牛角刀、油灰刀、橡皮刮刀等。

防水涂料的稠度一般应根据施工条件、厚度要求等因素确定。立面部位涂层应在平面涂层施工前进行，根据涂料的流动性好坏确定刮涂次数，流动性好的涂料应按照多遍薄刮的原则进行，以免产生流淌现象，使上部涂层变薄，下部涂层变厚，影响防水效果。

刮涂时只能来回刮 1～2 次，不能往返多次刮涂，以避免发生“皮干里不干”的现象。第一遍涂层完全干燥后（以脚踩不粘脚、不下陷为准，干燥时间不宜少于 12h），方可进行第二涂层的施工，后一遍涂层的刮涂方向应与前一遍涂层的刮涂方向垂直。

第三节　高聚物改性沥青防水涂膜施工

一、工艺流程

（一）涂膜单独防水工艺流程

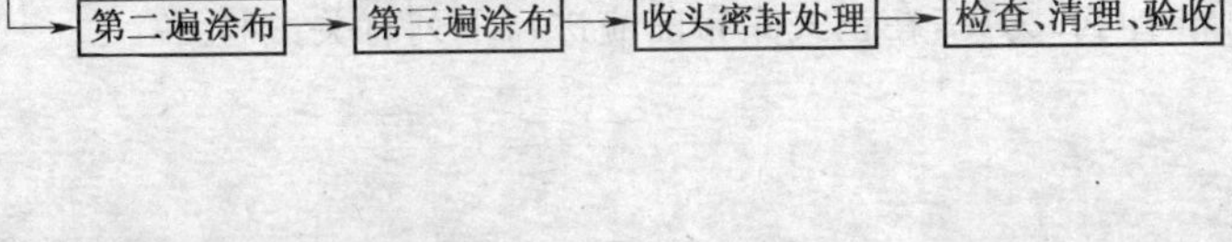

（二）铺贴胎体增强材料的工艺流程

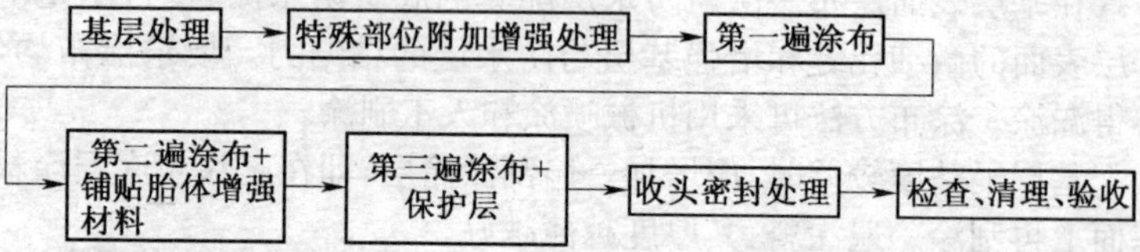

二、操作工艺

基层进行检查、修补、清理、封闭合格后，即可进行防水涂料的配制、试验和涂布。

（一）防水涂料的配制

1. 双组分

采用双组分防水涂料时，在配制前应将甲组分、乙组分搅拌均匀，然后严格按照材料供应商提供的材料配合比现场配制，严禁任意改变配合比。

配料时要求准确计量，主剂和固化剂的混合偏差不得大于±5%。每次配制数量应根据每次涂布面积计算确定。

混合后的材料存放时间不得超过规定的使用时间，无规定时以能涂刷为准。不应一次搅拌过多使涂料发生凝聚或固化而无法使用，夏天施工时尤需注意。

对于不同组分的容器、取料勺、搅拌棒等不得混用，以免产生凝胶。

2. 单组分

单组分防水涂料使用前，只需搅拌均匀即可使用。最理想的方法是将桶装涂料倒入开口的大容器内，用机械搅拌均匀后使用。没有用完的涂料，应加盖封严，桶内如有少量结膜现象，应清除或过滤后使用。

3. 多组分

多组分防水涂料在施工现场应按厂方提供的说明书进行配料。配料时应按程序准确计量，充分搅拌，确保防水涂料具有良好的匀质性和稳定性。具体操作方法同双组分涂料有关要求。

（二）涂膜防水试验

为确保涂膜防水屋面质量，关键是控制涂层的厚度、涂料用量和涂刷间隔时间。为此，在正式涂布前应进行下列有关试验。

1. 涂层厚度控制试验

涂层厚度是影响涂膜防水质量的一个关键问题。涂刷时每个涂层是涂刷多道完成的，每道涂膜不能太厚，涂膜过厚，就会出现涂膜表面已干燥成膜，而内部涂料的水分或溶剂却不能蒸发或挥发，使涂膜难以实干而形不成具有一定强度和防水能力的防水膜。涂膜也不宜过薄，否则就要增加涂刷遍数，从而影响工效及拖延施工工期。

手工操作要正确控制涂层厚度是比较困难的。因此，涂膜防水施工前，必须根据设计要求的每平米涂料的用量、涂膜厚度与涂料材性，事先通过试验确定每道涂料涂刷的厚度，以及每个涂层需要涂刷的遍数。使每道涂料都能实干，从而保证涂膜防水的施工质量。

2. 涂刷间隔时间试验

工艺标准要求后一遍涂料的施工必须等前遍涂料干燥后才可进行，即涂膜层涂刷后需要一定的间隔时间。各种防水涂料都有不同的干燥时间，干燥有表干和实干之分。因此，在施工前必须根据气候条件，经试验确定每遍涂刷的涂料用量和间隔时间。

薄质涂料每遍涂层，表干时实际上已基本达到实干，因此可用表干时间来控制涂刷的间隔时间。涂膜的干燥快慢与气候有较大关系，气温高，干燥就快；空气干燥、湿度小，且有风时，干燥也快。一般北方常温下 2～4h 即可干燥，南方湿度较大的季节，2～3d 也不一定能干燥。因此涂刷的间隔时间应根据气候条件来确定。

（三）特殊部位附加增强处理

在涂料大面积涂布前应先作特殊部位附加增强处理，不同部位的附加增强如下。

1. 板端缝

在板端缝处应设置空铺附加层，以增加防水层参与变形的区域，每边距板缝边缘不得小于 80mm；为保证附加层的空铺，可行的做法是利用聚乙烯薄膜空铺在板端缝上作缓冲层加以隔离，如图 7-2

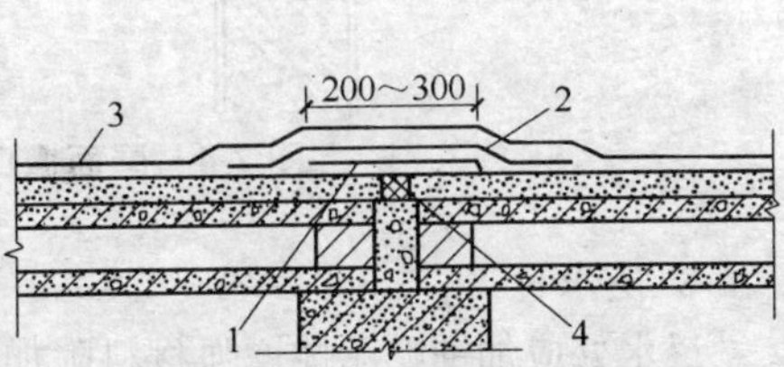

图 7-2 板端缝缓冲层做法

1. 聚乙烯薄膜 2. 附加层 3. 防水层 4. 密封材料

所示。

2. 天沟、檐沟

天沟、檐沟与屋面交接处应加铺贴胎体增强材料附加层，此附加层宜空铺，空铺宽度应不小于200mm，如图7-3所示。

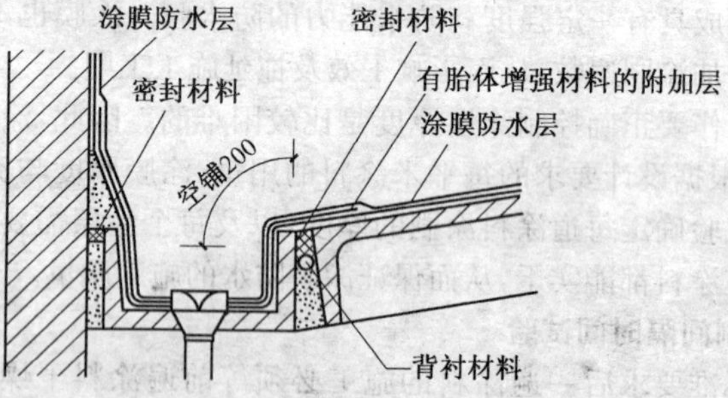

图7-3 屋面天沟、檐沟处理

3. 檐口

无组织排水檐口的涂膜防水层收头，应用防水涂料多遍涂刷或用密封材料封严(图7-4)。檐口下端应做滴水处理。

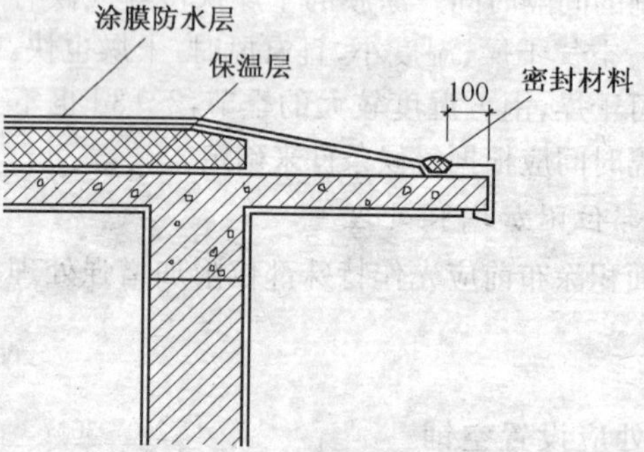

图7-4 屋面檐口处理

4. 泛水

泛水处应加铺贴胎体增强材料附加层，其上面的涂膜应涂布至女儿墙压顶下，压顶处可采用铺贴卷材或涂布防水涂料做防水处理，也可采取涂料沿女儿墙直接涂过压顶的做法，如图7-5所示。

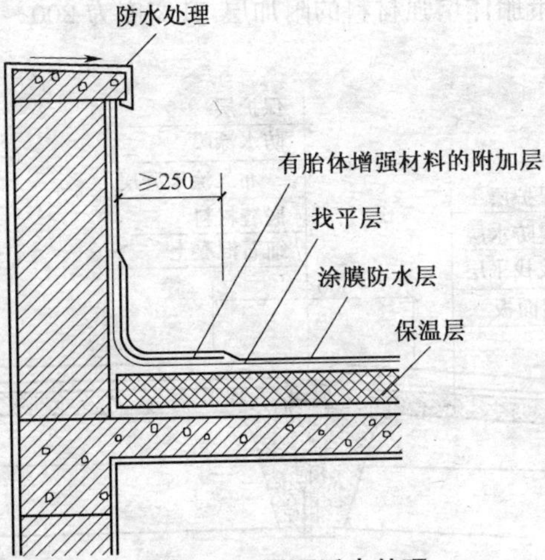

图 7-5 屋面泛水处理

5. 变形缝

变形缝内应填充泡沫塑料，其上放衬垫材料，并用卷材封盖；顶部应加扣混凝土盖板或金属盖板。屋面变形缝防水构造如图 7-6 所示。

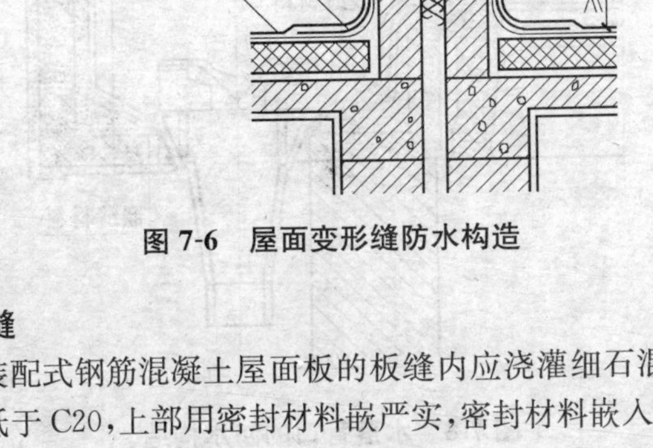

图 7-6 屋面变形缝防水构造

6. 板缝

预制装配式钢筋混凝土屋面板的板缝内应浇灌细石混凝土，其强度等级不低于 C20，上部用密封材料嵌严实，密封材料嵌入深度应大于

20mm，并增设带胎体增强材料的附加层，其宽度为 200～300mm，如图 7-7 所示。

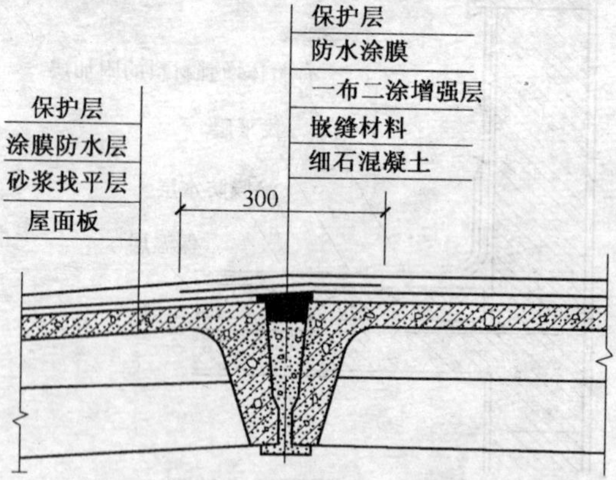

图 7-7 预制钢筋混凝土板接缝处理

7. 水落口

水落口外应先用 C20 细石混凝土找坡，再用厚 20mm、1∶2 水泥砂浆抹面，水落口周围应用密封材料嵌严实，其构造见图 7-8。

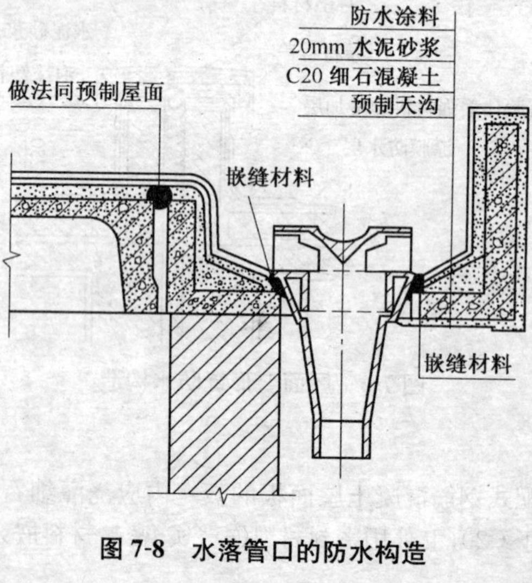

图 7-8 水落管口的防水构造

8. 管道与屋面板交接处

管道与屋面板交接处应用密封材料嵌严实，增设带胎体增强材料的附加层。涂膜收头处应用防水涂料多遍涂刷封严。其防水构造见图7-9。

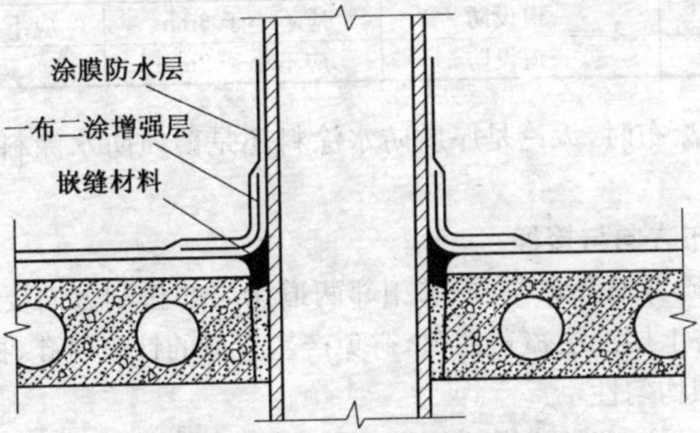

图 7-9 管道出屋面处的防水构造

(四)涂料涂布

待找平层封闭涂层固化干燥后，应先全面仔细检查其涂层上有无气孔、气泡等质量缺陷，若无，即可进行涂布；若有，则应立即修补，然后再进行涂布。为确保涂膜质量，应着重注意下面几点。

1. 涂布顺序合理

(1)涂布防水涂料应按照“先高后低、先远后近、先檐口、后屋脊”的顺序进行。即遇到高低跨屋面，一般先涂布高跨屋面，后涂布低跨屋面，再合理划分施工段，分段应尽量安排在变形缝处。根据运输和操作方便安排施工先后顺序，在每段中要先涂布较远部分，后涂布较近屋面；先涂布排水集中的水落口、天沟、檐沟，再往高处涂布至屋脊或天窗下。

(2)涂层应按分条间隔方式或按顺序倒退方式涂布，分条间隔宽度应与胎体增强材料宽度一致。涂布完后，涂层上严禁上人踩踏走动。

2. 薄涂多遍，确保厚度

(1)涂膜应分层、分遍涂布，应待前一遍涂层干燥或固化成膜后，并认真检查每一遍涂层表面确无气泡、无皱褶、无凹坑、无刮痕等缺陷时，方可进行后一遍涂层的涂布。每层的涂膜厚度应符合表 7-9 的规定。

表 7-9 涂膜厚度选用表

屋面防水等级	设防道数	高聚物改性沥青防水涂料	合成高分子防水涂料
Ⅰ	三道或三道以上设防	—	应不小于 1.5mm
Ⅱ	二道设防	应不小于 3mm	应不小于 1.5mm
Ⅲ	一道设防	应不小于 3mm	应不小于 2mm
Ⅳ	一道设防	应不小于 2mm	—

(2)在涂布时，无论是厚质防水涂料还是薄质防水涂料，均不得一次涂成。

3. 涂布方向与接槎

(1)为确保涂膜致密，要求相邻两道涂层的涂刷方向要相互垂直，下道涂层将上层涂层覆盖严密，避免产生直通的针眼气孔，提高防水层的整体性和均匀性。

(2)每遍涂布时，应退槎 50～100mm，接槎时应超过 50～100mm，避免在接槎处涂层过薄，发生渗漏。

4. 大面积涂布

涂料涂刷可采用棕刷、长柄刷、圆辊刷、塑料或胶皮刮板等进行人工涂布，也可采用机械喷涂。

用刷子涂刷一般采用蘸刷法，也可边倒涂料边用刷子刷。涂布时应先涂立面，后涂平面，涂布立面最后采用蘸涂法，使之涂刷均匀一致。涂刷时要注意以下几点：

(1)倒料时要注意控制涂料均匀倒洒，不可在一处倒得过多，否则涂料难以刷开，会出现厚薄不均现象。

(2)涂刷时不能将空气裹进涂层中，如发现气泡应立即消除。

(3)涂刷遍数必须按事先试验确定的遍数进行，切不可为了省事、省力而一遍涂刷过厚。同时，前一遍涂层干燥后应将涂层上的灰尘、杂质清理干净后再进行后一遍涂层的涂刷。

(4)涂料涂布应分条或按顺序进行。分条进行时。每条宽度应与胎体增强材料的宽度相一致，以免操作人员踩坏刚涂好的涂层。每次涂布前，应严格检查前遍涂层有无气泡、露底、漏刷、胎体增强材料皱褶、翘边、杂物混入等缺陷。如有应先进行修补后，再涂布后一遍涂层。

(5)涂布涂料时,涂刷致密是保证质量的关键。刷基层处理剂时要用力薄涂,涂刷后续涂料时则应按规定的涂层厚度(通过控制材料用量)均匀、仔细地涂刷。各道涂层之间的涂刷方向应相互垂直,以提高防水层的整体性和均匀性。

5. 铺贴胎体增强材料

铺贴胎体增强材料应在涂布第二遍涂料的同时或在第三遍涂料涂布前进行。胎体增强材料应尽量顺屋脊方向铺贴,以方便施工,提高劳动效率。

胎体增强材料可采用湿铺法或干铺法施工。

(1)湿铺法。湿铺法就是边倒料、边涂刷、边铺贴的操作方法。施工时先在已干燥的涂层上,用刷子将涂料仔细刷匀,然后将成卷的胎体增强材料平放在屋面上,逐渐推滚铺贴于刚刷上涂料的屋面,用辊刷滚压一遍,务必使全部布眼浸满涂料,使上下两层涂料能良好结合,确保其防水效果。铺贴好的胎体增强材料不得有皱褶、翘边、空鼓等现象,也不得有露白现象。

(2)干铺法。即在前一遍涂层成膜后,直接铺设胎体增强材料,并在其已展平的表面用橡胶刮板均匀满刮一遍防水涂料,也可将胎体增强材料按要求在已干燥的涂层上展平后,先在边缘部位用涂料点粘固定,然后再在上面满刮一道涂料,使涂料浸入网眼渗透到已固化的涂膜上。

采用干铺法铺贴的胎体增强材料如表面有露白时,即表明涂料用料不足,应立即补刷。如发现有皱褶、翘边和空鼓时,一定要用剪刀剪破,经局部修补后才能进行下道工序的施工。第一层胎体增强材料应越过屋脊 400mm,第二层应越过 200mm,搭接缝应压平,否则容易进水。胎体增强材料长边搭接不得小于 50mm,短边搭接不得小于 70mm,搭接缝应顺流水方向或主导风向。采用二层胎体增强材料时,上下层不得互相垂直铺设,且搭接缝应该错开,其错开间距应不小于 1/3 幅宽。

胎体增强材料铺设后,应严格检查表面有无缺陷或搭接不足等毛病,如有应及时修补完整才能在其上面继续涂刷涂料。

根据设计要求可按上述要求铺贴第二层或第三层胎体增强材料,最后表面加涂一遍防水涂料。

6. 收头处理

(1)为了防止收头部位出现翘边现象,所有涂膜收头均应采用防水涂料多遍涂刷密实或用密封材料压边封固,压边宽度不得小于10mm。

(2)收头处的胎体增强材料应裁剪整齐,如有凹槽应压入凹槽,不得有翘边、皱褶、露白等缺陷。否则应先进行处理合格后,再嵌涂密封材料。

(五)涂膜保护层

(1)涂膜保护层应在涂布最后一遍防水涂料的同时进行,即边涂布防水涂料边均匀撒布细砂等粒料。

(2)在水乳型防水涂料层上撒布细砂等粒料时应撒布后立即进行滚压,才能使保护层与涂膜粘结牢固。

(3)采用浅色涂料做保护层时,应在涂膜干燥或固化后才能进行涂布。

(六)检查、清理、验收

(1)涂膜防水层施工完后,应进行全面检查,防水层不应有堆积、裂纹、翘边、鼓泡、分层等现象,涂层厚度应符合设计要求。蓄水试验需等涂层完全干固后方可进行,一般情况下需48h以上。

(2)在涂膜干燥或固化后,应将与防水层粘结不牢且多余的细砂等粉料清理干净。

(3)检查排水系统是否畅通,有无渗漏。

(4)验收。

(七)质量标准

1. 主控项目

(1)防水涂料、胎体增强材料、密封材料和其他材料必须符合质量标准和设计要求。施工现场应按规定对进场的材料进行抽样复验。

(2)涂膜防水屋面施工完后,应经雨后或持续淋水2h的检验。具备做蓄水检验的屋面,应做蓄水检验,蓄水时间不小于24h。必须做到无渗漏、不积水。

(3)天沟、檐沟必须保证纵向找坡符合设计要求。

(4)细部防水构造(如:天沟、檐沟、檐口、水落口、泛水、变形缝和伸出屋面的管道)必须严格按照设计要求施工,必须做到全部无渗漏。

2. 一般项目

(1)涂膜防水层

①涂膜防水层应表面平整、涂布均匀，不得有流淌、皱褶、鼓泡、裸露胎体增强材料和翘边等质量缺陷，发现问题，及时修复。

②涂膜防水层与基层应粘结牢固。

③涂膜防水层的平均厚度应符合规定和设计要求，涂膜最小厚度应不小于设计厚度的80%。采用针测法或取样量测方式检验涂膜厚度。

(2)涂膜保护层

①涂膜防水层上采用细砂等粒料做保护层时，应在涂布最后一遍涂料时，边涂布边均匀铺撒，使相互间粘结牢固，覆盖均匀严密，不露底。

②涂膜防水层上采用浅色涂料做保护层时，应在涂膜干燥固化后做保护层涂布，使相互间粘结牢固，覆盖均匀严密，不露底。

③防水涂膜上采用水泥砂浆、块材或细石混凝土做保护层时，应严格按照设计要求设置隔离层。块材保护层应铺砌平整，勾缝严密，分格缝的留设应准确。

④刚性保护层的分格缝留置应符合设计要求，做到留设准确，不松动。

(八)成品保护

涂膜防水层施工进行中或施工完后，均应对已做好的涂膜防水层加以保护和养护，养护期一般不得少于7d，养护期间不得上人行走，更不得进行任何作业或堆放物料。

(九)安全环保措施

(1)溶剂型防水涂料易燃有毒，应存放于阴凉、通风、无强烈日光直晒、无火源的库房内，并备有消防器材。

(2)使用溶剂型防水涂料时，施工现场周围严禁烟火，应备有消防器材。施工人员应着工作服、工作鞋，带手套。操作时若皮肤上沾上涂料，应及时用蘸有相应溶剂的棉纱擦除，再用肥皂和清水洗净。

第四节　合成高分子防水涂膜施工

一、合成高分子防水涂膜施工的一般规定

(一)基层要求

(1)屋面基层应干燥。

(2)屋面板缝处理应符合高聚物改性沥青防水涂膜施工的规定。

(3)基层处理剂应充分搅拌,涂刷均匀,覆盖完全,干燥后方可进行涂膜施工。基层处理剂施工参照高聚物改性沥青防水涂膜施工的有关要求进行。

(二)涂膜施工要求

合成高分子防水涂膜施工除应符合高聚物改性沥青防水涂膜施工的规定外,还应符合下列规定:

(1)可采用刮涂或喷涂施工。当采用刮涂施工时,每遍刮涂的推进方向宜与前一遍互相垂直。

(2)多组分材料应按配合比准确计量,搅拌均匀,已配好的多组分涂料应及时使用。配料时可适量加入缓凝剂或促凝剂来调节固化时间,但不得混入已固化的涂料。

(3)在涂层中夹铺胎体增强材料时,位于胎体增强材料下面的涂层厚度宜不小于 1mm,胎体上层应涂刷两遍以上。

(4)当采用彩色涂料做保护层时,应在涂层固化后再涂刷涂料。当采用水泥砂浆、细石混凝土或块材做保护层时,应符合沥青基卷材施工的规定。

(5)合成高分子防水涂膜施工的气候条件应符合高聚物改性沥青防水涂膜施工的规定。

合成高分子防水涂料的品种较多,其施工工艺大同小异,下面以焦油聚氨酯防水涂料施工为例,介绍其一般施工工艺。

二、焦油聚氨酯防水涂料施工

(一)工艺流程

可参考高聚物改性沥青防水涂膜的工艺流程。

(二)施工准备

1. 技术准备

同高聚物改性沥青防水涂膜施工的有关技术准备。

2. 材料准备

(1)涂料配制:部分焦油聚氨酯防水涂料的配合比见表 7-10。

表 7-10　部分焦油聚氨酯防水涂料的配合比

产品名称	规　格	色　泽	配合比(质量比)		备注
			甲组分	乙组分	
851 焦油聚氨酯		黑色	1	2	
MS-851 聚氨酯弹性防水涂料			1	1.8±0.2	
PUT-102 焦油聚氨酯防水涂料		铁红、草绿、黑色		2	
881-1 型防水涂料		黑色		2	
聚氨酯涂膜防水涂料(长城牌)	1号	黑色		1	
	2号	黑色		1.5	
	3号	黑色		2.0	
	4号	黑色		2.5	
	5号	黑色		3.0	

配比时要注意:称量要准确,主剂与固化剂的偏差均应小于±5%,混料时应先将主剂放入搅拌容器内,随之加入固化剂,并立即用电动搅拌器搅拌均匀,搅拌时间一般为 3～5min。涂料一般由稠变稀,色泽由深蓝、深绿变黑变亮,以黑亮为准。搅拌器采用圆型为宜,应保持清洁、干燥。

(2)腻子配合比:涂料∶填料=4∶1～3。

(3)增强材料:为涤纶布,规格为工业用 120-13 涤纶布。

3. 施工机具准备

应准备的主要机具有:电动搅拌器 2 台,台秤 2 台,塑料圆底搅拌桶 4～6 只,吹风机(含吸尘器)2 台,扫帚,布拖把,胶木或橡胶刮板,铲刀,刷子,钢凿,锤子,剪刀,游标卡尺等。

4. 基层要求及处理

(1)基层要求坚固、平整,表面无起砂、疏松、蜂窝、麻面等缺陷。

(2)基层上的泥土、浮尘、油污、落地灰及老化部分必须清除干净,低洼破损处应按要求进行修补。

(3)基层的含水率不得大于 8%。当基层含水率较高,或环境湿度大于 85%时,应在基层表面涂刷一层潮湿隔离剂。

(三)特殊部位处理

大面积涂刷合成高分子防水涂料前,应先对特殊部位进行增强处理。

(1)立管、预埋件与涂膜防水层相交处，首先用钢丝刷和溶剂将管壁周围的杂物清除干净，如为塑料管，应用钢丝刷和砂纸将其表面打毛，再在管的四周用腻子嵌缝，并加贴涤纶布增强层，外涂聚氨酯防水涂料向管壁延伸至 150mm 高，大面积涂刷涂料时，加高至 250mm。

(2)墙角处应做成圆弧形，圆弧处空铺一层附加层，在附加层上先刷涂料一遍，涂膜向墙面延伸至 80mm 高。待大面积施工时第一道涂料向墙面延伸至 60mm 高，第二道再延伸至 250mm 高。

(3)其他特殊部位的增强处理要求参考高聚物改性沥青防水涂膜施工中相关的要求。

(四)焦油聚氨酯防水涂料涂布

1. 涂料用量控制

焦油聚氨酯防水涂膜总厚度一般为 1.5～3.0mm，分 2～3 遍涂刷，每遍涂刷的时间间隔，夏季 8h 以上；冬季 24h 以上。每遍涂刷的材料用量，第一遍为 0.7～0.8kg/m^2，最后一遍为 0.6kg/m^2 左右，中间各遍的涂布用量为 1.0kg/m^2 左右。

2. 涂布

(1)平面涂刷：当面积较大时，将已搅拌均匀的涂料分开倒于基面上，用刮板将涂料均匀摊平，待涂层干燥后，进行全面检查，如有空鼓、气孔、固化不良、裂纹等缺陷，应进行修补，修补好方能涂布下一道涂料。

(2)立面涂布：立面涂刷与平面涂刷不同的地方是，立面一般采用塑料簸箕刮涂。施工时，在塑料簸箕的上口上安装一块橡胶刮板(不安装刮板也可以)，簸箕内装有涂料，簸箕口倾斜与墙面成 60°夹角，自下而上刮涂。一般应涂布两遍，以确保涂膜施工质量。

(3)胎体增强材料的铺设：在防水层要求铺设胎体增强材料时，一般应在第二层涂层刮涂前铺贴。

(五)保护层施工

当采用混凝土保护层时，待防水涂料干燥固化后，应先铺设 0.15mm 厚的聚氯乙烯薄膜，再浇捣 C15 细石混凝土。

(六)施工注意事项

(1)当配合料黏度太大施工困难时，可以加入 5%以下的稀释剂进行稀释,稀释剂的品种应与防水涂料配套相容,加入后应搅拌均匀使用。

(2)配好的涂料应及时使用,一般应控制在 30min 以内。

(3)腻子的填料可选用水泥、石英粉、滑石粉和橡胶粉。

(4)涂料甲、乙两种液体切忌较长时间暴露在空气中,以防自凝。严禁与水接触,以防失效。

第五节　聚合物水泥防水涂膜施工

聚合物水泥防水涂料(简称 JS 复合防水涂料),是近几年发展起来的一大类型,因其技术性能优异、施工简便、经济性好以及符合环保等原因,发展十分迅速,显示出强大生命力。JS 复合防水涂料分为Ⅰ型和Ⅱ型两种,Ⅰ型主要用于非长期浸水环境下的防水工程;Ⅱ型主要用于长期浸水环境下的防水工程。另外,该种材料如按一定比例将液料与粉料进行混合,并加适量水分调成腻子状,则也可用作粘结材料或密封材料。

一、产品主要特点和性能

(一)技术特点

(1)能在潮湿或干燥多种材质(如砖石、混凝土、木材、金属、玻璃、沥青、卷材等)的基面上直接施工。

(2)涂层坚韧、高强度,耐水性、耐候性、耐久性优异;能耐 140℃高温,尤其适用于道路、桥梁防水,并可加颜料以形成彩色涂层。

(3)在常温条件下施工,涂料可以自行干燥,维修方便。

(4)无毒、无味、无污染、施工简单、工期短,属于环保型产品,使用安全,对环境和人员无任何危害。

(5)产品能在立面、斜面和顶面上施工不流淌。

(6)与各种建筑材料具有很好的附着性,能形成整体无缝致密稳定的弹性防水层。

(7)可用时间:JS-Ⅰ型和 JS-Ⅱ型在液:粉:水配合比分别为 10:10:0～2 和 10:20:0.5～3,以及环境温度为 20℃的露天条件下,涂料可用时间约 3h。现场环境温度低,可用时间长些;反之短些。涂料过时稠硬后,不可加水再使用。

(8)干固时间:JS-Ⅰ型和 JS-Ⅱ型在液:粉:水配合比分别为 10:10:

0～2和10∶20∶0.5～3，以及环境温度为20℃的露天条件下，涂层干固时间为2～6h。现场环境温度低、湿度大、通风差，干固时间长些；反之短些。在特别潮湿又不通风的环境中，干固时间会很长，甚至不干。

(9)聚合物水泥防水涂料的本色为乳白色，加占涂料质量5%～10%的颜料，可制成各种彩色涂层。颜料应选用中性的无机颜料(建议选用氧化铁系列)，选用其他颜料需先经试验确认无异常现象后方可使用。

(二)产品性能

该产品为双组分，经分别搅拌后其液体组分应为无杂质、无凝胶的均匀乳液；固体组分应为无杂质、无结块的粉末。产品的物理性能应符合表7-11的要求。

表7-11 聚合物水泥防水涂料物理性能

试验项目			技术指标	
			Ⅰ型	Ⅱ型
固体含量(%)		≥	65	
干燥时间	表干时间(h)	≤	4	
	实干时间(h)	≤	8	
拉伸强度	无处理(MPa)	≥	1.2	1.8
	加热处理后保持率(%)	≥	80	80
	碱处理后保持率(%)	≥	70	80
	紫外线处理后保持率(%)	≥	80	80
断裂伸长率	无处理(%)	≥	200	80
	加热处理(%)	≥	150	65
	碱处理(%)	≥	140	65
	紫外线处理(%)	≥	150	65
低温柔性(绕ϕ10mm棒)			-10℃无裂纹	—
不透水性(0.3MPa，30min)			不透水	不透水
潮湿基面粘结强度(MPa)		≥	0.5	1.0
抗渗性(背水面，MPa)		≥	—	0.6

二、防水涂膜施工工艺

(一)工艺流程

聚合物水泥防水涂料有P3(三层)、P4(四层)、Q5(设增强层)三种工法，不同的防水工程可以根据设计要求采用对应的施工方法。三种工法的涂层结构、适用范围、工艺流程、涂料用量等详见表 7-12。

表 7-12　东海牌 JS 防水涂料工法

工法	P3(三层)工法	P4(四层)工法	Q5(增强层)工法
适用范围	用于厕浴间、内外墙等防水工程	用于地下、水地、隧道等防水工程	用于屋面防水工程以及异形部位(例如管根、墙根、雨水口、阴阳角等)的增强
涂层结构简图	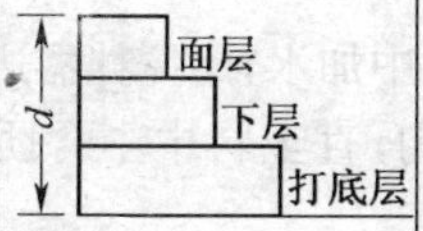	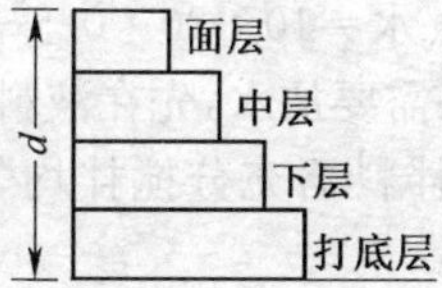	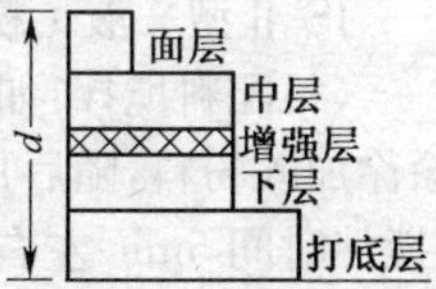
施工工序	打底层→下层→面层	打底层→下层→中层→面层	打底层→下层→增强层→中层→面层
涂料用量	打底层 0.3kg/m² 下层 0.9kg/m² 面层 0.9kg/m² 总用料量 2.1kg/m² 厚度(*d*)0.8～1mm	打底层 0.3kg/m² 下层 0.9kg/m² 中层 0.9kg/m² 面层 0.9kg/m² 总用量 3.0kg/m² 厚度(*d*)1.2～1.4mm	打底层 0.3kg/m² 下层 0.9kg/m² 中层 0.9kg/m² 面层 0.9kg/m² 总用料量 3.0kg/m² 厚度(*d*)1.3～1.5mm

(二)施工准备

1. 技术准备

同高聚物改性沥青防水涂膜施工的有关技术准备。

2. 施工工具

(1)清理基面工具:开刀、凿子、锤子、钢丝刷、扫帚、抹布;

(2)称料配料工具:台秤、水桶、称料桶、拌料器、剪刀;

(3)涂覆工具:滚子(用于涂覆较稀的料和大面积平面施工)、刷子(用于涂覆较稠的料和小面积局部施工)。

3. 基面处理

基面要求必须平整、牢固、干净、无明水、无渗漏,凹凸不平及裂缝处需先找平,渗漏处需先进行堵漏处理(推荐使用"水不漏"进行基面处理),阴阳角应做成圆弧角。

4. 配料

(1)配合比:打底层涂料质量配合比应根据所选用的产品型号确定。

JS-Ⅰ型 液∶粉∶水=10∶10∶14

JS-Ⅱ型 液∶粉∶水=10∶20∶14

其余涂层质量配合比:

JS-Ⅰ型 液∶粉∶水=10∶10∶0～2

JS-Ⅱ型 液∶粉∶水=10∶20∶0.5～3

(2)配料搅拌:如果需要加水,先在液料中加水,用搅拌器边搅拌边徐徐加入粉料,随后用拌料器充分搅拌均匀,直至料中不含团料为宜(搅拌时间5min左右)。

彩色涂层中颜料的掺加量控制在粉料质量的10%以下,加水量应在规定范围内。在斜面、顶面或立面上施工,为了能挂住足够的涂料,应不加或少加些水,平面施工为了涂膜平整可多加些水。

(三)涂料涂布

(1)根据选定的工法,按照打底层→下层→无纺布→中层→面层的次序逐层完成。各层之间的时间间隔以前一层涂膜干固不粘为准。对于Q5工法,其下层、增强层和中层需连续施工,不能间隔。增强层要铺贴平直。

(2) 用滚子或刷子涂覆,若涂料(尤其是打底料)有沉淀时应随时搅拌均匀,每次蘸料时,先在料桶底部搅动几下,以免沉淀。

(3)涂覆要尽量均匀,不能有局部沉淀,并要求多滚刷几次使涂料与基层之间不留气泡,粘结严实。

(4)每层涂覆必须按规定用量取料,切不能过厚或过薄,若最后防水层厚度不够,可加涂一层或数层。

(5)增强层可选用50～100g/m^{2}的聚酯长纤维无纺布或优质玻璃纤维网格布。

(6)施工中间休息或施工结束时,应及时用水清洗沾有涂料的工器具和工作服。否则,等涂料干固后很难洗净。

(四)保护层或装饰层施工

保护层或装饰层施工,需在防水层完成48h后进行。在立面上抹砂浆时,为了方便砂浆与防水层的粘结,可在防水层最后一遍涂覆后。立即撒上干净的中粗砂。当粘贴块材(如瓷砖、马赛克、大理石等)时,将JS复合防水涂料按液料∶粉料=10∶15～20调成腻子状。即可用作粘结剂。如按液料∶粉料=10∶25～30调成腻子状时,也可用作密封材料。

(五)工程验收

防水层不应有堆积、裂纹、翘边、鼓泡、分层等现象,涂层厚度应符合设计要求。蓄水试验需等涂层完全干固后方可进行,一般情况下需48h以上,在特别潮湿又不通风的环境中需要更长时间。

三、旧屋面返修或维修

(一)屋面返修

对已失去防水功能的旧屋面可采用JS防水涂料进行返修,施工简便、造价经济、与旧屋面基层粘结可靠,在Ⅱ、Ⅲ级防水建筑屋面返修时可优先使用。

1. 原屋面基层处理

(1)原屋面基层如发现有起鼓时,应将保护层及防水层全部敲掉,重新补做水泥石屑找平层。

(2)对于较大裂缝但基层未松动的部位,则应将裂缝处剔凿成宽度和深度均不小于10mm的沟槽,清除槽中的浮土杂物,随后在槽内嵌填密封材料。

2. 修复

原屋面基层处理好后,用P3或Q5工法(视工程重要性而定)涂覆防水涂料。新做防水层必须与原有防水层搭接严实,并经过蓄水试验。确认无渗漏后,最后做保护层。

(二)屋面日常维修

采用JS防水涂料进行屋面日常维修施工简便、效果良好。对屋面较小的裂缝,可先剔除表面保护层,使裂缝暴露,并清除裂缝中浮灰杂物,随后在其洇湿的表面,用JS防水涂料按P3施工工艺涂布防水层,经蓄水试验合格后,最后修复表面保护层。

四、涂膜防水屋面质量通病及防治

涂膜防水屋面常见质量问题有屋面渗漏,粘结不牢,防水层出现裂缝、脱皮、流淌、鼓泡等,保护层材料脱落以及防水层破损等缺陷,其原因分析与防止方法见表7-13。

表7-13　涂膜防水屋面常见质量问题与防治方法

项次	项目	原因分析	防治方法
A	屋面渗漏	1. 屋面积水，排水系统不通畅	主要是设计问题。屋面应有合理的分水和排水措施，所有檐口、檐沟、天沟、水落口等应有一定排水坡度，并切实做到封口严密，排水通畅
		2. 设计涂层厚度不足，防水层结构不合理	应按屋面规范中防水等级选择涂料品种与防水层厚度，以及相适应的屋面构造与涂层结构
		3. 屋面基层结构变形较大，地基不均匀沉降引起防水层开裂	除提高屋面结构整体刚度外，在保温层上必须设置细石混凝土（配筋）刚性找平层，并宜与卷材防水层复合使用，形成多道防线
		4. 节点构造部位封固不严，有开缝、翘边现象	主要是施工原因。坚持涂嵌结合，并在操作中务必使基面清洁、干燥，涂刷仔细，密封严实，防止脱落
		5. 施工涂膜厚度不足，有露胎体、皱皮等情况	防水涂料应分层、分次涂布，胎体增强材料铺设时不宜拉伸过紧，但也不得过松，以能使上下涂层粘结牢固为度
		6. 防水涂料含固量不足，有关物理性能达不到质量要求	在防水层施工前必须抽样检查，复验合格后才可施工
		7. 双组分涂料施工时，配合比与计量不正确	严格按厂家提供的配合比施工，并应充分搅拌，搅拌后的涂料应及时用完
B	粘结不牢	1. 基面表面不平整、不清洁、有起皮、起灰等现象	（1）基层不平整如造成积水时，宜用涂料拌合水泥砂浆进行修补 （2）凡有起皮、起灰等缺陷时，要及时用钢丝刷清除，并修补完好 （3）防水层施工前，应及时将基层表面清扫，并洗刷干净
		2. 施工时基层过分潮湿	（1）应通过简易试验确定基层是否干燥，并选择晴朗天气进行施工 （2）可选择潮湿界面处理剂、基层处理剂等方法改善涂料与基层的粘结性能

续表 7-13

项次	项目	原因分析	防治方法
B	粘结不牢	3. 涂料结膜不良	(1)涂料变质或超过保管期限,应更换 (2)涂料主剂及含固量不足,应重新配制 (3)涂料搅拌不均匀,有颗粒、杂质残留在涂层中间,应重新配制 (4)底层涂料未实干时,就进行后续喷涂层施工,使底层中水分或溶剂不能及时挥发,而双组分涂料则未能充分固化形成不了完整防水膜,应改进操作
		4. 涂料成膜厚度不足	应按设计厚度和规定的材料用量分层、分遍涂刷
		5. 防水涂料施工时突遇下雨	掌握天气预报,并备置防雨设施
		6. 突击施工,工序之间无间歇时间	根据涂层厚度与当时气候条件,试验确定合理的工序间歇时间
C	涂膜出现裂缝、脱皮、流淌、鼓泡、露胎体、皱褶等缺陷	1. 基层刚度不足,抗变形能力差,找平层开裂	(1)在保温层上必须设置细石混凝土(配筋)刚性找平层 (2)提高屋面结构整体刚度,如在装配式板缝内确保灌缝密实;同时在找平层内应按规定留设温度分格缝 (3)找平层裂缝如大于 0.3mm 时,可先用密封材料嵌填密实,再用 10～20mm 宽的聚酯毡作隔离条,最后涂刮 2mm 厚涂料附加层 (4)找平层裂缝如小于 0.3mm 时,也可按上述方法进行处理,但涂料附加层厚度为 1mm
		2. 涂料施工时温度过高,或一次涂刷过厚,或在前遍涂料未实干前即涂刷后续涂料	(1)涂料应分层、分遍进行施工,并按事先试验的材料用量与间隔时间进行涂布 (2)若夏天气温在 30℃以上时,应尽量避开炎热的中午施工,最好安排在早晚(尤其是上半夜)温度较低的时刻操作
		3. 基层表面有砂粒、杂物	涂料施工前应将基层表面清除干净

续表 7-13

项次	项目	原因分析	防 治 方 法
C	涂膜出现裂缝、脱皮、流淌、鼓泡、露胎体、皱褶等缺陷	4. 基层表面未充分干燥，或在湿度较大的气候下操作	可选择晴朗天气下操作；或可选用潮湿界面处理剂、基层处理剂等材料，抑制涂膜中鼓泡的形成
		5. 基层表面不平，涂膜厚度不足，胎体增强材料铺贴不平整	(1)基层表面局部不平，可用涂料掺入水泥砂浆中先行修补平整，待干燥后即可施工 (2)铺贴胎体增强材料时，要边倒涂料、边推铺、边压实平整。铺贴最后一层胎体增强材料后，面层至少应再涂刷二遍涂料 (3)铺贴胎体增强材料时，应铺贴平整，松紧有度。同时在铺贴时，应先将布幅两边每隔 1.5～2.0m 间距各剪一个 15mm 的小口
D	保护材料脱落	保护层材料(如蛭石粉、云母片或细砂等)未经辊压，与涂料粘结不牢	(1)保护层材料颗粒不宜过粗，使用前应筛去杂质、泥块，必要时还应冲洗和烘干 (2)在涂刷面层涂料时，应随刷随洒保护材料，然后用表面包胶皮的铁辊轻轻碾压，使材料嵌入面层涂料中
E	防水层破损	涂膜防水层较薄，在施工时若保护不好，容易遭到破损	(1)坚持按程序施工，待屋面上其他工程全部完工后，再施工涂膜防水层 (2)当找平层强度不足或有酥松、塌陷等现象时，应及时返工 (3)防水层施工后一周以内严禁上人

第六节　其他防水屋面施工

一、刚性防水屋面施工

刚性防水屋面施工是指用细石混凝土、块体材料或补偿收缩混凝土等做防水层，主要依靠混凝土自身的密实性，并采取一定的构造措施(如增加配筋、设置隔离层、设置分格缝，油膏嵌缝等)以达到防水目的。

刚性防水层面主要适用于屋面防水等级为Ⅲ级的工业与民用建筑，也可用作Ⅰ、Ⅱ级屋面多道防水设施中的一道防水层，不适用于设有松散材料保温层的屋面以及受较大振动或冲击的建筑。

（一）细石混凝土防水层施工

1. 工艺流程

细石混凝土防水层施工工艺流程见图 7-10。

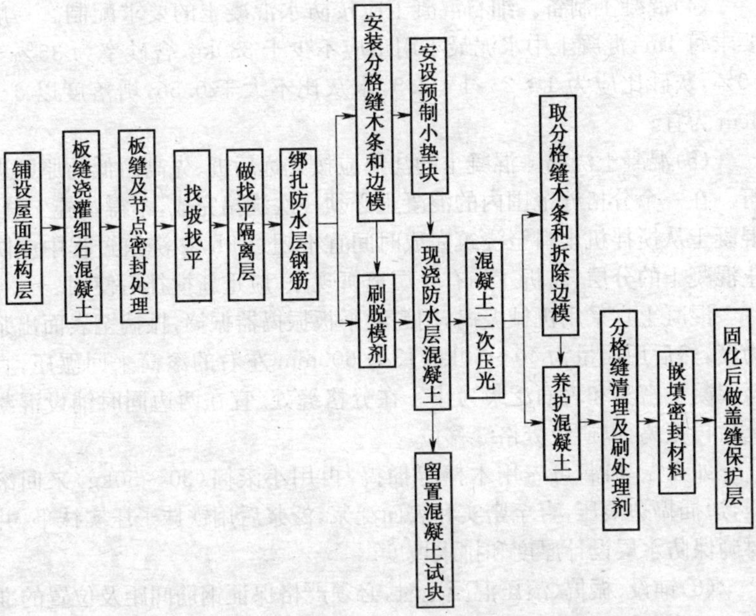

图 7-10　细石混凝土防水层施工工艺流程

2. 操作要点

(1)清理隔离层表面。在浇筑细石混凝土之前，应将隔离层表面浮渣、杂物清除干净；检查隔离层质量及平整度、排水坡和完整性。

(2)按正确位置放好钢筋网片。钢筋网片的位置应放在混凝土内的上部，离防水层上表面 10mm（可用马凳固定），钢丝间距 100～200mm，并在分格缝处断开。绑扎钢筋的搭接长度应大于 30 倍钢筋直径，且不小于 250mm。同一截面内的接头不得超过钢筋面积的 1/4。

(3)支分格缝模板。为了使分格缝位置准确,必须在隔离层上进行弹线,确定分格缝的位置。如遇有花篮梁,应在梁两侧板端均留分格缝。分格缝模板应制成上宽下窄,上口一般为25mm,下口为20mm,事先用水浸透,并刷隔离剂,然后用水泥砂浆固定在隔离层上。

在模板上标出混凝土浇捣厚度(厚度宜不小于40mm)和排水坡度。

(4)混凝土制备。细石混凝土应按防水混凝土的要求配制。一般要求每1m^3混凝土中水泥最小用量应不少于330kg,含砂率为35%~40%,灰砂比应为1∶2~1∶2.5,水灰比不大于0.55,坍落度以3~5cm为宜。

(5)混凝土浇捣。混凝土的浇捣应按先远后近、先高后低的原则进行。在一个分格缝范围内的混凝土必须一次浇捣完成,不得留施工缝。混凝土从搅拌机出料至浇筑完成时间宜不超过2h,在浇筑过程中应防止混凝土的分层、离析。如有分层离析现象,应重新搅拌后使用。

混凝土宜采用机械振捣,用高频平板振捣器振捣,振捣至表面出浆为度,然后用质量为40~50kg、长为600mm左右的滚筒来回碾压,直至混凝土密实和表面泛浆为止。在分格缝处,宜在两边同时铺设混凝土后再振捣,以避免分格缝移位。

如无振动器,可先用木棒等插捣,再用小滚筒(30~50kg)来回滚压,边插捣边滚压,直至密实和表面泛浆,泛浆后用铁抹子压实抹平,并要确保防水层设计厚度和排水坡度。

(6)铺设、振捣、滚压混凝土时,必须严格保证钢筋间距及位置的准确。屋面上用手推车运输时,必须架设运输通道,避免压弯钢筋。

(7)防水层表面处理。混凝土收水初凝后,及时取出分格缝隔板,用铁抹子第二次压实抹光,并及时修补分格缝的缺陷部分,做到平直整齐。抹压时,严禁在表面洒水、加水泥浆或撒干水泥,待混凝土终凝前进行第三次压实抹光,要求做到表面平光、不起砂、不起层、无抹压板痕为止。

(8)混凝土养护。细石混凝土浇筑12~24h后进行养护,养护时间不得少于14d,养护期间必须保持覆盖材料的湿润,并禁止闲人上屋面踩踏或在上继续施工。

(二)补偿收缩混凝土屋面防水层施工

补偿收缩混凝土防水层操作工艺与细石混凝土基本相同，其技术关键是控制膨胀剂掺量、掺入方法、混凝土搅拌时间和养护。

1. 工艺流程

补偿收缩混凝土刚性防水层施工工艺流程见图 7-11。

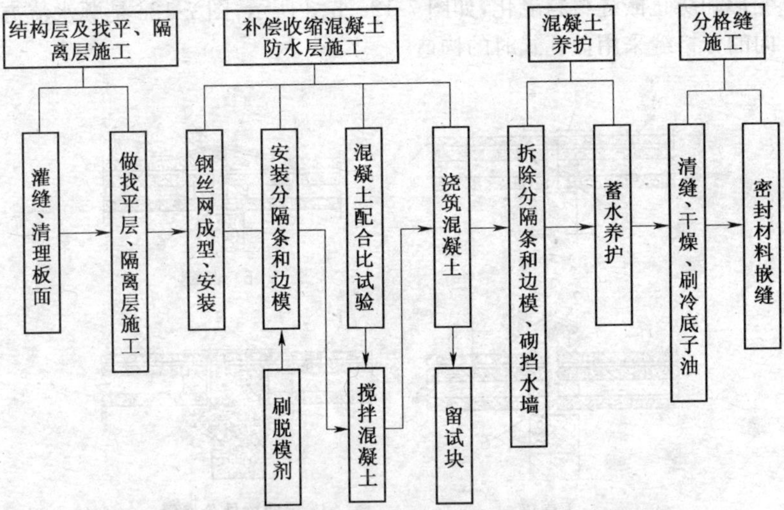

图 7-11　补偿收缩混凝土刚性防水层施工工艺流程

2. 膨胀剂掺量控制

由于膨胀剂的类型不同，混凝土防水层的约束条件和配筋率不同，膨胀剂的掺量也不一样，要求在屋面防水工程中掺用膨胀剂后，补偿收缩混凝土的技术参数为：

自由膨胀率：0.05%～0.1%；

约束膨胀率：稍大于 0.04%(配筋率 0.25%)；

自应力值：0.2～0.7MPa。

3. 掺入方法

混凝土搅拌投料时，膨胀剂与水泥同时投入搅拌。

4. 搅拌时间和养护

搅拌时间应不少于 3min。做好养护工作是确保补偿收缩混凝土防水层施工质量的重要环节，浇水养护时间应不少于 14d。

(三)分格缝、变形缝等细部构造的密封处理

1. 分格缝

细石混凝土和补偿收缩混凝土防水层分格缝宽度宜为 20～40mm。缝内必须嵌填密封材料，上部铺设防水卷材，以适应分格缝的变形和防止嵌缝材料老化，如图 7-12a、b、d 所示，图 7-12c 是顺水流方向的分格缝采用盖瓦式时的构造。

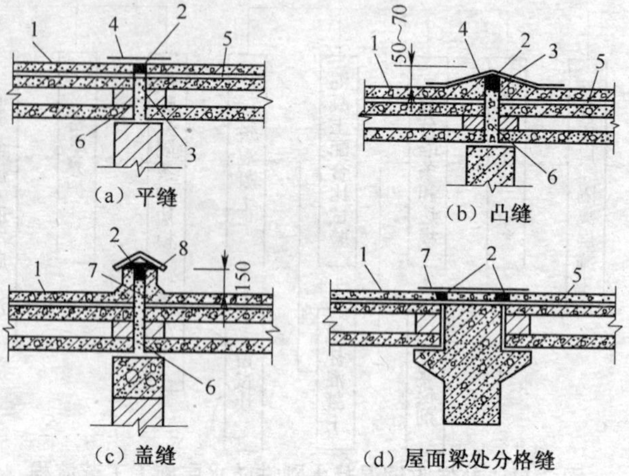

图 7-12 分格缝的构造

1. 刚性防水层 2. 密封材料 3. 衬垫材料 4. 防水卷材 5. 隔离层 6. 细石混凝土 7. 一布二油盖缝 8. 盖瓦

2. 变形缝

变形缝根据相邻房屋的跨高情况分为等高变形缝(图 7-13)和高低跨变形缝(图 7-14)两种。变形缝两侧墙体交接处应留宽度为 30mm 的缝隙，缝内嵌填密封材料。泛水处应铺设卷材或涂膜附加层，变形缝中间应填充泡沫塑料或沥青麻丝，其上填放衬垫材料，并用卷材封盖，顶部应加扣混凝土盖板或金属盖板。

3. 天沟和檐口

天沟、檐口应用水泥砂浆找坡，找坡厚度大于 20mm 时，宜采用细

石混凝土。细石混凝土防水层与天沟、檐口的交接处应留凹槽，并应用密封材料封严，如图 7-15 所示。

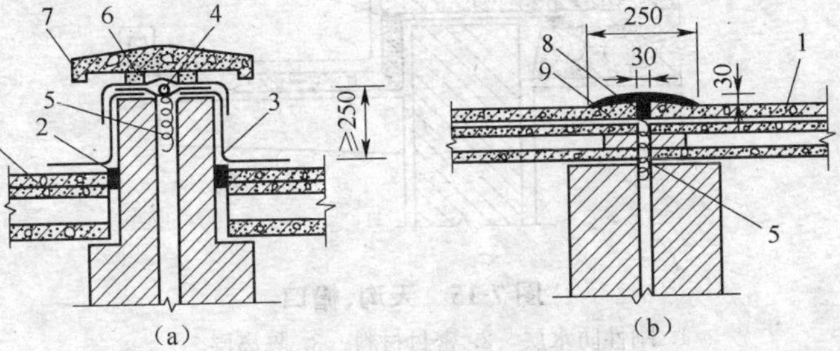

图 7-13　等高屋面变形缝构造

1. 刚性防水层　2. 密封材料　3. 防水卷材　4. 衬垫材料　5. 沥青麻丝　6. 水泥砂浆　7. 混凝土盖板　8. 油膏　9. 二布二油

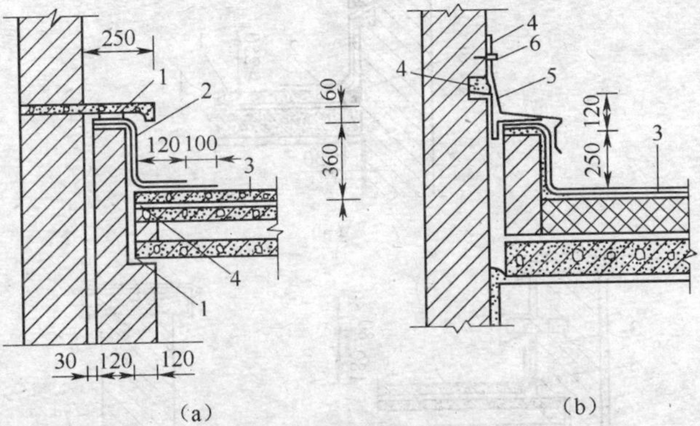

图 7-14　高低屋面变形缝构造

1. 沥青麻丝　2. 二布二油　3. 刚性防水层　4. 密封材料　5. 金属或高分子盖板　6. 金属压条钉子固定

4. 泛水

刚性防水层与山墙、女儿墙以及突出屋面结构的交接处均应做柔性密封处理。

刚性防水层与山墙、女儿墙交接处应留宽度为 30mm 的缝隙，内嵌

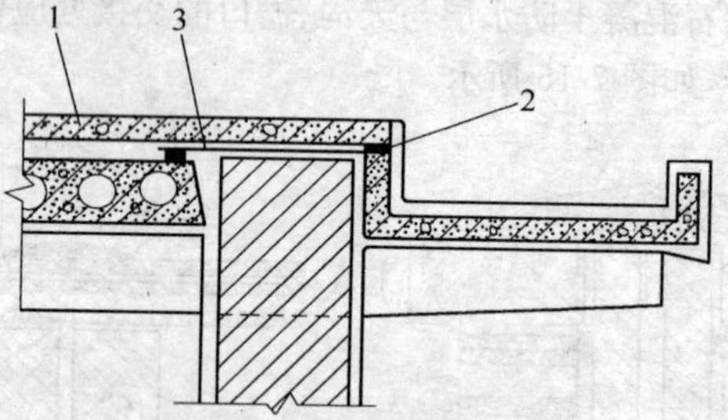

图 7-15 天沟、檐口

1. 刚性防水层 2. 密封材料 3. 隔离层

填密封材料，泛水处应铺设卷材或涂膜防水层，收头做法应符合卷材附加层的相关要求，如图 7-16a 所示。

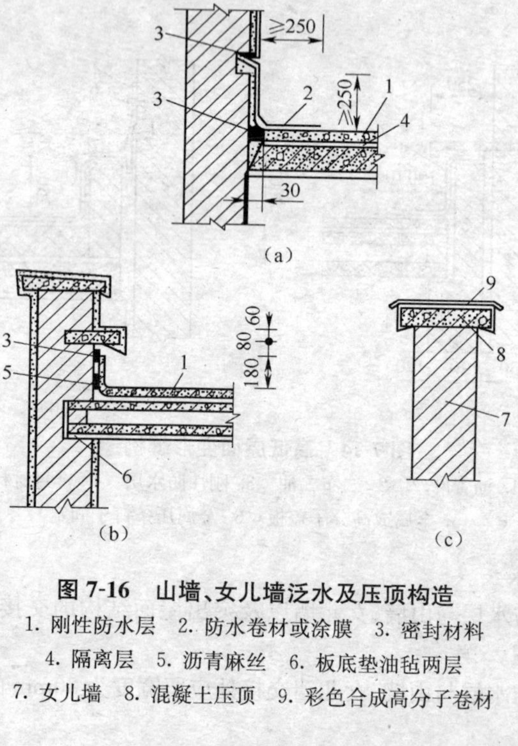

图 7-16 山墙、女儿墙泛水及压顶构造

1. 刚性防水层 2. 防水卷材或涂膜 3. 密封材料
4. 隔离层 5. 沥青麻丝 6. 板底垫油毡两层
7. 女儿墙 8. 混凝土压顶 9. 彩色合成高分子卷材

采用细石混凝土泛水时，其垂直高度不得小于 120mm，并用密封材料嵌填，如图 7-16b 所示。

女儿墙上的砖或预制混凝土压顶上面应采用彩色合成高分子防水卷材或高延伸性防水涂料进行防水处理，以防止因压顶处开裂而引起渗漏，如图 7-16c 所示。

突出屋面结构与刚性防水层的交接处应留设缝隙，用密封材料嵌填，并加设柔性防水附加层，收头应固定密封，如图 7-17 所示。

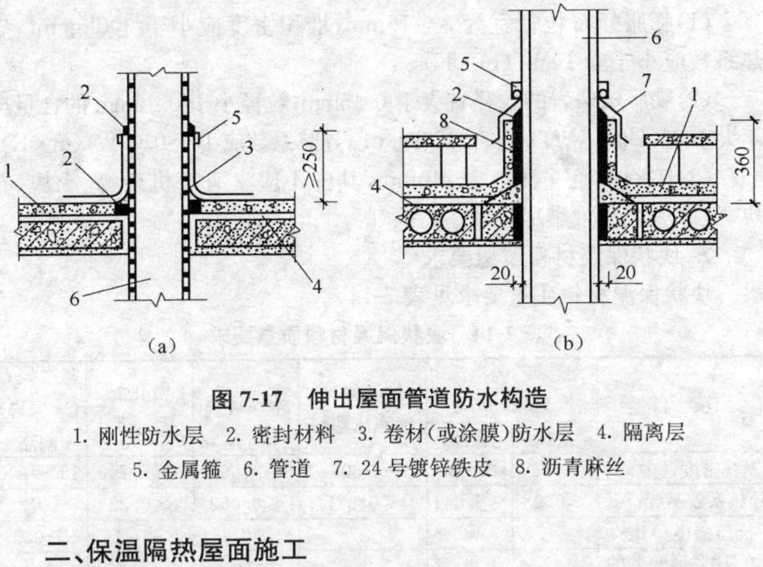

图 7-17 伸出屋面管道防水构造

1. 刚性防水层 2. 密封材料 3. 卷材（或涂膜）防水层 4. 隔离层 5. 金属箍 6. 管道 7. 24 号镀锌铁皮 8. 沥青麻丝

二、保温隔热屋面施工

保温隔热屋面是一种集防水和保温隔热于一体的防水屋面，防水是主要功能，兼顾保温隔热。

保温层可采用松散材料保温层、板状保温层或整体保温层；隔热层可采用架空隔热层、蓄水隔热层、种植隔热层等。

保温隔热屋面的结构层，宜为普通防水钢筋混凝土，配合微膨胀补偿收缩混凝土或预应力混凝土自防水结构。当屋面为装配式钢筋混凝土板时，其板缝应采用微膨胀细石混凝土浇灌。防水砂浆找平层施工后，再做保温隔热层。

保温隔热屋面适用于具有保温隔热要求的屋面工程。当屋面防水等级为Ⅰ级、Ⅱ级时不宜采用蓄水屋面。

（一）保温隔热材料要求

保温隔热屋面施工使用的保温隔热材料有松散保温材料、板状保温材料等。

1. 松散保温材料质量要求

松散保温材料主要品种有膨胀蛭石、膨胀珍珠岩和矿渣等，其质量应符合下列要求：

（1）膨胀蛭石粒径宜为 3～15mm，堆积密度应小于 $300kg/m^3$，导热系数应小于 0.14W/(m·K)。

（2）膨胀珍珠岩的粒径宜大于 0.15mm，粒径小于 0.15mm 的含量应不大于 8%，堆积密度应小于 $120kg/m^3$，导热系数应小于 0.07W/(m·K)。

（3）矿渣粒径一般为 5～40mm，其中不应含有有机杂物、土块、石块、重矿渣块和未燃尽煤块。

2. 块状保温材料质量要求

块状保温材料质量要求见表 7-14。

表 7-14 块状保温材料质量要求

项目	聚苯乙烯泡沫塑料类		硬质聚氨酯泡沫塑料	泡沫玻璃	微孔混凝土类	膨胀蛭石（珍珠岩）制品
	挤压	模压				
表观密度（kg/m^3）	≥32	15～30	≥30	≥150	500～700	300～800
导热系数 W(m·K)	≤0.03	≤0.041	≤0.027	≤0.062	≤0.22	≤0.26
抗压强度（MPa）	—	—	—	≥0.4	≥0.4	≥0.3
在 10%形变下的压缩应力（MPa）	≥0.15	≥0.06	≥0.15	—	—	—
70℃，48h 后尺寸变化率（%）	≤2.0	≤5.0	≤5.0	≤0.5	—	—
吸水率（V/V，%）	≤1.5	≤6	≤3	≤0.5	—	—
外观质量	板的外形基本完整，无严重凹凸不平；厚度允许偏差为 5%，且不大于 4mm					

（二）保温材料配合比

1. 沥青膨胀珍珠岩板配合比及配制方法

沥青膨胀珍珠岩板配合比及配制方法见表 7-15。

表 7-15　沥青膨胀珍珠岩板配合比及配制方法

材料名称	配合比（质量比）	每 m^3 用料		配制方法
		单位	数量	
膨胀珍珠岩	1	m^3	1.84	1. 将膨胀珍珠岩散料倒在锅内不断翻动，预热至 100℃～120℃，然后倒入已熬化的沥青中拌合均匀。沥青熬化温度宜不超过 200℃，拌合温度控制在 180℃以内。 2. 将拌合物倒在铁板上，不断翻动，下降至成型温度(80℃～100℃) 3. 向钢模内撒滑石粉或用水泥袋做隔离层，将拌合物倒入钢模内压料成型
沥青	0.7～0.8	kg	128	

2. 现浇水泥蛭石保护层配合比及配置方法

现浇水泥蛭石保护层配合比及配置方法见表 7-16。

表 7-16　现浇水泥蛭石保护层配合比及配置方法

配合比	每 m^3 水泥蛭石浆用料		表观密度 (kg/m^3)	导热系数 W/(m·K)	抗压强度 (MPa)	配置方法
水泥：蛭石：水（体积比）	水泥 (kg)	蛭石 (L)				
	42.5 普通硅酸盐水泥					1. 将定量的水泥与水均匀调成水泥浆，然后用小桶将水泥浆均匀地泼在定量的膨胀蛭石上，随泼随拌，拌合均匀
1：12：4	110	1300	290	0.087	0.25	
1：10：4	130	1300	320	0.093	0.30	
	42.5 普通硅酸盐水泥					
1：12：3.3	110	1300	310	0.092	0.30	
1：12：3	130	1300	330	0.099	0.35	2. 水灰比一般以 2.4～2.6 为宜（体积比），检查方法是用手紧捏成团不散，并稍有水泥浆滴下时为合适
	42.5 矿渣水泥					
1：12：3.3	110	1300	290	0.870	0.25	
1：12：4	110	1300	290	0.870	0.25	
1：10：4	130	1300	290	0.870	0.25	

3. 现浇珍珠岩灰浆配合比及配制方法

现浇珍珠岩灰浆配合比及配制方法见表 7-17。

表 7-17 现浇珍珠岩灰浆配合比及配制方法

项次	用料体积比		表观密度(kg/m³)	导热系数 W/(m·K)	抗压强度(MPa)	配置方法
	42.5 普通硅酸盐水泥	膨胀珍珠岩堆积密度(120～160 kg/m³)				
1	1	6	548	1.7	0.121	1. 将水泥和珍珠岩按一定配合比干拌均匀，然后加水拌合 2. 水不宜过多，灰浆稠度以外观松散，手紧捏成团不散，挤不出水泥浆或只能挤出少量水泥浆为宜
2	1	8	510	2.0	0.085	
3	1	10	380	1.2	0.080	
4	1	12	360	1.1	0.074	
5	1	14	351	1.0	0.071	
6	1	16	315	0.9	0.064	
7	1	18	300	0.7	0.059	
8	1	20	296	0.7	0.055	

(三)保温层施工

1. 松散材料保温层施工

松散材料保温层主要采用炉渣、膨胀蛭石、膨胀珍珠岩、矿物棉等材料干铺而成。松散材料保温层适用于平屋顶，不适用于有较大振动或易受冲击的屋面。

松散材料保温层施工操作要点如下：

(1)基层应平整、干燥、干净。

(2)保温层含水率不能超过规定要求，若保温材料的含水率超过规定要求，应将其晾干或烘干。采用锯木屑或稻壳有机材料作保温材料时，应事先做防腐处理。

(3)松散材料保温层施工时，松散材料应分层铺设，并适当压实。每层虚铺厚度宜不大于 150mm，压实的程度与厚度应经试验后确定。铺压时不得过分压实，以免影响保温效果。压实后不得直接在保温层上行车或堆放重物，施工人员宜穿软底鞋进行操作。

平面铺设松散材料时，可每隔 800～1000mm 预埋木龙骨，砌半砖矮隔断墙或抹水泥砂浆矮隔断墙一条，以解决找平层问题。

(4)保温层压实后不得直接在保温层上行车或堆放重物，施工人员宜穿软底鞋进行操作。

(5)保温层施工完成后，应及时尽快进行下一道工序的施工，完成上部防水层的施工。在雨季施工的保温层应采取遮盖措施，防止雨淋保温层。

2. 板材保温层施工

板材保温层是用泡沫混凝土板、加气混凝土板、矿物棉板、蛭石板、有机纤维板、木丝板、聚苯板等铺设而成。适用于整体封闭式保温层，带有一定坡度的屋面。

板材保温层施工要按照下列要求进行：

(1)铺设块状保温层的基层应平整、干燥、干净。块状保温材料要防止雨淋受潮，要求板形完整，不碎不裂。

(2)保温层的铺设可采取干铺和粘贴两种方法。当采用干铺方法时，干铺的块状保温材料应紧靠在需保温的基层表面上，并应铺平垫牢。分层铺设的板块，上下层接缝应相互错开，板间缝隙应用同类材料嵌填密实。

采用粘贴方法铺设板状保温材料时，应粘严、铺平。用玛帝脂及其他胶结材料粘贴时，板状材料相互之间和基层之间，均应满涂胶结材料，以便相互粘牢。玛帝脂的加热温度应不高于 240℃，使用温度不宜低于 190℃。

若用水泥砂浆粘贴板状保温材料时，板间缝隙应采用保温灰浆填实并勾缝。保温灰浆的配合比(体积比)为：1∶1∶10(水泥∶石灰膏∶同类保温材料的碎粒)。

3. 整体现浇保温层施工

整体现浇保温层施工主要采用炉渣、矿渣、陶粒、膨胀蛭石、珍珠岩等材料为骨料，以石灰或水泥为胶凝材料现浇而成。由于保温层的含水率较大，仅适用于非封闭式保温层，不宜用于整体封闭式保温层。

整体现浇保温层的铺设厚度应符合设计要求，表面平整，并达到规定的强度，但不能过分压实，以免降低保温效果。

不同材料的现浇保温层施工要求稍有不同，水泥膨胀蛭石、水泥膨胀珍珠岩保温层的施工应符合下列规定：

(1)应采用人工拌合，先将水泥与水调成水泥浆，然后均匀泼在定量的膨胀蛭石、膨胀珍珠岩上，拌合均匀，随拌随铺。

(2)分仓铺抹。每仓宽度700～900mm，可用木条分格，控制宽度。每隔4～6m应设置分格缝，分格缝不得填死。

(3)按设计和试验确定的虚铺厚度控制铺设厚度，铺后拍实抹平。

(4)压实抹平后，应立即做找平层，以保护保温层。

整体沥青膨胀蛭石、沥青膨胀珍珠岩保温层施工应符合以下规定：

(1)沥青的加热温度应不高于240℃，膨胀蛭石或膨胀珍珠岩的预热温度宜为100℃～120℃。

(2)沥青膨胀蛭石、沥青膨胀珍珠岩宜用机械搅拌，并应色泽一致，无沥青团。

(3)压实程度由试验确定，厚度应符合设计要求。

(4)分仓铺抹。每仓宽度700～900mm，可用木条分格，控制宽度。每隔4～6m应设置分格缝，分格缝不得填死。

(5)温度低于－10℃不宜施工。雨天、雪天和五级风以上天气，不得施工。

(四)隔热屋面施工

隔热屋面有架空隔热屋面、蓄水屋面、种植屋面、倒置式屋面、排气屋面等形式。

1. 架空隔热屋面施工要点

(1)先将屋面清扫干净，然后根据架空板的尺寸，弹出支座中心线。

(2)布置支座。支座的布置应整齐划一，条形支座应沿纵向平直排列；点式支座应沿纵横向排列整齐，保证通风良好。支座宜采用水泥砂浆砌筑，其强度等级为M5。

(3)铺设架空板时，应将防水层上的落灰、杂物随时扫除干净，以保证架空隔热层气流畅通。

(4)架空板的铺设应平整、稳固，缝隙宜采用水泥砂浆或水泥混合砂浆嵌填，并按设计要求留变形缝。

(5)操作时不得损坏已完工的防水层。

2. 蓄水屋面施工要点

(1)蓄水屋面的所有孔洞应预留,不得后凿。防水层施工前,应将所有的给水管、排水管和溢水管安装完毕。

(2)每个蓄水区的防水混凝土应一次浇筑完成,不得留施工缝。立面和平面的防水层应同时做好,确保不渗漏。

(3)屋面板的质量要求要严格,其强度、密实性均应符合设计要求。结构层嵌填密封材料后,应做充水试验,无渗漏后再做上部防水层。

(4)刚性防水层的材料要求:水泥强度不低于 42.5 号的普通硅酸盐水泥;水灰比 0.5～0.55;砂子用中砂或粗砂,含泥量不大于 2%;石子粒径宜为 5～20mm,含泥量不大于 1%;混凝土强度等级不低于 C20。

(5)施工温度宜为 5℃～35℃,应避免在 0℃以下或烈日暴晒下施工。

(6)刚性防水层完工后应及时养护,蓄水后不得断水。

3. 种植屋面施工要点

(1)屋面结构层应充分考虑种植介质的荷载,以确保屋面结构的承载能力。种植屋面的坡度宜不大于 3%,以免种植介质流失,可选用陶粒、加气混凝土、泡沫玻璃等轻质材料做找坡层。

(2)卷材防水层可优先采用空铺法、点粘法、条粘法施工,但应确保卷材接缝牢固、封闭严密。

(3)种植屋面四周挡墙施工时,留设的泄水孔位置应正确,并不得堵塞,确保排水畅通。

(4)在砌筑挡墙及覆盖种植介质时,不得损坏已完工的防水层。

(5)种植屋面施工完毕后,在覆土前应进行蓄水试验,静置时间不小于 24h,确认不渗漏后方可覆盖种植介质。种植介质应按设计要求的品种、厚度进行覆盖,严禁超载。

4. 倒置式屋面施工要点

(1)防水层应平整,卷材的搭接长度应符合设计要求。为防止屋面积水,平屋顶的排水坡度应增大至 3%。

(2)板状保温材料的铺设应平稳,拼缝严密,相邻预制板之间应用胶结材料填封密实。

(3)用沥青膨胀珍珠岩做保温层时，应用机械搅拌均匀，沥青和膨胀珍珠岩搅拌均匀后，可用1.8～1.85压缩比压模成型，每m^3珍珠岩可掺入100kg沥青。

(4)采用卵石保护层时，宜在保温层上先铺一层纤维物，纤维物应满铺，不得露底，其上再均匀铺压卵石。

(5)保护层施工时，应采取相关保护措施，避免损坏已完工的保温层和防水层。

三、油毡瓦屋面施工

油毡瓦是一种新型屋面防水材料，适用于防水等级为Ⅲ级、Ⅳ级的屋面防水工程。

(一)一般要求

(1)油毡瓦可铺设在钢筋混凝土或木基层上。

(2)油毡瓦屋面与立墙及突出屋面结构等的交接处，均应做泛水处理。

(3)油毡瓦应边缘整齐、切槽清晰、厚薄均匀；表面应无孔洞、楞伤、裂纹、皱褶和起泡等缺陷。

(4)油毡瓦应在环境温度不高于45℃的条件下保管；应避免雨淋、日晒、受潮，并应注意通风和避免接近火源。

(二)施工工艺

1. 施工准备

(1)材料准备。国内生产的油毡瓦规格一般为1000×333mm，厚度不小于2.8mm，产品示意图见图7-18。其技术指标见表7-18，产品规格和外观质量要求见表7-19和表7-20。

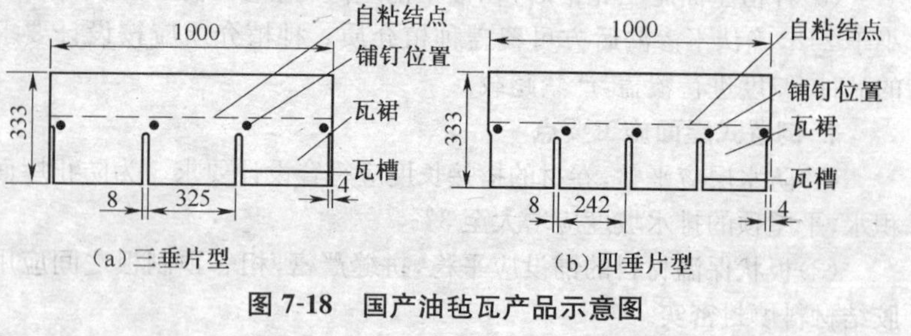

图7-18　国产油毡瓦产品示意图

表 7-18 彩色沥青油毡瓦的技术指标

项目	等级	
	优等品	合格品
可溶物含量(g/m²)	1900	1450
拉力[(25±2)℃纵向](N)≥	340	300
耐热度(℃)	85±2	
	受热 2h 涂盖层应无滑动和集中性气泡	
柔度	10℃	
	绕半径 35mm 圆棒或弯板无裂纹	

表 7-19 油毡瓦的产品规格

规格(mm)	单位面积质量(kg/m²)	覆盖面积	瓦上切槽长(mm)
瓦长 1000 瓦宽 333 瓦厚不小于 2.8	≥4	21 片覆盖 3m²	142

表 7-20 油毡瓦的外观质量要求

规格及质量		外观质量
项目	允许偏差	
长度	优等品±3mm	1. 油毡瓦包装后，在环境温度 10℃～45℃，应易于打开，不得产生脆裂和有破坏油毡瓦面的粘连 2. 玻璃纤维毡必须完全用沥青浸透和涂盖，不能有未经覆盖的纤维 3. 油毡不应有孔洞、边缘切割不齐、裂纹断缝等缺陷 4. 矿物粒料的颜色和粒度必须均匀、紧密地覆盖在油毡瓦的表面 5. 自粘结点距末端切槽的一端不大于 190mm，并与油毡瓦的防粘纸对齐
宽度	合格品±5mm	
厚度	厚度不小于 2.8mm	
质量	每平方米质量 不小于 2.5kg	

根据经验，每 m² 屋面需准备 2.3m² 的油毡瓦。并准备镀锌钢钉(钉头直径为 10mm，长度为 25～32mm)、改性沥青胶粘剂(生产油毡瓦专用胶粘剂)、附加专用油毡等辅助材料。

(2)机具工具。油毡瓦施工需用机具主要有：扫帚、拖布、小平铲(腻子刀)、平角锤、气动射钉枪以及卷尺、水平尺、粉线等弹线用具。

2. 细部构造

(1)檐口：油毡瓦屋面的檐口应设金属滴水板，其构造如图 7-19、

图 7-20 所示。

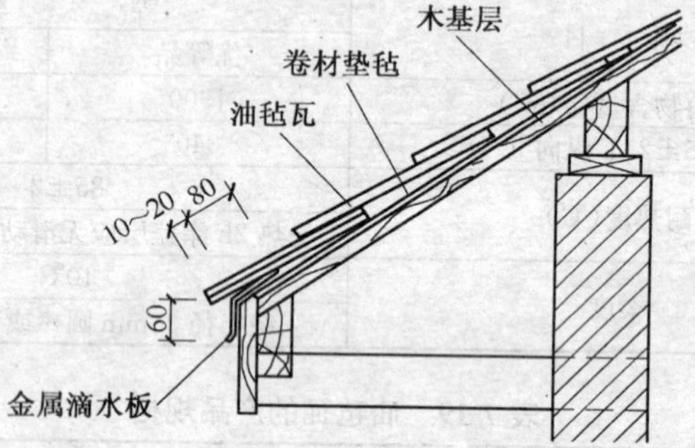

图 7-19　油毡瓦屋面檐口(一)

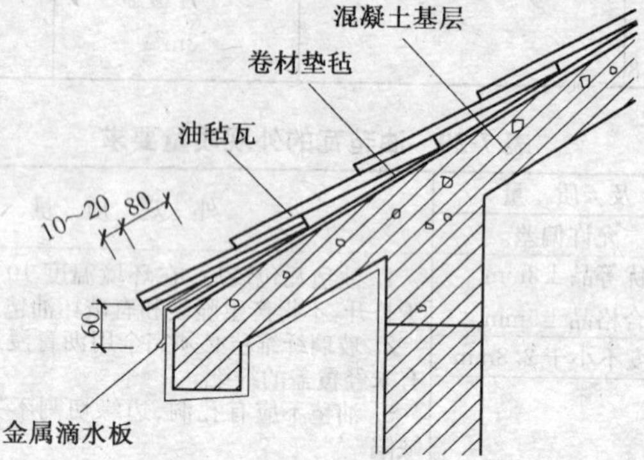

图 7-20　油毡瓦屋面檐口(二)

(2)檐沟:除了在檐沟内需增设附加防水层(空铺)外,并应在卷材收头部位有较好的固定密封措施,如图 7-21 所示。檐沟的油毡瓦与卷材之间应采用满粘法铺贴。

(3)屋面及烟囱泛水:油毡瓦屋面及烟囱泛水处均需设置金属泛水板,且与突出屋面的墙体搭接高度应不小于 250mm,见图 7-22。

(4)屋脊:油毡瓦屋面的脊瓦在两坡面瓦上的搭盖宽度每边应不小于 150mm,见图 7-23。

(5)屋顶窗:油毡瓦屋面与屋顶窗交接处,应采用金属排水板、窗框固定铁角、窗口防水卷材等连接方式,见图 7-24。

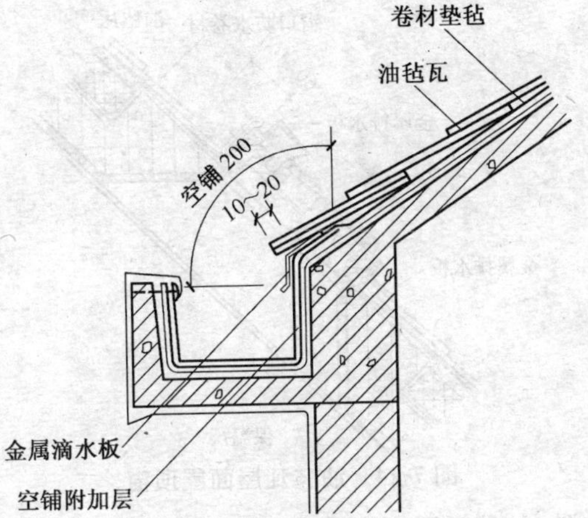

图 7-21　油毡瓦屋面檐沟

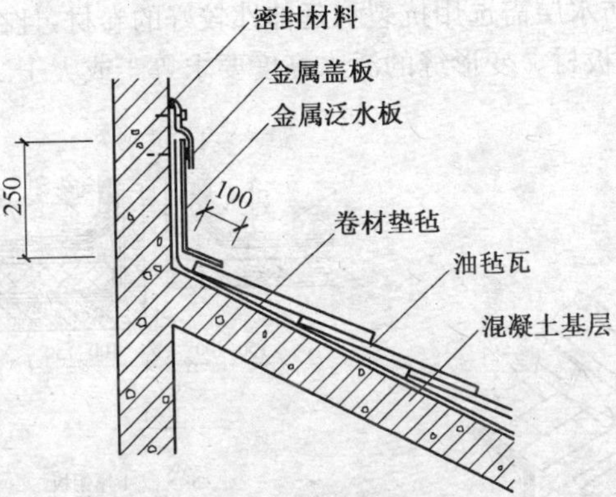

图 7-22　油毡瓦屋面泛水

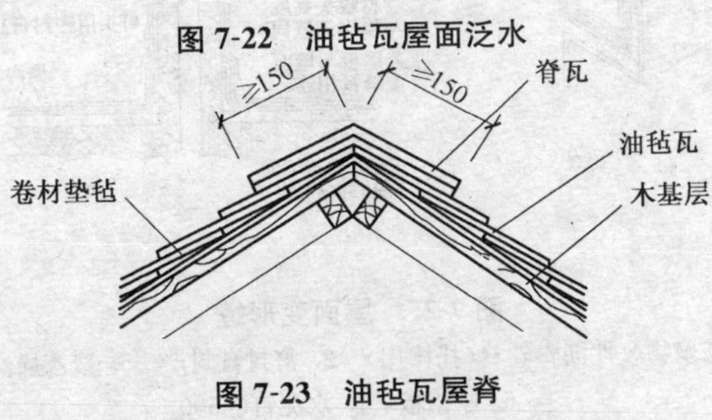

图 7-23　油毡瓦屋脊

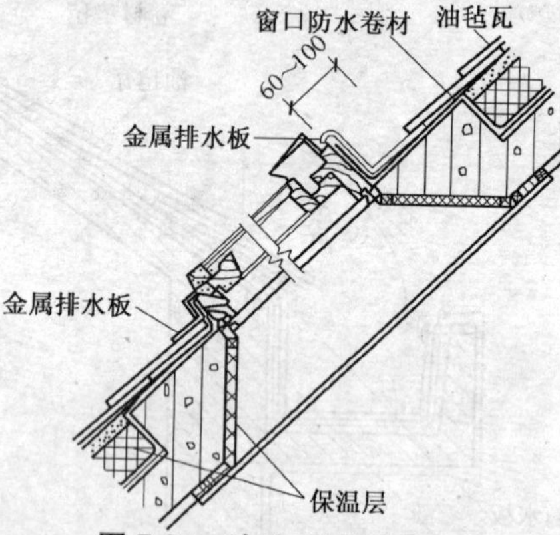

图 7-24 油毡瓦屋面屋顶窗

(6)变形缝：油毡瓦屋面在变形缝处宜采用图 7-25 所示的构造方式，附加卷材防水层需选用抗裂与延伸性较好的卷材，且在外面还应覆盖和固定金属板材。变形缝的泛水高度要求等于或大于 250mm。

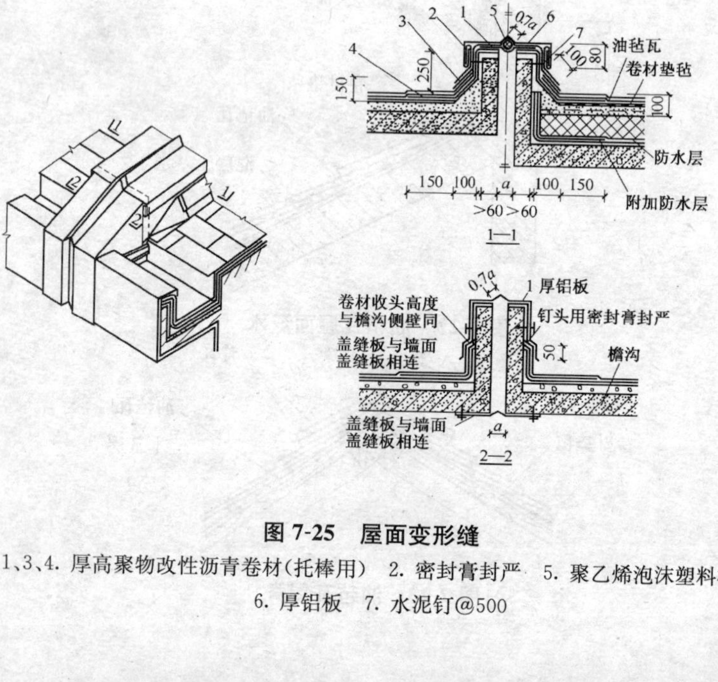

图 7-25 屋面变形缝

1、3、4. 厚高聚物改性沥青卷材(托棒用) 2. 密封膏封严 5. 聚乙烯泡沫塑料棒 6. 厚铝板 7. 水泥钉@500

3. 操作要点

(1)铺设顺序。油毡瓦应自檐口向上铺设;第一层油毡瓦应与檐口平行,切槽应向上指向屋脊。第二层油毡瓦应与第一层叠合,但切槽应向下指向檐口。第三层油毡瓦应压在第二层上,并露出切槽 125mm。相邻两层油毡瓦,其拼缝及瓦槽应均匀错开。上下层不应重合。油毡瓦铺设时,在基层上应先铺一层沥青防水卷材作为垫毡,从檐口往上用油毡钉铺钉,钉帽应盖在垫毡下面,垫毡搭接宽度应不小于 50mm。垫毡铺设方法见图 7-26。

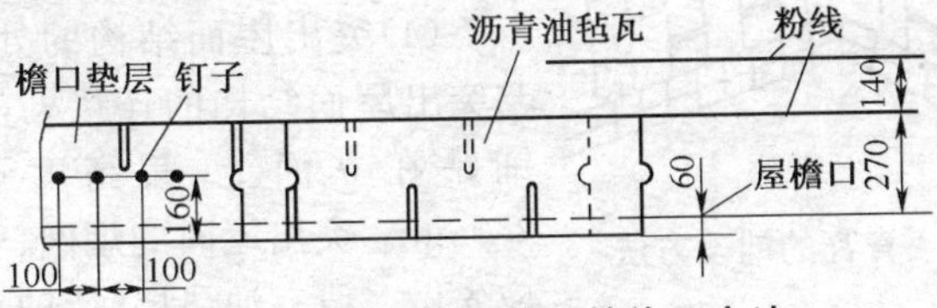

图 7-26　铺设檐口垫层的施工方法

(2)固定方法。油毡瓦铺设在木基层上时,可用油毡钉固定;油毡瓦铺设在混凝土基层上时,可用射钉与冷玛帝脂胶粘固定(图 7-27)。每片油毡瓦的固定不应少于 4 个油毡钉,油毡钉应垂直钉入,钉帽不得外露油毡瓦表面(图 7-28)。当屋面坡度大于 15%时,应增加油毡钉或采用沥青胶粘贴。

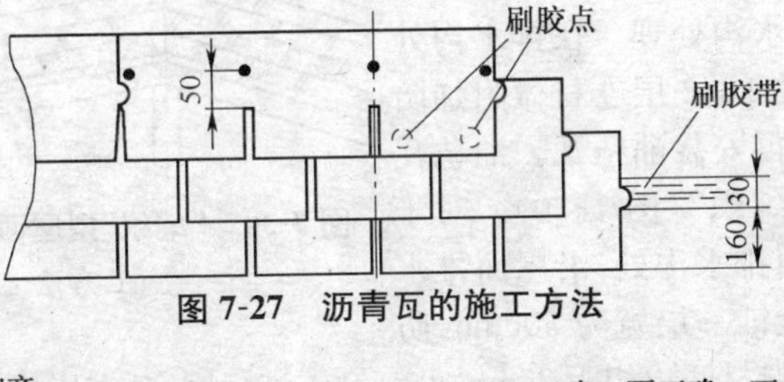

图 7-27　沥青瓦的施工方法

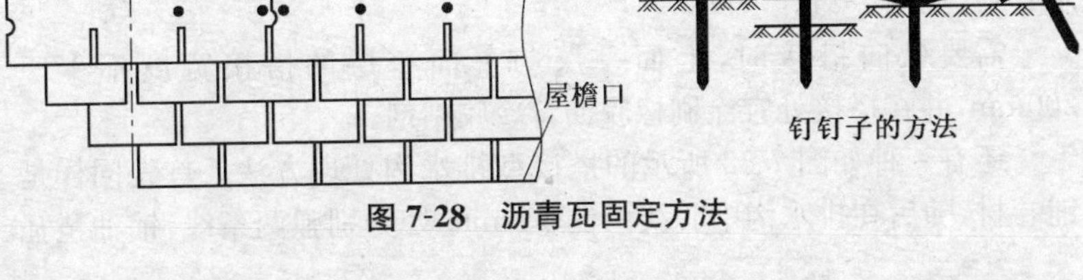

图 7-28　沥青瓦固定方法

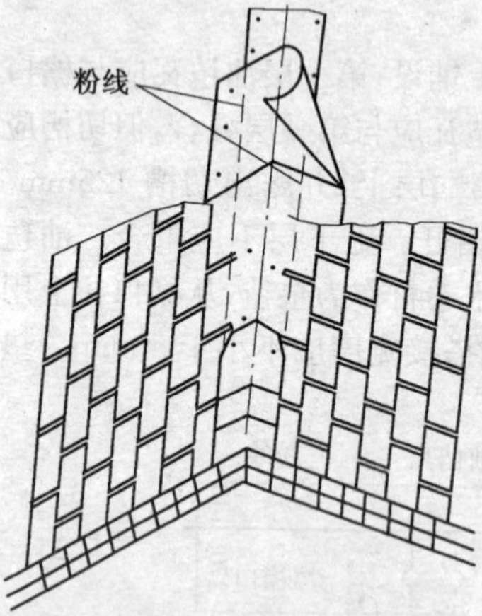

图 7-29　脊瓦的铺设方法

(3)脊瓦的铺设。铺设脊瓦时，应将油毡瓦沿切槽剪开，分成四块做脊瓦，并用两个油毡钉固定。脊瓦应顺年最大频率风向搭接，并应搭盖住两坡面油毡瓦的接缝的1/3，搭接缝的宽度宜不小于100mm。脊瓦与脊瓦的压盖面，应不小于脊瓦面积的1/2，如图7-29所示。

(4)突出屋面结构的处理。屋面与突出屋面结构的连接处，油毡瓦应铺贴在立面上，其高度不应小于250mm。突出屋面的烟囱、管道等处，应先做二毡三油垫层，待铺瓦后，再用高聚物改性沥青防水卷材做单层防水。

女儿墙泛水处，油毡瓦可沿基层与女儿墙的八字坡铺贴，并用镀锌钢板覆盖，钉入墙内预埋木砖上；泛水上口与墙间的缝隙应用密封材料封严。

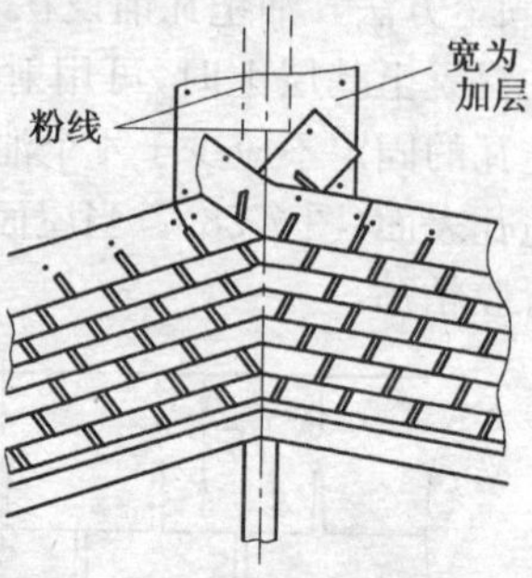

图 7-30　“编织”型屋面排水沟的施工方法

(5)排水沟处理。在排水沟处要首先铺设1～2层卷材做附加防水层，之上再安装油毡瓦。油毡瓦相互覆盖“编织”(图7-30)。对于暴露的屋面排水沟处，沿屋面排水沟自下向上铺一层宽为500mm防水卷材，在卷材两边相距25mm处钉钉子进行固定，在屋檐口处切齐防水卷材，见图7-31。

需要纵向搭接时，上面一层与下面一层的搭接宽度不少于200mm，并在搭接处宜涂刷橡胶沥青冷胶粘剂。

还有一种如图7-32所示的搭接型排水沟处理方法。首先同样是铺卷材，随后在排水沟中心线两侧150mm处分别弹两条线，铺油毡瓦首先铺主部位，每一层油毡瓦都要铺过屋面排水沟中心线 300mm，钉子钉在线外侧 25mm 处，完成主屋面后再铺辅部位。

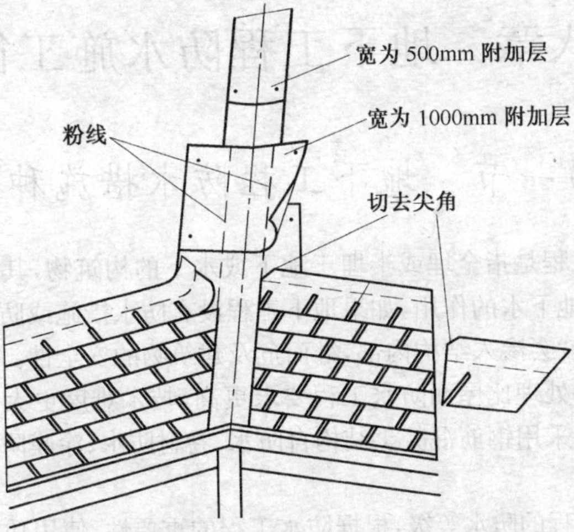

图 7-31　暴露型屋面排水沟的施工方法

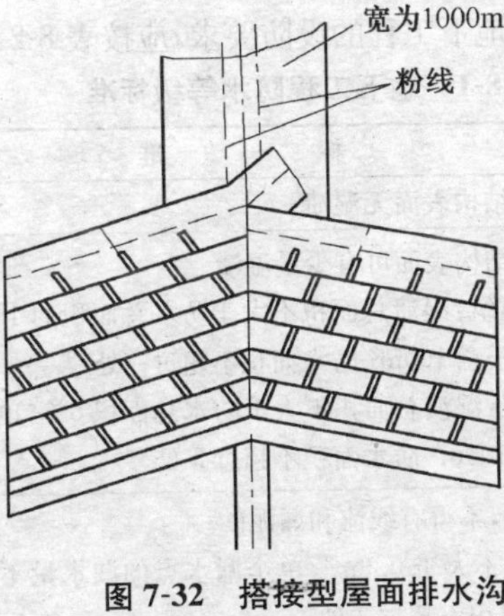

图 7-32　搭接型屋面排水沟的施工方法

第八章　地下工程防水施工简介

第一节　地下工程防水措施种类

地下工程是指全埋或半埋于地下或水下的构筑物，其常年受到各种地表水、地下水的作用，如果地下工程没有防水措施或防治措施不得当，地下水就会渗入结构内部，继而危及建筑物的安全性。所以地下工程的防渗漏处理比屋面防水工程要求更高，技术难度更大。地下防水工程一般可采用钢筋混凝土结构自防水、卷材防水、涂膜防水等技术措施。

地下工程的防水等级，根据防水工程的重要性、使用功能和建筑物类别的不同，按围护结构允许渗漏水量划分为四级，各级防水等级标准应符合表 8-1 的规定。地下工程的设防要求，应按表 8-2 或表 8-3 选用。

表 8-1　地下工程防水等级标准

防水等级	标　　准
1 级	不允许渗水，结构表面无湿渍
2 级	不允许湿渍，结构表面可有少量湿渍 工业与民用建筑：湿渍总面积不大于防水总面积的 1‰，单个湿渍面积不大于 $0.1m^2$，任意 $100m^2$ 防水面积不超过一处 其他地下工程：湿渍总面积不大于防水总面积 6‰，单个湿渍面积不大于 $0.2m^2$，任意 $100m^2$ 防水面积不超过 4 处
3 级	有少量漏水点，不得有线流和漏泥砂 单个湿渍面积不大于 $0.3m^2$，单个漏水点的漏水量不大于 2.5L/d，任意 $100m^2$ 防水面积不超过 7 处
4 级	有漏水点，不得有线漏和流泥砂 整个工程平均漏水量不大于 $2L/(m^2 \cdot d)$，任意 $100m^2$ 防水面积的平均漏水量不大于 $4L/(m^2 \cdot d)$

表 8-2　明挖法地下工程防水设防

工程部位		主体						施工缝					后浇带				变形缝、诱导缝						
防水措施		防水混凝土	防水砂浆	防水卷材	防水涂料	塑料防水板	金属板	遇水膨胀止水条	中埋式止水带	外贴式止水带	外抹防水砂浆	外涂防水涂料	膨胀混凝土	遇水膨胀止水条	外贴式止水带	防水嵌缝材料	中埋式止水带	外贴式止水带	可卸式止水带	防水嵌缝材料	外贴防水卷材	外涂防水涂料	遇水膨胀止水条
防水等级	1级	应选	应选一至二种					应选二种					应选	应选二种			应选	应选二种					
	2级	应选	应选一种					应选一至二种					应选	应选一至二种			应选	宜选一至二种					
	3级	应选	宜选一种					宜选一至二种					应选	宜选一至二种			应选	宜选一至二种					
	4级	应选	—					宜选一种					应选	宜选一种			应选	宜选一种					

表 8-3　暗挖法地下工程防水设防

工程部位		主体				内衬砌施工缝					内衬砌变形缝、诱导缝				
防水措施		复合式衬砌	离壁式衬砌、衬套	贴壁式衬砌	喷射混凝土	外贴式止水带	遇水膨胀止水条	防水嵌缝材料	中埋式止水带	外涂防水涂料	中埋式止水带	外贴式止水带	可卸式止水带	防水嵌缝材料	遇水膨胀止水条
防水等级	1级	应选一种			—	应选二种					应选	应选二种			
	2级	应选一种			—	应选一至二种					应选	应选一至二种			
	3级	—	应选一种			宜选一至二种					应选	宜选一种			
	4级	—	应选一种			宜选一种					应选	宜选一种			

地下工程的防水方案，应根据使用要求，全面考虑地形、地貌、水文地质、工程地质、地震烈度、冻结深度、环境条件、结构形式、施工工艺及材料来源等因素合理确定。

防水方案主要有两类:一类是采用防水混凝土,提高结构本身的密实性和抗渗性;第二类是附加防水层,有水泥砂浆防水层、卷材防水层、涂膜防水层、金属防水层等,它涂抹或铺贴在结构的表面,可增强结构的防水能力。具体方案应按设计要求施工。

第二节　钢筋混凝土结构自防水施工

结构自防水的防水材料主要是防水混凝土和防水砂浆。防水混凝土是地下结构的防水主体;防水砂浆是附加层,在防水混凝土结构的迎水面或背水面抹防水砂浆,能起到弥补大面积防水混凝土施工时留下的缺陷,具有补救作用。

钢筋混凝土结构自防水是利用密实性好、抗渗性能高的防水混凝土,作为结构的承重体系,结构起承重、围护和防水三重作用,是地下工程防水的有效措施。

防水混凝土是在普通混凝土骨料级配的基础上,以调整和控制配合比或掺外加剂的方法,来提高混凝土自身的密实性和抗渗性,它不仅要满足结构的强度要求,而且还应满足结构的抗渗要求。

一、防水混凝土的分类和适用范围

(一)防水混凝土的分类

防水混凝土一般分为普通防水混凝土、外加剂防水混凝土和膨胀剂或膨胀水泥防水混凝土三大类。外加剂防水混凝土又分为引气剂防水混凝土、减水剂防水混凝土、三乙醇胺防水混凝土、氯化铁防水混凝土等。

(二)防水混凝土的适用范围

防水混凝土的适用范围如表8-4所示。

表8-4　防水混凝土的适用范围

序号	种类	最高抗渗压力(N/mm^2)	特点	适用范围
1	普通防水混凝土	>3.0	施工简便,材料来源广	适用于一般工业与民用建筑及公共建筑地下防水工程

续表 8-4

序号	种类		最高抗渗压力（N/mm^2）	特点	适用范围
2	外加剂防水混凝土	引气剂防水混凝土	＞2.2	抗冻性好	适用于北方高寒地区抗冻性能要求较高的防水工程及一般防水工程，不适用于抗压强度大于20N/mm^2或耐磨性要求较高的防水工程
3		减水剂防水混凝土	＞2.2	拌合物流动性好	适用于钢筋密集或捣固困难的薄壁防水构筑物，也适用于对混凝土凝固时间（促凝或缓凝）和流动性有特殊要求的防水工程
4		三乙醇胺防水混凝土	＞3.8	早期强度高，抗渗等级高	适用于工期紧迫，要求早强及抗渗性较高的防水工程及一般防水工程
5		氯化铁防水混凝土	＞3.8		适用于水中结构的无筋少筋厚大防水混凝土工程及一般地下防水工程，砂浆修补抹面工程。薄壁结构上不宜使用
6	膨胀剂或膨胀水泥防水混凝土		＞3.8	密实性好，抗裂性好	适用于地下工程和地上防水构筑物、山洞、非金属油罐和主要工程的后浇缝

二、材料要求

(1)一般要求水泥的强度等级不低于 32.5。在不受侵蚀性介质和冻融作用时，宜采用普通硅酸盐水泥、硅酸盐水泥、火山灰质硅酸盐水泥、粉煤灰质硅酸盐水泥、矿渣硅酸盐水泥。在受侵蚀性介质和冻融作用时，应按相关规定选择适用的水泥品种。不得使用过期或结块的水泥，并不得将不同品种或强度等级的水泥混合使用。

(2)石子的粒径宜为 5～40mm，含泥量不大于 1%，泵送时其最大粒径应为输送管径的 1/4；吸水率应不大于 1.5%。

(3)砂宜用中砂，含泥量不大于 3%，泥块含量不得大于 1.0%。

(4)拌制混凝土所用的水应符合《混凝土搅拌用水标准》(JGJ 63)的规定。应采用不含有有害物质的洁净水。

试配要求的抗渗水压值比设计提高0.2MPa,水泥用量不少于300kg/m³,砂率宜为35%～45%,水灰比不大于0.55,灰砂比宜为1∶2～1∶2.5。普通防水混凝土的坍落度宜不大于50mm;泵送时入泵坍落度宜为100～140mm。

三、施工准备

(一)技术准备

(1)施工前编制好施工组织设计,制定技术措施,落实技术岗位责任制,选择专业施工队伍,做好技术交底。

(2)施工现场要做好排水和降水工作,要防止地表水流入基坑,要保持地下水位在施工底面最低标高以下不少于500mm,以保证基坑内的土体干燥,具有良好的施工条件。

(二)材料、机具准备

(1)拌制防水混凝土的各种原材料,必须符合规定的标准,并按品种、规格分别堆放,妥善保管。注意防止骨料中掺其他污物。

(2)将需用的工具、机械、设备配备齐全,并经检修试验后备用。

(三)防水混凝土的试配

进行防水混凝土的试配,试验室根据设计抗渗等级,提高0.2MPa进行试配,在此基础上确定施工配合比。

四、施工工艺

(一)工艺流程

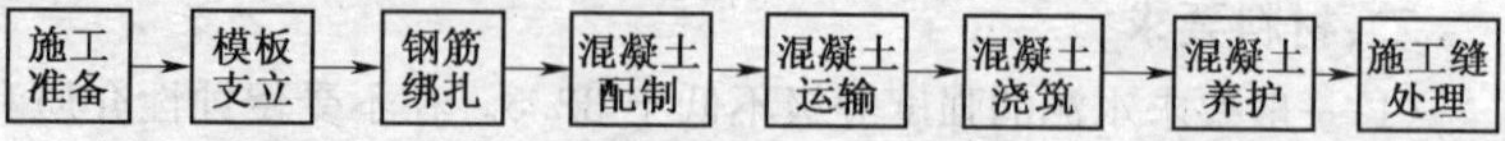

(二)操作工艺

1. 模板施工

防水混凝土所用的模板应具有足够的强度、刚度,吸水性要小,且拼缝严密不漏浆。一般不宜用螺栓或铁丝贯穿混凝土,以避免水沿缝隙渗入,影响防水效果。当采用对拉螺栓加固模板时,应采用图8-1所示的止水措施。拆模后将对拉螺栓抽出,套管内以膨胀水泥封堵严密。

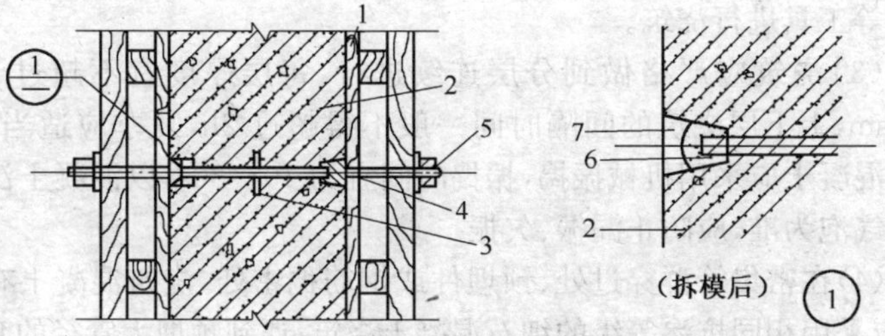

图 8-1　固定模板用螺栓的防水做法

1. 模板　2. 结构混凝土　3. 止水环　4. 工具式螺栓
5. 固定模板用螺栓　6. 嵌缝材料　7. 聚合物水泥砂浆

2. 钢筋绑扎

钢筋相互间应绑扎牢固，以防浇筑混凝土时，因碰撞、振动使绑扣松散、钢筋位移造成露筋。应按设计规定留足保护层，留设保护层应以相同配合比的细石混凝土或水泥砂浆制成垫块，将钢筋垫起。严禁以钢筋垫钢筋或用铁丝直接固定在模板上。钢筋及铁丝均不得接触模板，防止水沿钢筋或铁丝渗入混凝土结构。

3. 混凝土配制

防水混凝土配料必须按质量比准确称量。水泥、水、外加剂掺合料计量允许偏差应不大于±10%；砂、石计量允许偏差应不大于 2%。为了增强混凝土的均匀性，应采用机械搅拌，搅拌时间比普通混凝土略长，一般不少于 120s。掺入引气剂外加剂的混凝土，搅拌时间为120～180s。掺入其他外加剂应根据外加剂的技术要求确定搅拌时间。

4. 混凝土运输

防水混凝土在运输过程中，应防止漏浆、离析和坍落度损失。运输过程如出现离析，必须进行二次搅拌。当坍落度损失后不能满足施工要求时，应加入原水灰比的水泥浆或二次掺加减水剂进行搅拌，严禁直接加水。

5. 混凝土浇筑、振捣

(1)浇筑前，应清除模板内的积水、木屑、钢丝、铁钉等杂物，并用水湿润模板。使用钢模应保持其表面清洁无浮浆。

(2)浇筑混凝土的自由下落高度不得超过 1.5m，否则应使用串筒、溜槽等工具进行浇筑。

(3)浇筑应严格做到分层连续进行，每层厚度宜不超过 300～400mm，上下层浇筑的间隔时间一般不得超过 2h，夏季应适当缩短。防水混凝土应采用机械振捣，振捣时间宜为 10～30s，以混凝土泛浆和不冒气泡为准，应防止漏振、欠振。

(4)在密集管群穿过处、预埋件或钢筋稠密处，浇筑混凝土有困难时，应采用相同抗渗等级的细石混凝土浇筑；遇到预埋大管径的套管或面积较大的金属板时，应在其底部设浇筑振捣孔，以利排气、浇筑和振捣，如图 8-2 所示。

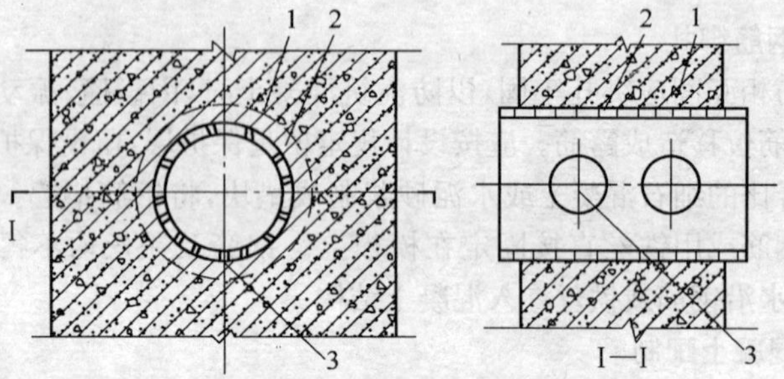

图 8-2　浇筑振捣孔示意图

1. 止水环　2. 预埋套管　3. 浇筑振捣孔

6. 混凝土养护

防水混凝土的养护对其抗渗性能影响很大，因为防水混凝土中胶合材料用量多，收缩性大，如养护不良，易使混凝土表面产生裂缝而导致抗渗性能降低。因此，在常温下，混凝土进入终凝(浇筑后 4～6h)即应覆盖，并经常浇水养护，保持湿润不少于 14d。防水混凝土不宜用电热养护和蒸汽养护。这种养护对水泥水化极其不利，使混凝土产生干缩裂缝或毛细管扩张，内部形成网络，从而降低混凝土的抗渗能力。

防水混凝土结构拆模时，必须注意结构表面与周围气温的温差不应过大(一般不大于 15℃)，否则，会由于混凝土结构表面局部产生温度应力而出现裂缝，影响混凝土的抗渗性。拆模后应及时进行回填，以避免因干缩和温差产生裂缝，也有利于混凝土后期强度的增长和抗渗性的提高。

7. 施工缝的处理

(1)施工缝是防水结构容易发生渗漏的薄弱部位,应连续浇筑少留施工缝。因条件限制确需留施工缝时,应遵守有关规定。施工缝的防水基本构造如图 8-3～图 8-5 所示。

(2)施工缝上下两层混凝土浇筑时间间隔不宜太长,以免接缝处新旧混凝土收缩值相差过大而产生裂缝。在继续浇筑混凝土前,应将水平施工缝处松散的混凝土凿除,清理浮渣和杂物,用水冲洗干净,保持湿润,再铺 30mm 厚 1∶1 的水泥砂浆一层,所用材料和灰砂比应与混凝土中的砂浆相同。垂直施工缝浇筑混凝土前,应将其表面清理干净,并涂刷水泥净浆或混凝土界面处理剂后及时浇筑混凝土。

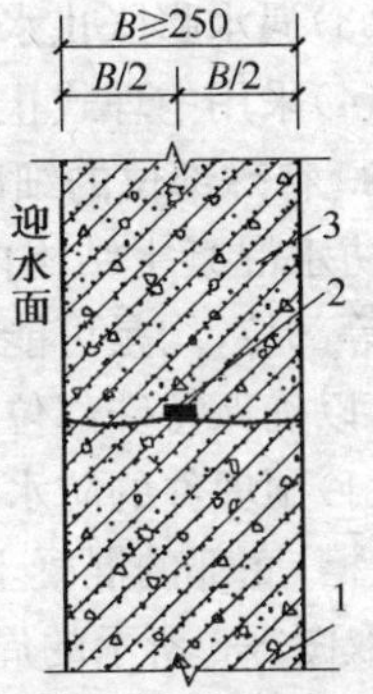

图 8-3 施工缝防水基本构造(一)

1. 先浇混凝土 2. 遇水膨胀止水条 3. 后浇混凝土

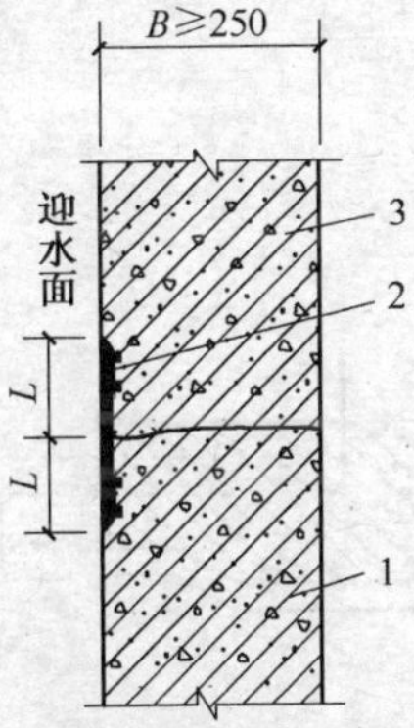

图 8-4 施工缝防水基本构造(二)

外贴止水带 $L \geqslant 150$

外涂防水涂料 $L=200$

外抹防水砂浆 $L=200$

1. 先浇混凝土 2. 外贴防水层 3. 后浇混凝土

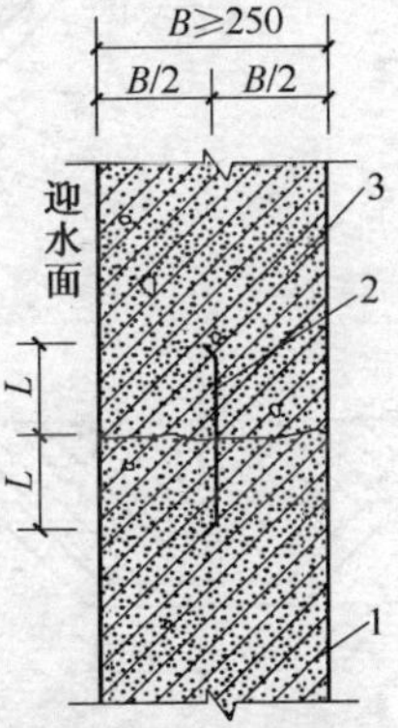

图 8-5 施工缝防水基本构造(三)

钢板止水带 $L \geqslant 100$

橡胶止水带 $L \geqslant 200$

钢边橡胶止水带 $L \geqslant 200$

1. 先浇混凝土 2. 中埋止水带 3. 后浇混凝土

(3)遇水膨胀止水带应牢固地安装在缝表面或预留槽内。

(4)采用中埋式止水带时,应确保位置正确,固定牢靠。

8. 特殊部位的细部做法

防水混凝土结构内的预埋铁件、穿墙管道,以及结构的后浇缝、变形缝等部位,均是可能导致渗漏水的薄弱之处,应采取重点措施,精心施工,以确保特殊部位不发生渗漏现象。

(1)预埋件的防水做法:结构上的埋设件宜预埋。埋设件端部或预留孔(槽)底部的混凝土厚度不得小于250mm,当厚度小于250mm时,应采取图8-6所示的局部加厚或其他防水措施。预埋铁件用加焊止水钢板的方法既简便又可获得一定防水效果。在预埋铁件较多较密的情况下,可采用许多预埋件共用一块止水钢板的做法。施工时应注意将铁件及止水钢板周围的混凝土浇捣密实,保证质量,如图8-7所示。

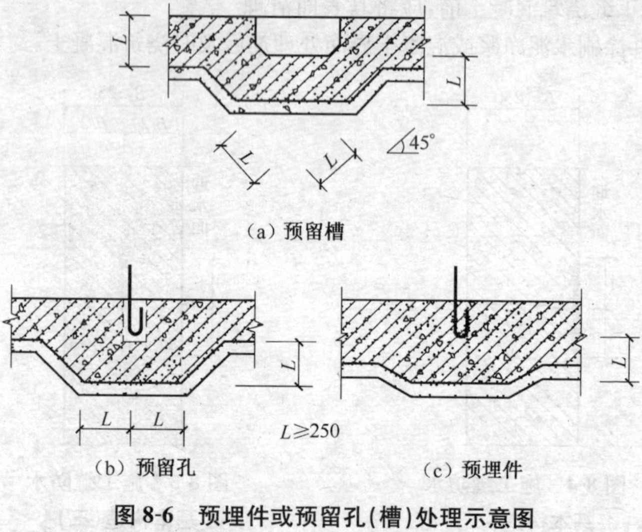

图8-6 预埋件或预留孔(槽)处理示意图

(2)穿墙管道防水处理:穿墙管道伸缩量不大时可采用图8-8和图8-9所示的直接埋入混凝土内的固定式防水,这时应预留凹槽,槽内用嵌缝材料嵌填密实。伸缩量大或结构变形大时应采用套管加焊止水环的做法(图8-10)。施工时,此处的混凝土振捣要格外小心,保证振捣密实，且不损坏穿墙管道。当穿墙管道较多时，宜采用图8-11所示的穿墙群管构造做法。穿墙盒的封口钢板应与墙上的预埋角钢焊严，并从钢板上的预留浇注孔注入改性沥青柔性密封材料或细石混凝土。

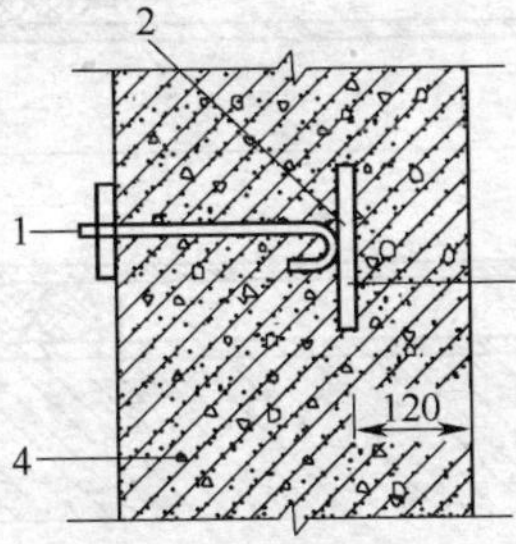

图 8-7　预埋件防水处理

1. 预埋螺栓　2. 焊缝　3. 止水钢板
4. 防水混凝土结构

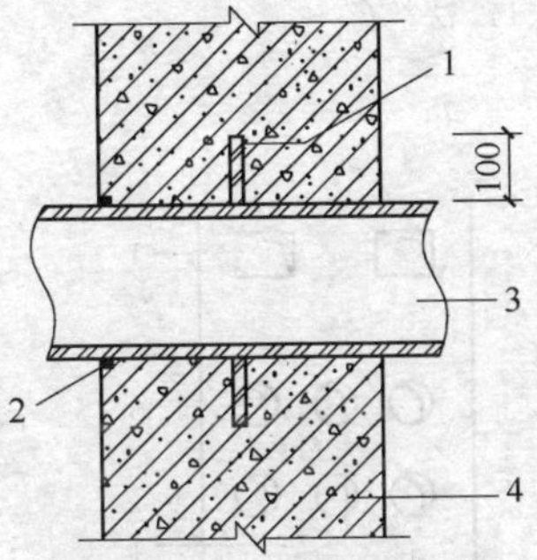

图 8-8　固定式穿墙管防水构造(一)

1. 止水环　2. 嵌缝材料
3. 主管　4. 混凝土结构

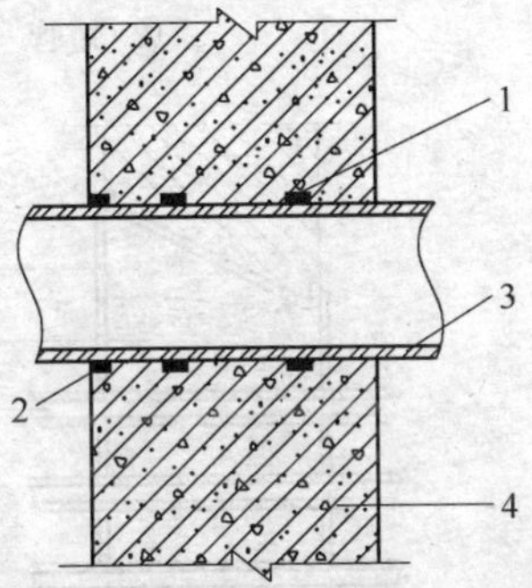

图 8-9　固定式穿墙管防水构造(二)

1. 遇水膨胀橡胶圈　2. 嵌缝材料
3. 主管　4. 混凝土结构

(3)后浇带的防水处理：防水混凝土自防水结构在大面积浇筑时，应考虑防水混凝土凝固时由于收缩和温差而出现开裂造成渗漏，为此应在受力和变形较小的部位设置后浇带，宽度可为 1m，缝内的钢筋不

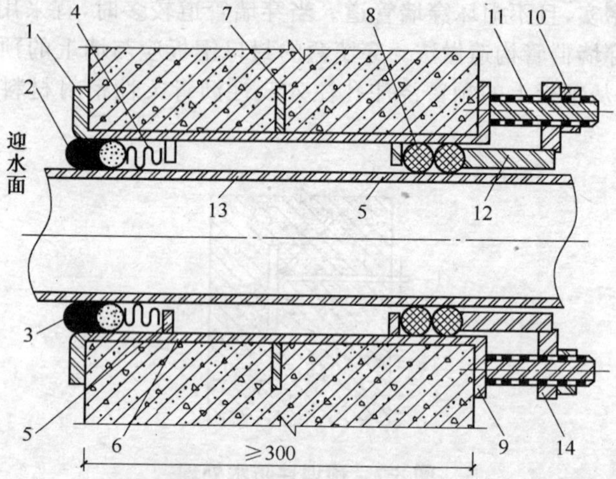

图 8-10　套管式穿墙管防水构造

1. 翼环　2. 嵌缝材料　3. 背衬材料　4. 填缝材料　5. 挡圈　6. 挡圈　7. 止水环　8. 橡胶圈　9. 翼盘　10. 螺母　11. 双头螺栓　12. 短管　13. 主管　14. 法兰盘

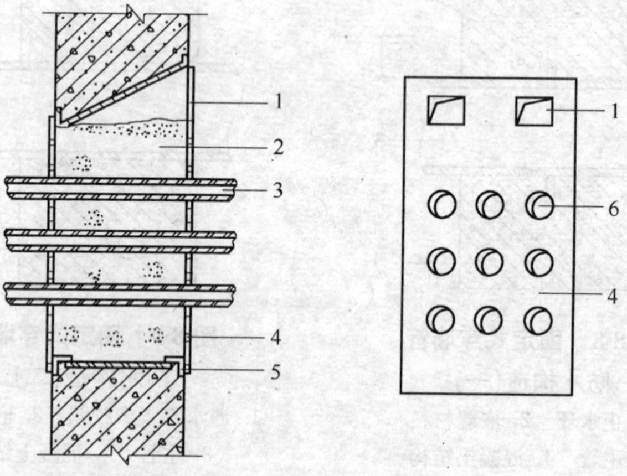

图 8-11　穿墙群管防水构造

1. 浇注孔　2. 柔性材料或细石混凝土　3. 穿墙管　4. 封口钢板　5. 固定角钢　6. 预留孔

断开。后浇带的防水构造如图 8-12～图 8-14 所示。后浇带需超前止水时，后浇带部位混凝土应局部加厚，并增设外贴式或中埋式止水带，如图 8-15 所示。

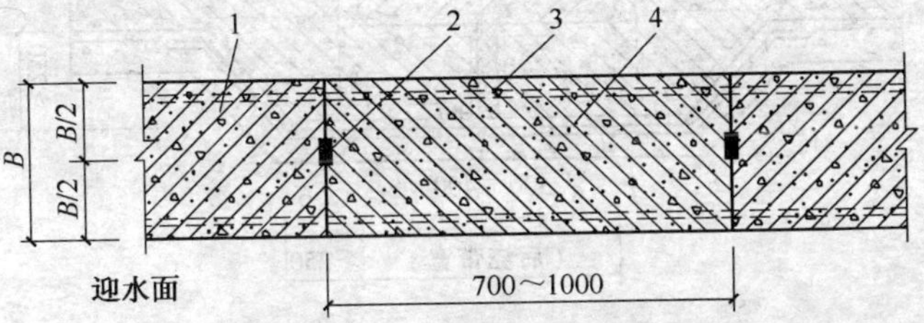

图 8-12　后浇带防水构造(一)

1. 先浇混凝土　2. 遇水膨胀止水条　3. 结构主筋　4. 后浇补偿收缩混凝土

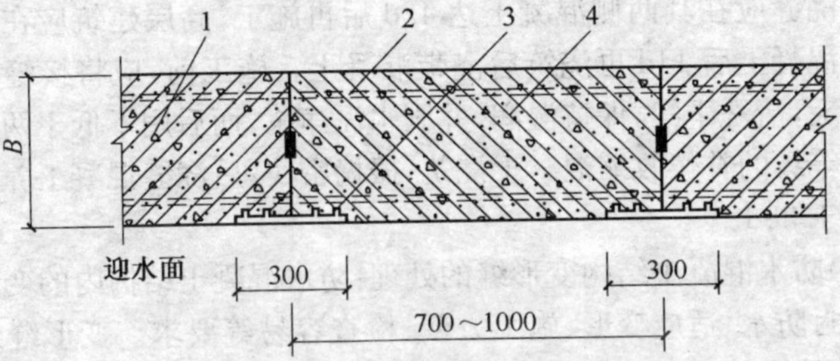

图 8-13　后浇带防水构造(二)

1. 先浇混凝土　2. 结构主筋　3. 外贴式止水带　4. 后浇补偿收缩混凝土

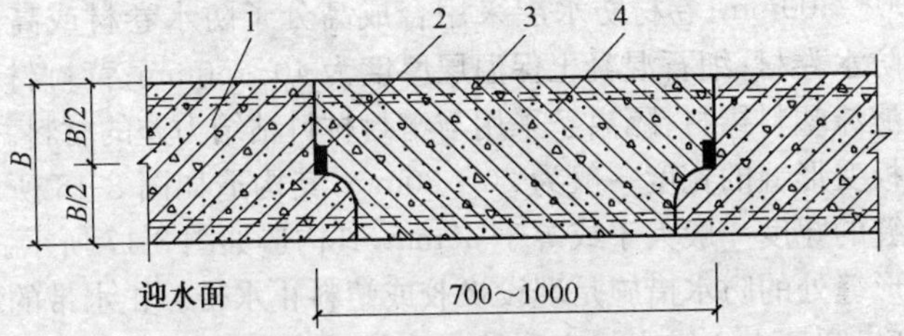

图 8-14　后浇带防水构造(三)

1. 先浇混凝土　2. 遇水膨胀止水条　3. 结构主筋　4. 后浇补偿收缩混凝土

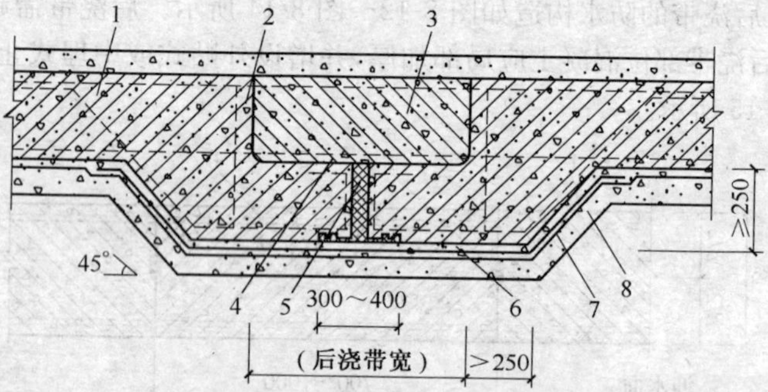

图 8-15　后浇带超前止水构造

1. 混凝土结构　2. 钢丝网片　3. 后浇带　4. 填缝材料　5. 外贴式止水带
6. 细石混凝土保护层　7. 卷材防水层　8. 垫层混凝土

后浇缝应在其两侧混凝土达 42d 后再施工，高层建筑应在结构顶板浇筑混凝土后 14d 再浇筑后浇带混凝土。施工前，应将接缝处的混凝土凿毛，清洗干净，保持湿润，并刷水泥净浆，而后用不低于两侧混凝土强度等级的补偿收缩混凝土浇筑，振捣密实，后浇缝混凝土养护时间不得少于 28d。

(4)防水混凝土结构变形缝的处理：防水混凝土结构内的变形缝应满足密封防水、适应变形、施工方便、检查容易等要求。变形缝通常做成平缝，缝内填塞用沥青浸渍的毛毡、麻丝或聚苯乙烯泡沫塑料、纤维板、塑料、浸泡过沥青的木丝板等材料，并嵌填油膏或密封材料。

底板表面的找平层应用补偿收缩水泥砂浆抹平压光；附加卷材宽度为 300～500mm；卷材防水层采用合成高分子防水卷材或高聚物改性沥青防水卷材；细石混凝土保温层厚度为 40～50mm；背衬材料采用聚乙烯泡沫塑料棒材；隔离条采用与密封材料粘结力差的材料。

底板变形缝的宽度一般为 20～30mm，其构造如图 8-16 所示。墙体变形缝的宽度一般大于或等于 30mm，其构造如图 8-17 所示。

变形缝处的防水措施是埋设橡胶或塑料止水带。止水带的埋入位置要正确，圆环中心线应与变形缝中心线重合。止水带的固定方法一般用细铁丝将其拉紧后绑在钢筋上(图 8-18)。浇筑混凝土时，要随时防止止水带偏离变形缝中心位置。

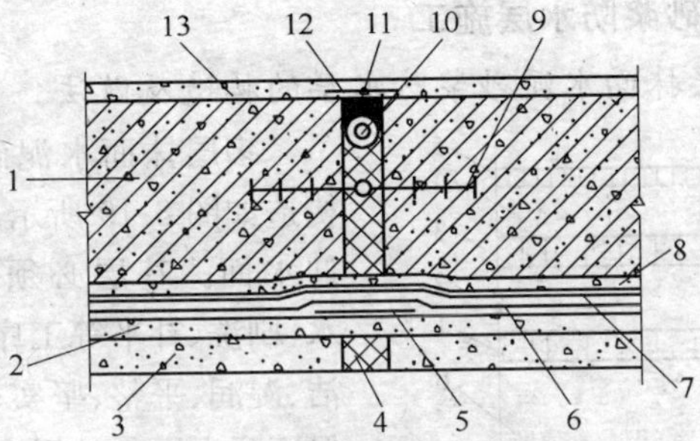

图 8-16 底板变形缝防水构造

1. 底板 2. 10%UEA 水泥砂浆找平层 3. 混凝土垫层 4. 填缝材料 5. 附加卷材 6. 卷材防水层 7. 纸胎油毡保护层 8. 细石混凝土保护层 9. 橡胶或塑料止水带 10. 背衬材料 11. 密封材料 12. 隔离条 13. 水泥砂浆面层

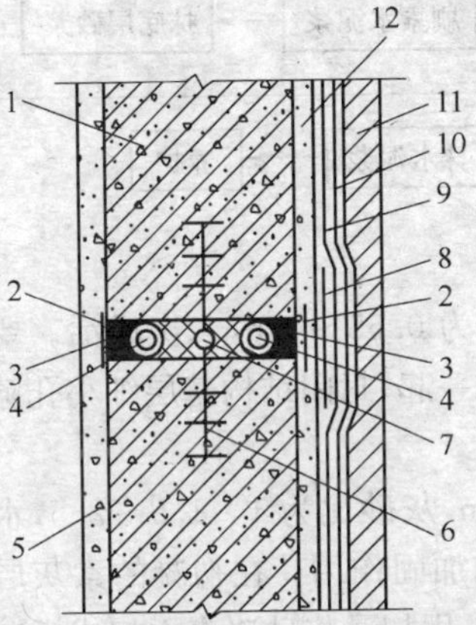

图 8-17 墙体变形缝防水构造

1. 结构墙体 2. 隔离条 3. 密封材料 4. 背衬材料 5. 水泥砂浆面层 6. 橡胶型或塑料型止水带 7. 填缝材料 8. 附加卷材 9. 卷材防水层 10. 石油沥青纸胎油毡保护层 11. 有机软保护层 12. 水泥砂浆找平层

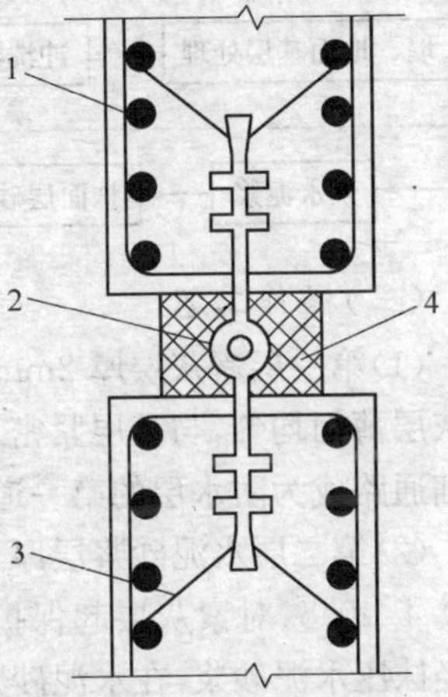

图 8-18 止水带固定方法

1. 结构钢筋 2. 止水带 3. 细铁丝 4. 聚苯乙烯泡沫塑料板或沥青木丝板

五、水泥砂浆防水层施工

(一)多层抹面水泥砂浆防水层的构造及做法

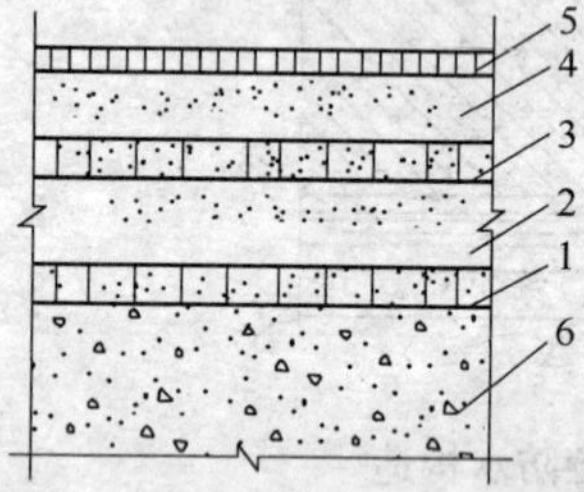

图 8-19 多层抹面水泥砂浆防水层

1、3. 素灰层 2mm 2、4. 砂浆层 4～5mm 5. 水泥浆 1mm 6. 结构基层

多层抹面水泥砂浆防水层的构造如图 8-19 所示。一般宜设在迎水面。基层必须经过清理、浇水、刷洗、补平等工序，达到表面清洁、湿润、平整、坚实、粗糙的要求，保证防水层与基层表面结合牢固，不空鼓和密实不透水。多层普通水泥砂浆防水层的材料要求基本同防水混凝土。

(二)工艺流程

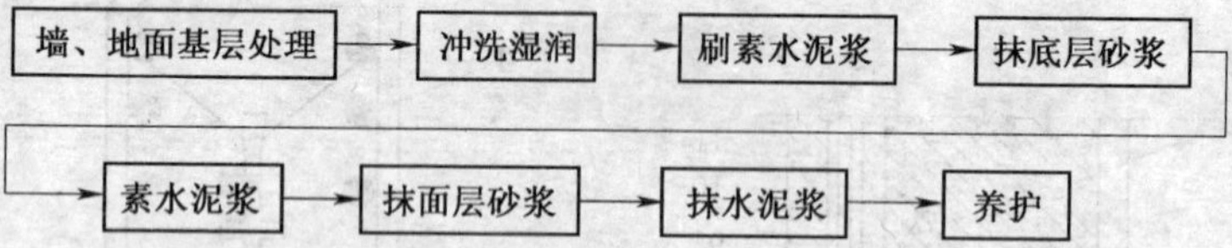

(三)操作工艺

(1)第一层素灰层厚 2mm，水灰比为 0.55～0.6，二次成活。要求素灰层薄而均匀，与基层紧密地粘结在一起，封闭结构基层细小孔隙与毛细通路成为防水层的第一道防线。

(2)第二层水泥砂浆层厚 5～10mm，灰砂比为 1∶1.5～2.5，水灰比 0.4～0.5，对素灰层起保护、养护和加固作用。在初凝的素灰层上轻轻抹压水泥砂浆，在水泥砂浆终凝前，用扫帚将砂浆表面扫成横向条纹，待其终凝并具有一定强度后做第三层。

(3)第三层为素灰层厚 2mm，水灰比 0.37～0.4，作用与第一层类似。

(4)第四层水泥砂浆层厚 5～10mm，作用与第二层类似，用铁抹子分次抹压 3～5 遍，最后压光。

(5)第五层水泥浆层厚 1mm，用毛刷均匀地将水泥浆刷在第四层表面，随第四层一并压光。

防水层必须留施工缝时，平面留槎采用阶梯坡形槎，其接碴的层次要分明，不允许水泥砂浆与水泥砂浆搭接，而应先在阶梯坡形槎处均匀涂刷水泥浆一层，以保证接槎处不透水，然后依照层次操作顺序层层搭接（图 8-20）。接槎位置需离开阴阳角 200mm 以上。基础面与墙面防水层转角留槎如图 8-21 所示。阴阳角均应做成圆弧形，圆弧半径一般阳角为 10mm，阴角为 50mm。

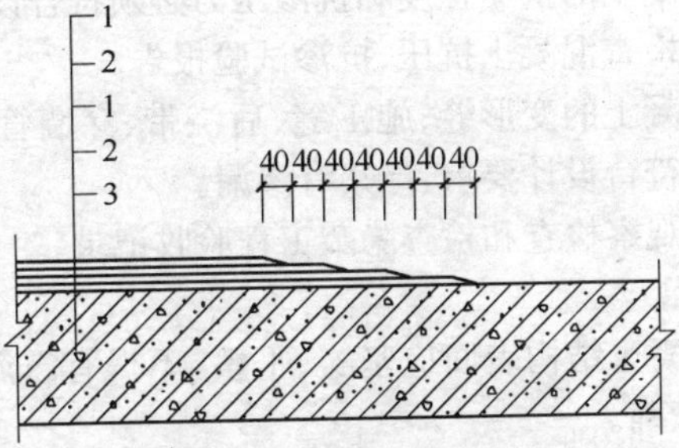

图 8-20　平面留槎示意

1. 砂浆层　2. 水泥浆层　3. 围护结构

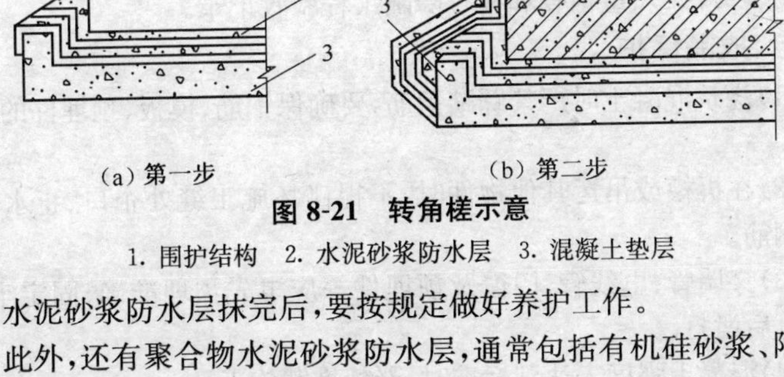

图 8-21　转角槎示意

1. 围护结构　2. 水泥砂浆防水层　3. 混凝土垫层

水泥砂浆防水层抹完后，要按规定做好养护工作。

此外，还有聚合物水泥砂浆防水层，通常包括有机硅砂浆、阳离子氯丁胶乳砂浆、丙烯酸酯砂浆三种，施工工艺与水泥砂浆防水层施工类似，不赘述。

六、防水混凝土质量标准

1. 主控项目

(1)防水混凝土的原材料、配合比及坍落度必须符合设计要求。

检验方法：检查出厂合格证、质量检验报告、计量措施和现场抽样试验报告。

(2)防水混凝土的抗压强度和抗渗压力必须符合设计要求。

检验方法：检查混凝土抗压、抗渗试验报告。

(3)防水混凝土的变形缝、施工缝、后浇带、穿墙管道、埋设件等设置和构造，均需符台设计要求，严禁有渗漏。

检验方法：观察检查和检查隐蔽工程验收记录。

2. 一般项目

(1)防水混凝土结构表面应坚实、平整，不得有露筋、蜂窝等缺陷；埋设件位置应正确。

检验方法：观察和尺量检查。

(2)防水混凝土结构表面的裂缝宽度应不大于0.2mm，并不得贯通。

检验方法：用刻度放大镜检查。

(3)防水混凝土结构厚度应不小于250mm，其允许偏差为+15mm、−10mm，迎水面钢筋保护层厚度小于50mm，其允许偏差为±10mm。

检验方法：尺量检查和检查隐蔽工程验收记录。

七、成品保护

(1)浇筑混凝土时严禁踩踏钢筋，要确保钢筋、模板、预埋件的位置准确。

(2)在拆模或吊运其他物件时，不得碰坏施工缝处企口、止水带及外露钢筋。

(3)穿墙管、电线管、门窗及预埋件等应事先预埋准确、固定牢固，严禁事后凿打。

(4)混凝土强度未达到标准时，严禁堆载施工。

八、安全环保要求

1. 安全要求

(1)施工人员必须经过安全培训,考核合格后方可上岗。

(2)下达施工计划时,应同时下达具体的安全措施,并于施工当天再次提出安全施工的具体注意事项。

(3)落实安全施工的各种责任制度,应落实到岗位,责任到人。

(4)防水混凝土施工期间应以漏电保护、防机械事故为安全工作重点,切实做好防护工作。

(5)遵章守纪,杜绝违章指挥和违章作业,现场设立安全措施及有针对性的安全宣传牌、标语和安全警示标志。

(6)进入施工现场必须戴安全帽,作业人员衣着应灵活紧身,禁止穿硬底鞋、高跟鞋作业,高空作业人员应系好安全带,禁止酒后操作、吸烟。

2. 环保要求

(1)严格按施工组织设计要求合理布置工地现场的临时设施,做到材料堆放整齐,标识清楚,施工现场每日清扫,严禁在施工现场随地大小便。

(2)做好安全防火工作,严禁施工现场吸烟或其他不文明行为。

(3)注意施工废水排放,防止造成下水管道堵塞。

第三节　卷材防水层施工

地下工程卷材防水层是用卷材和沥青胶结材料胶合而成的一种多层防水层。卷材多采用高强度、延伸率大、具有良好的不透水性和韧性的高聚物改性沥青防水卷材和合成高分子防水卷材等。铺设卷材的基层要求坚实、平整、清洁、干净,不得有突出的尖角和凹坑或表面起砂现象。

一、构造做法

地下防水工程一般把卷材防水层放置在建筑结构的外侧,这种方法可以借助土压力将防水层压紧并与结构一起抵抗有压地下水的渗透和侵蚀作用。其构造做法按其与地下围护结构施工的先后顺序分外防外贴法和外防内贴法两种。

（一）外防外贴法

如图 8-22 所示，先铺贴底层卷材，四周留出卷材接头，然后浇筑构筑物底板和墙身混凝土，待侧模拆除后，再铺设四周防水层，最后砌保护墙。

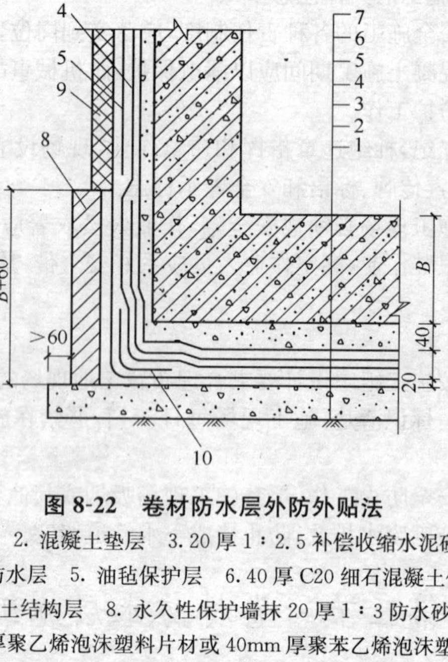

图 8-22　卷材防水层外防外贴法

1. 素土夯实　2. 混凝土垫层　3. 20 厚 1：2.5 补偿收缩水泥砂浆找平层　4. 卷材防水层　5. 油毡保护层　6. 40 厚 C20 细石混凝土保护层　7. 钢筋混凝土结构层　8. 永久性保护墙抹 20 厚 1：3 防水砂浆找平层　9. 5～6mm 厚聚乙烯泡沫塑料片材或 40mm 厚聚苯乙烯泡沫塑料保护层　10. 附加防水层

（二）外防内贴法

如图 8-23 所示，先在结构四周砌好保护墙，然后在墙面与底层铺贴防水层，再浇筑主体结构的混凝土。

（三）优缺点

外防外贴法防水效果优于外防内贴法，所以，一般采用外防外贴法。其优点是：

(1)防水层不受结构沉陷的影响。

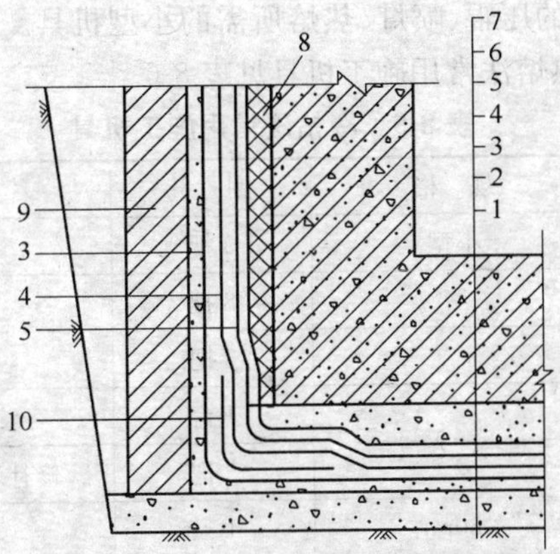

图 8-23　卷材防水层外防内贴法

1. 素土夯实　2. 混凝土垫层　3. 20 厚 1∶2.5 补偿收缩水泥砂浆找平层
4. 卷材防水层　5. 油毡保护层　6. 40 厚 C20 细石混凝土保护层
7. 钢筋混凝土结构层　8. 5～6mm 厚聚乙烯泡沫塑料保护层
9. 永久性保护墙体　10. 附加防水层

(2)施工后即可进行试水且易修补。

(3)浇筑混凝土时，不致碰坏保护墙和防水层，能及时发现混凝土的缺陷和进行补救。

缺点是施工周期较长，土方量较大且易产生塌方，不能利用保护墙板作模板，转角接槎处质量较差。

二、施工准备

(一)技术准备

(1)卷材防水层施工前，应进行详细的技术交底，使所有施工人员了解技术要求，掌握工艺流程和操作工艺要求。

(2)卷材防水层施工必须由具有相应资质的防水施工队伍组织施工，主要施工人员应持证上岗。

(3)原材料、半成品通过定样、检查(试验)、验收。

(二)主要机具

卷材防水施工的主要机具是垂直运输机具和作业面水平运输机

具，铺贴施工中的压辊、喷灯、热熔所需的小型机具。冷粘法常用施工机具见表 8-5，热熔法常用施工机具见表 8-6。

表 8-5 冷粘法常用施工机具

名 称	规 格	用 量	用 途
小平铲	小型	3 把	清理基层
扫帚		8 把	清理基层
钢丝刷		3 把	清理基层
高压吹风机		1 台	清理基层
铁抹子		2 把	修补基层及末端收头
皮卷尺	50m	1 只	测量弹线
钢卷尺	2m	5 只	测量弹线
小线绳		50m	测量弹线
彩色粉		0.5kg	测量弹线
粉笔		1 盒	测量弹线
搅拌用木棍	ϕ20mm×1000mm	5 根	搅拌材料
开刀		2 把	开桶
剪刀		5 把	剪裁卷材
铁桶	10L	2 个	粘结剂容器
小油漆桶	3L	5 个	粘结剂容器
油漆刷	5cm、10cm	各 5 把	涂刷粘结剂等
漆刷	ϕ60mm×300mm	15 把/1000m²	涂刷粘结剂等
橡胶刮板		3 把	涂刷粘结剂等
铁管	ϕ30mm×1500mm	2 根	展铺卷材
铁压辊	30kg	2 个	压实卷材用
手持压辊	ϕ40mm×50mm	10 个	压实卷材用
安全带		5 条	
棉丝		10kg/1000m²	擦拭工具等
工具箱		2 个	

表 8-6　热熔法常用施工机具

名　称	规　格	数　量	用途
单头热熔手持喷枪	专用工具	2～4 把	烘烤热熔卷材
移动式乙炔喷枪		1～2 把	
手持喷灯		2～4 个	
高压吹风机	300W	1 台	清理基层
小平铲	50～100mm	若干个	
扫帚、钢丝刷	常用	若干把	
铁桶、木棒	20L、1.2m	各 1 个	搅拌、装盛底涂料
长柄滚刷	ϕ60mm×250m	5 把	涂刷底涂料
油漆刷	50～100mm	各 5 把	
裁刀、剪刀、壁纸刀	常用	各 5 把	裁剪卷材
卷尺、盒尺、钢板尺		各 2 个	丈量工具
粉线盒、粉笔盒		各 1 个	弹基准线、画笔
手持铁压辊	ϕ40mm×50～80mm	5 个	压实搭接边卷材
射钉枪、铁锤		各 5 把	末端卷材钉压固定
干粉灭火器		10 台	消防备用
铁铲、铁抹子		各 2 把	填平找平层及女儿墙凹槽
手推车		2 辆	搬运机具
工具箱		2 个	存放工具

（三）作业条件

(1)基层已经完成，并通过相关的质量验收。

(2)地下结构基层表面应平整、牢固，不得有起砂、空鼓等缺陷。

(3)基层表面应洁净干燥，含水率应不大于 9%。

三、工艺流程

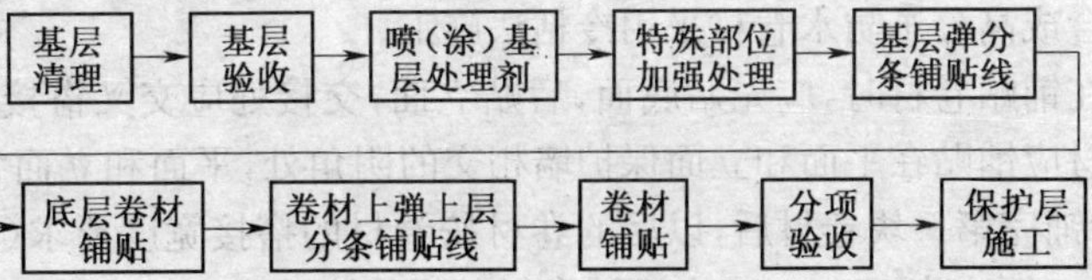

四、操作工艺

(一)基层清理

基层表面应平整坚实,转角处应做成圆弧形,局部孔洞、蜂窝、裂缝应修补严密,表面应清洁,无起砂、脱皮现象,保持表面干燥,并涂刷基层处理剂。表面不干时可涂刷湿固化型胶粘剂或潮湿界面隔离剂。界面处理剂干燥后方可进行下一道工序的施工。

(二)基层弹分条铺贴线

在处理好的基层上,按卷材的铺贴方案,弹出每幅卷材的铺贴线,保证不歪斜。后面上层卷材铺贴时,同样要在铺贴好的卷材上弹铺贴线。

(三)外防外贴法操作要点

外防外贴法施工是在地下围护结构做好以后,把卷材防水层直接铺贴在立面上,然后砌筑防水层保护墙,其操作要点如下:

(1)按设计要求浇筑混凝土垫层。

(2)在垫层上砌筑保护墙。为了避免伸出卷材接头受损,在铺贴底板卷材前,先在垫层周围砌筑保护墙。保护墙由两部分组成,下部为永久性保护墙,用水泥砂浆砌筑,高度不少于底板厚度加 200～500mm,内表面抹水泥砂浆找平层;上部为临时性保护墙,用石灰砂浆砌筑,高度为 150(n+1)mm(n 为油毡层数),临时性保护墙上铺设卷材示意如图 8-24 所示。

(3)抹水泥砂浆找平层。在垫层和保护墙表面抹 1∶2.5～3 的掺入膨胀剂的水泥砂浆找平层作为基层,基层要坚固、平整、清洁。待找平层干燥后,刷基层处理剂。

(4)特殊部位增强处理。地下工程找平层的阴阳角、转角、变形缝等部位是防水的薄弱环节,易发生渗漏现象,在铺贴卷材前,应增设附加防水层,以加强防水效果。

(5)铺贴卷材。铺贴高聚物改性沥青防水卷材应采用热熔法施工;铺贴合成高分子防水卷材采用冷粘法施工。

在铺贴卷材时,应先贴底面,后贴立面,交接处应交叉搭接。第一块卷材应铺贴在平面和立面保护墙相交的阴角处,平面和立面各占 1/2。待铺完第一块卷材后,以后的卷材按卷材的搭接宽度要求(长边为 100mm,短边为 150mm),在已铺卷材的搭接边上弹出基准线。铺贴底

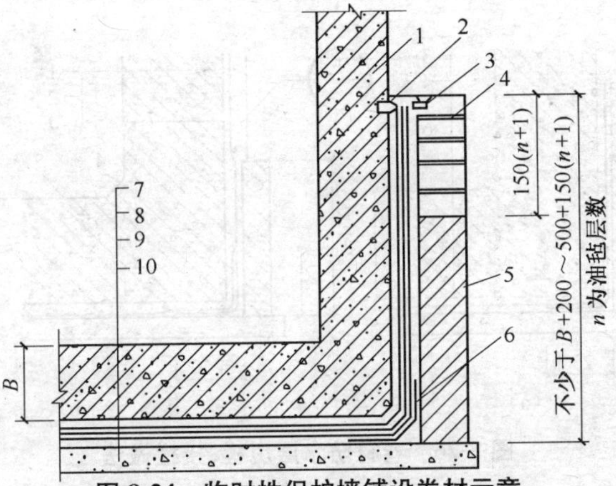

图 8-24　临时性保护墙铺设卷材示意

1. 围护结构　2. 永久性木条　3. 临时性木条　4. 临时保护墙　5. 永久性保护墙　6. 卷材加强层　7. 保护层　8. 卷材防水层　9. 找平层　10. 混凝土垫层

板卷材防水层并折向立面与墙身卷材搭接。卷材防水层牢固粘贴在永久性保护墙上和底板垫层上；在临时保护墙上将卷材临时粘附，并将接头分层临时固定在保护墙最上端。为了防止绑扎钢筋在浇筑混凝土时撞坏或穿破防水层，当底板上卷材铺贴后，先铺设一层油毡保护隔离层，再做 30～50mm 厚的 1∶3 水泥砂浆或细石混凝土保护层。对粘贴在保护墙上的卷材表面应抹低强度砂浆保护层或用花点粘固聚乙烯泡沫塑料片材加以保护。

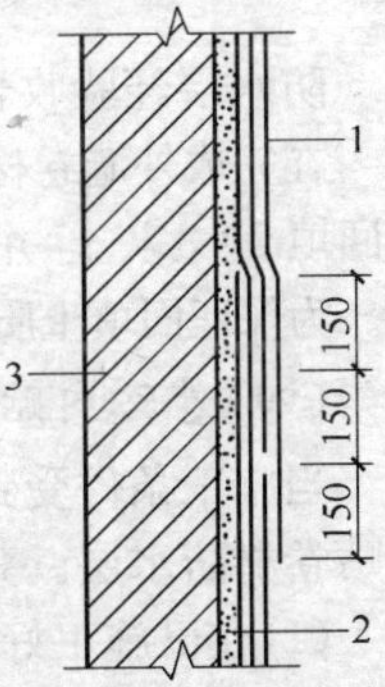

图 8-25　阶梯形接槎

1. 卷材防水层　2 找平层　3. 墙体结构

然后进行底板和围护结构施工。在围护结构施工完毕，做防水层前，将临时保护墙拆除，清除砂浆，并将卷材剥出，用喷灯微热烘烤，逐层揭开，清除卷材表面浮灰、污物和泡沫塑料，再在围护结构外表面上抹水泥砂浆找平层，刷基层处理剂后，将卷材分层错槎搭接向上铺贴。上层卷材盖过下层卷材不应小于 150mm(图 8-25)，卷材的甩槎、接槎做法如图

8-26所示。

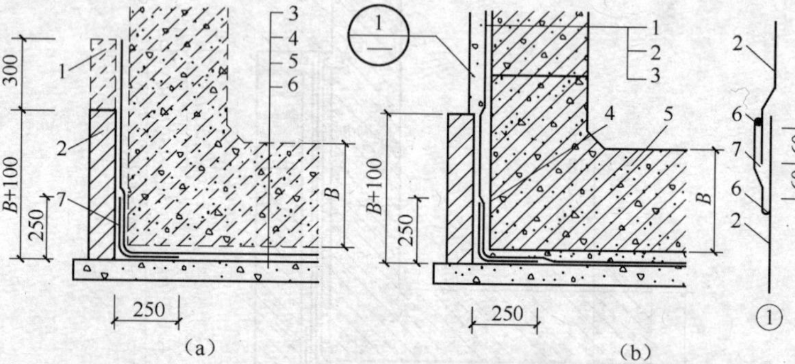

图 8-26 卷材防水层甩槎、接槎做法

(a)甩槎

1. 临时保护墙 2. 永久保护墙 3. 细石混凝土保护层 4. 卷材防水层 5. 水泥砂浆找平层 6. 混凝土垫层 7. 卷材加强层

(b)接槎

1. 结构墙体 2. 卷材防水层 3. 卷材保护层 4. 卷材加强层 5. 结构底板 6. 密封材料 7. 盖缝条

防水层经验收合格后,继续向上砌筑永久性保护墙。

在完成外墙卷材防水保护层施工之后,可根据施工要求,在基坑内分步回填 2∶8 灰土,并按要求厚度,采用机械或人工方法,分层分步回填夯实。为保证回填土质量,土中不得夹有石块、碎砖、灰渣及有机杂物。

(四)外防内贴法操作要点

当施工条件受到限制,外防外贴法不能采用时,可采用外防内贴法铺贴卷材防水层。其操作要点如下:

(1)在已施工好的混凝土垫层上砌筑永久性保护墙,并以 1∶3 水泥砂浆做好垫层及永久性保护墙上的找平层。

(2)涂布基层处理剂。待找平层干燥后即涂刷冷底子油,待冷底子油干燥方可铺贴卷材防水层。

(3)铺贴卷材。先贴立面,后贴平面。贴立面卷材时,应贴转角后贴大面。铺贴完毕,再做卷材防水层的保护层。立面可按外贴法抹水泥砂浆,平面亦可抹水泥砂浆或浇筑一层厚 30～50mm 的细石混凝土。

保护层做完后，再进行围护结构和底板的施工。

卷材铺贴要求：冷底子油涂刷于基层表面，要求满铺而不留空隙，涂得薄而均匀，对表面较粗糙的基层可涂两道冷底子油。大面积可采用喷涂方法。

卷材铺贴时要按规定进行搭接，在墙面上卷材应按垂直方向自下而上铺贴，在底面上宜平行于长边铺贴。相邻卷材搭接宽度应不小于100mm，上下卷材的接缝应相互错开1/3卷材宽度以上，上下层卷材不得相互垂直铺贴。铺贴的卷材如需接长时，长边搭接应不小于100mm，短边搭接应不小于150mm，应用错槎形接缝连接，上层卷材盖过下层卷材。

（五）铺贴合成高分子防水卷材注意事项（采用冷粘法施工）

(1)胶粘剂要与卷材相匹配，计量要准确，搅拌均匀，在规定可操作时间内涂刷完毕，涂刷应均匀，不漏刷、不堆积。按照胶粘剂的性能和施工环境控制好胶粘剂涂刷与卷材铺贴的间隔时间。

(2)铺贴卷材应平整顺直，搭接尺寸准确，不歪扭、皱褶，要排除卷材下面的空气，并辊压粘结牢固，不得有空鼓。

(3)满粘的卷材，必须均匀涂满胶粘剂，在辊压过程中有胶粘剂溢出，以保证卷材粘结牢固，封口严密。

(4)卷材接口应用密封材料封严，其宽度不小于10mm。

(5)卷材的甩槎、接槎做法见图8-26。

（六）铺贴高聚物改性沥青防水卷材注意事项（采用热熔法施工）

(1)火焰加热必须均匀一致，火焰加热器的喷嘴与卷材距离适当，并保持合适的移动速度，加热至卷材粘贴面呈光亮的黑色时方可进行粘贴。加热不够或过度加热都会影响粘贴质量。要边熔融卷材表面、边滚铺卷材，使卷材与基层，卷材与卷材之间紧密粘结，如图8-27所示。

(2)厚度小于3mm的高聚物改性沥青防水卷材加热时容易把增强胎体烧穿，因此禁用热熔法粘贴。

(3)卷材表面热熔后，立即滚铺卷材，将卷材下的空气排除，并使位置平直，不裂不扭，及时辊压。辊压应在至接缝边溢出溶化的高聚物改性沥青胶为好，使粘结严密，牢固。

(4)铺贴好的卷材应平整顺直，搭接和错缝均应符合要求，粘结牢

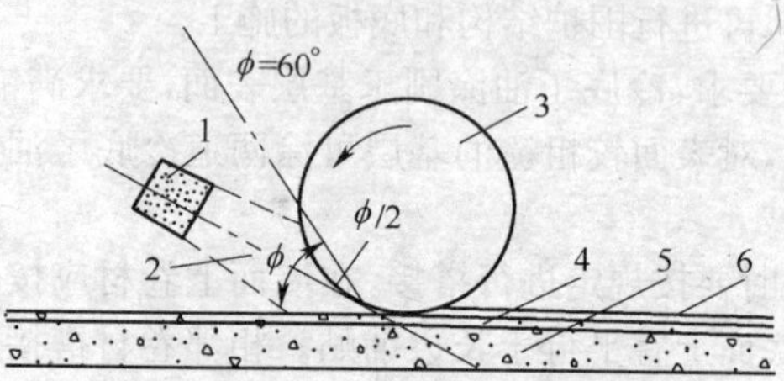

图 8-27　热熔法施工示意图

1. 喷嘴　2. 火焰　3. 成卷的油毡　4. 水泥砂浆找平层
5. 混凝土垫层　6. 油毡防水层

固，无空鼓、翘边、皱褶等缺陷。

（七）特殊部位的防水处理

1. 转角部位的加固

平面的交角处，包括阳角、阴角及三面角，是防水层的薄弱部位，应加强防水处理。转角部位找平层应做成圆弧形。在立面与底面的转角处，卷材的接缝应留在底面上，距墙根不小于 600mm。转角处卷材的铺贴方法如图 8-28 所示。

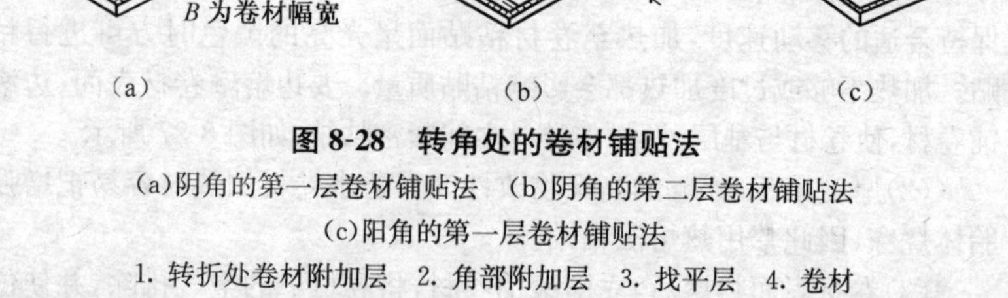

图 8-28　转角处的卷材铺贴法

(a)阴角的第一层卷材铺贴法　(b)阴角的第二层卷材铺贴法
(c)阳角的第一层卷材铺贴法
1. 转折处卷材附加层　2. 角部附加层　3. 找平层　4. 卷材

2. 管道埋设处的防水处理

管材埋设件与卷材防水层连接处的做法如图 8-29 所示。卷材防水层应粘贴在套管的法兰盘上，粘贴宽度至少为 100mm，并用夹板将卷材压紧。

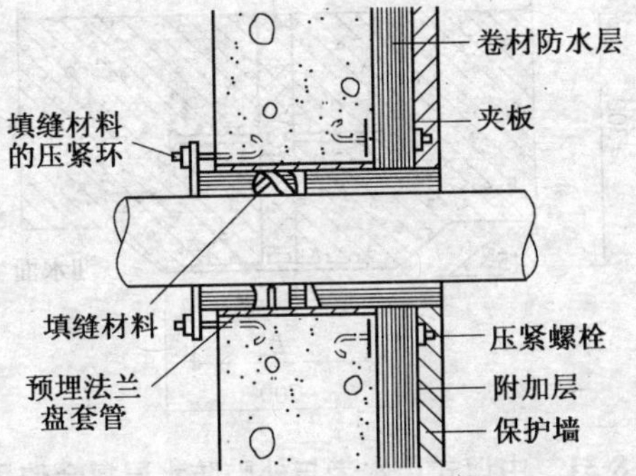

图 8-29　穿墙管活动式

3. 变形缝的防水处理

不承压的地下结构变形缝内，应用加防腐填料的沥青浸过的毛毡、麻丝或纤维填塞严密，并用防水性能优良的油膏封缝，如图 8-30 所示。

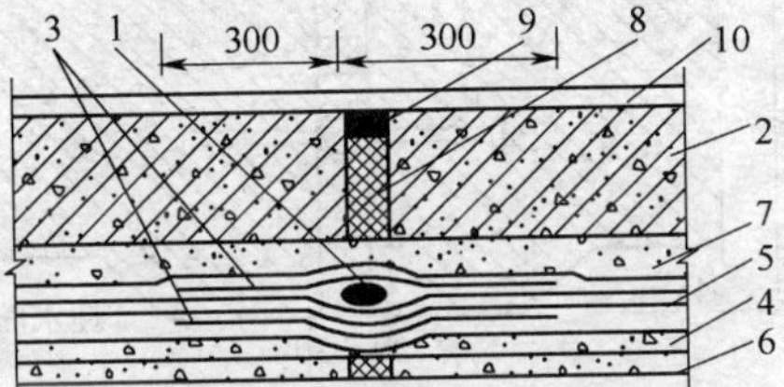

图 8-30　不受水压的结构的变形缝做法

1. 浸过沥青的垫圈　2. 底板　3. 加铺的油毡　4. 砂浆找平层
5. 油毡防水层　6. 混凝土垫层　7. 砂浆结合层
8. 填缝材料　9. 油膏封缝　10. 砂浆面层

承受水压的地下结构变形缝处除填塞防水材料外，还应装入止水带，以保证结构变形时保持良好的防水能力。

止水带有金属止水带和橡胶、塑料止水带。变形缝的几种复合防水构造形式如图 8-31、图 8-32 和图 8-33 所示。对环境温度高于 50℃处的变形缝，可采用 2mm 厚的紫铜片或 3mm 厚不锈钢等金属止水带，其中间呈圆弧形，如图 8-34 所示。

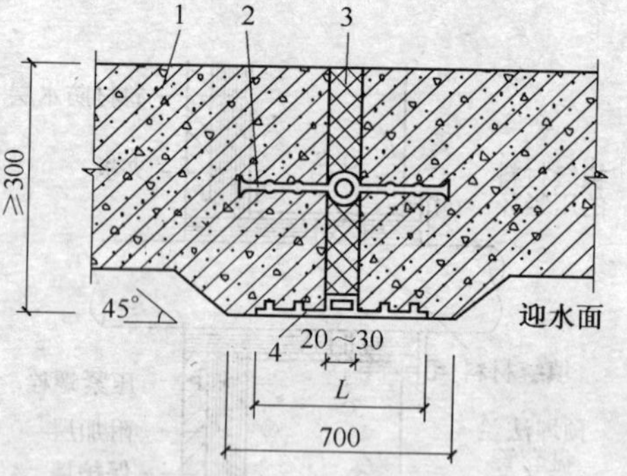

图 8-31　中埋式止水带与外贴防水层复合使用

外贴式止水带 $L\geqslant300$　外贴防水卷材 $L\geqslant400$　外涂防水涂层 $L\geqslant400$

1. 混凝土结构　2. 中埋式止水带　3. 填缝材料　4. 外贴防水层

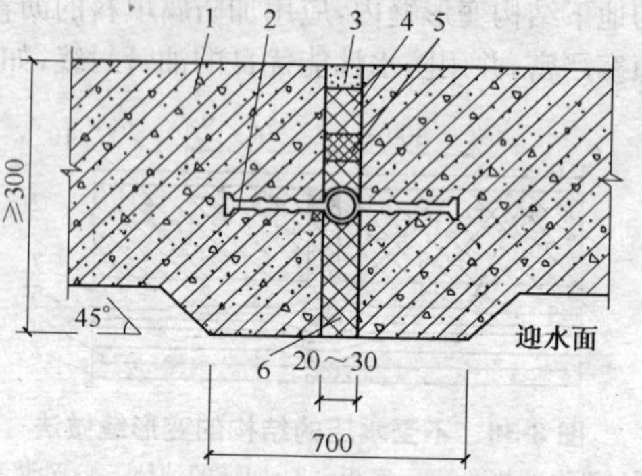

图 8-32　中埋式止水带与遇水膨胀橡胶条、嵌缝材料复合使用

1. 混凝土结构　2. 中埋式止水带　3. 嵌缝材料　4. 背衬材料　5. 遇水膨胀橡胶条　6. 填缝材料

五、质量验收

(一)主控项目

(1)卷材防水层所用卷材及主要配套材料必须符合设计要求。

检验方法:检查出厂合格证、质量检验报告和现场抽样试验报告。

(2)卷材防水层及其转角处、变形缝、穿墙管道等细部做法均需符

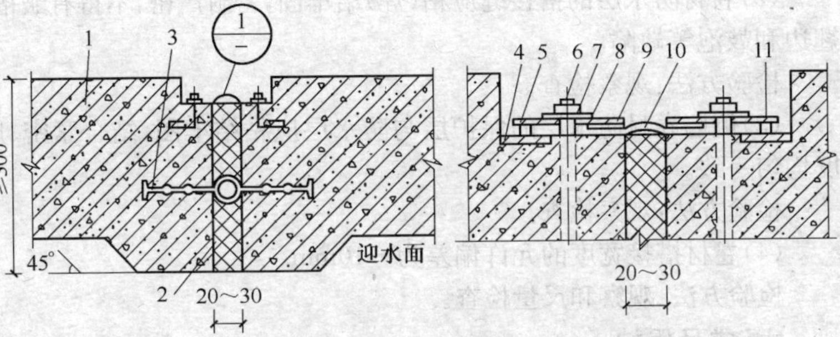

图 8-33　中埋式止水带与可卸式止水带复合使用

1. 混凝土结构　2. 填缝材料　3. 中埋式止水带　4. 预埋钢板
5. 紧固件压板　6. 预埋螺栓　7. 螺母　8. 垫圈　9. 紧固件压块
10. Ω形止水带　11. 紧固件圆钢

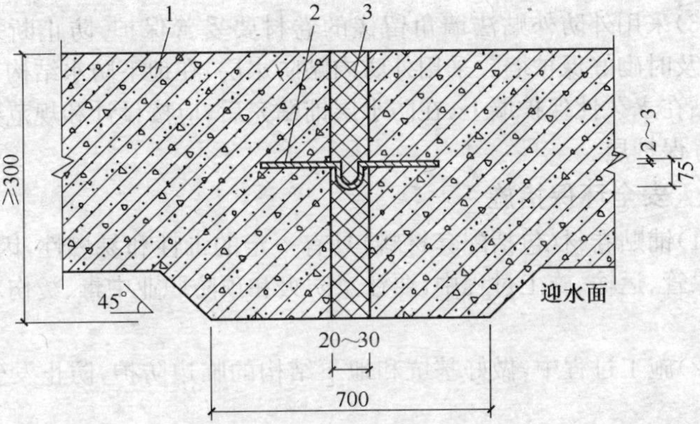

图 8-34　中埋式金属止水带

1. 混凝土结构　2. 金属止水带　3. 填缝材料

合设计要求。

检验方法：观察检查和检查隐蔽工程验收记录。

(二)一般项目

(1)卷材防水层的基层应牢固，基面应洁净、平整，不得有空鼓、松动、起砂和脱皮现象；基层阴阳角处应做成圆弧形。

检验方法：观察检查和检查隐蔽工程验收记录。

(2)卷材防水层的搭接缝应粘(焊)结牢固,密封严密,不得有皱褶、翘边和鼓泡等缺陷。

检验方法:观察检查。

(3)侧墙卷材防水层的保护层与防水层应粘结牢图,结合紧密、厚度均匀一致。

检验方法:观察检查。

(4)卷材搭接宽度的允许偏差为−10mm。

检验方法:观察和尺量检查。

六、成品保护

(1)卷材运输及保管时,平放不得高于4层,不得横放、斜放,应避免雨淋、日晒、受潮。

(2)已铺好的卷材防水层,应及时采取保护措施。操作人员不得穿带钉鞋在结构底板上作业。

(3)采用外防外贴法墙角留槎的卷材要妥善保护,防止断裂和损伤,并及时砌好保护墙。采用外防内贴防水层,在地下防水结构工程施工前贴在永久性保护墙上,在防水层铺贴完后,应按设计和规范要求及时做好保护层。

七、安全环保措施

(1)铺贴卷材(包括配套材料)具有一定的毒性和易燃性,因此,在材料保管、运输、施工过程中,要注意防火和预防职业中毒、烫伤事故发生。

(2)施工过程中,做好基坑和地下结构的临边防护,防止发生坠落事故。

(3)高温天气施工,要采取防暑降温措施。

(4)施工垃圾要及时清理,外运至指定消纳地点,严禁随地乱倒施工垃圾。

第四节 聚氨酯涂膜防水施工

聚氨酯防水涂料是地下防水工程中防水效果比较好的材料。它是双组分化学反应固化型的高弹性防水涂料,使用时要将甲、乙组分按一定比例均匀拌合，方可涂刷。

聚氨酯防水涂料做地下工程防水层一般采用“外防外涂法”，其构造如图 8-35 所示。

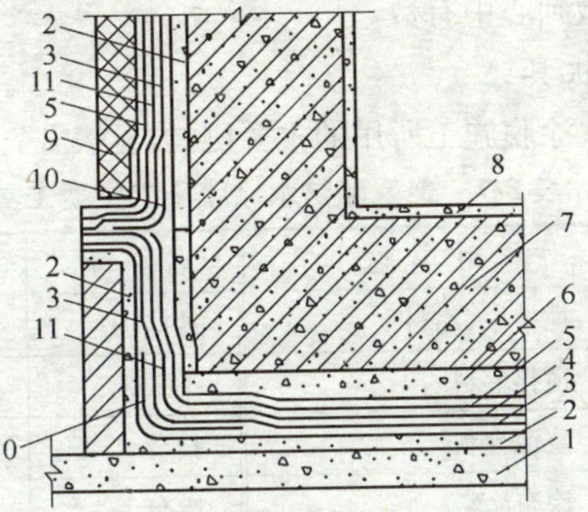

图 8-35　地下工程聚氨酯涂膜防水层构造示意图

1. 混凝土垫层　2. 无机铝盐防水砂浆找平层　3. 基层处理剂(聚氨酯底胶)　4. 平面涂布四遍聚氨酯防水涂料　5. 油毡保护隔离层　6. 细石混凝土保护层　7. 钢筋混凝土结构层　8. 水泥砂浆面层　9. 40mm 厚聚苯乙烯泡沫塑料保护层　10. 胎体增强材料　11. 立面涂布五遍聚氨酯

一、施工准备

(一)材料准备

1. 主体材料

甲组分是由聚醚树脂和二异氰酸酯等原料，经聚合反应制成的聚氨基甲酸酯预聚物。甲组分的用量为 1～1.5kg/m^2。

乙组分是由胺类固化剂或羟基类固化物，加入适当的煤焦油、增塑剂、防霉剂、促进剂、增韧剂、增粘剂、填充剂和稀释剂等混合加热，均匀搅拌而成。乙组分的用量为 1.5～2kg/m^2。

2. 配套材料

配套材料包括无机铝盐防水剂、涤纶无纺布、聚乙烯泡沫塑料片材等。

主体材料和配套材料必须具有产品说明书、试验报告，并经抽样复检合格。

（二）技术准备

（1）进行技术交底，掌握涂膜防水设计意图和构造要求。

（2）学习涂膜防水施工方案、作业指导书，对工程的具体要求，工程的重点和难点做到心中有数。

（三）主要机具

聚氨酯防水涂膜施工所用的主要机具，见表8-7。

表8-7 聚氨酯防水涂膜施工主要工具

名称	用途	名称	用途
电动搅拌器	搅拌甲、乙料	铁抹子	修补找平层
搅拌桶	搅拌盛料	小平铲	修理找平层
小油漆桶	装混合料	扫帚	清理找平层
塑料或橡胶板	涂布涂料	墩布	清理找平层
铁皮小刮板	在细部构造部位涂刮涂料	高压吹风机	清理找平层
称量器	称量配料	剪刀	裁剪胎体增强材料
长柄滚刷	涂刷底胶、涂料	铁锨	拌合水泥砂浆
油漆刷	在细部构造部位涂刷底胶、涂料	灭火器	消防用具

（四）作业条件

1. 基层要求

基层应坚固、平整、干净、干燥（含水率不大于9%）。基层应抹水泥砂浆找平层，随抹随压光，不得有空鼓、起砂、掉灰等缺陷。基层表面平整度用2m长靠尺检查，不平度不大于5mm，超过时，应将基层表面凿毛、清洗，然后用水泥砂浆抹平；基层表面的灰尘、油污、铁锈等，应在涂布前彻底清除。

2. 其他要求

（1）地下防水工程施工期间，应做好降、排水工作，保证基坑干燥，以利于防水涂料的充分固化。

（2）聚氨酯防水涂膜施工的适宜温度在－5℃～35℃之间，低于

－5℃时，涂料变稠不易涂抹；高于 35℃，防水层质量难以保证。

施工途中遇有下雨、下雪，应立即停止施工；5 级以上大风天气，不得施工。

二、施工工艺

(一)工艺流程

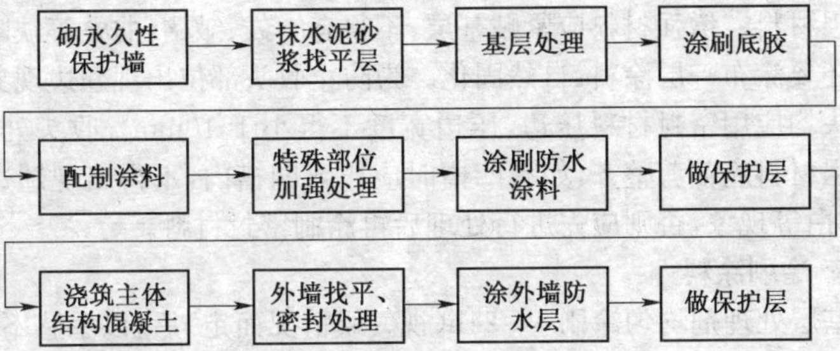

(二)操作工艺

1. 砌永久性保护墙

在混凝土垫层上用水泥砂浆砌筑约 1m 高、24cm 厚的砖墙，作为永久性保护墙。

2. 抹水泥砂浆找平层

在保护墙上抹防水砂浆找平层，要求平整，干燥。

3. 配料搅拌

聚氨酯防水涂料应现用现配，配好后在 2h 内用完，避免涂料搁置过久，固化成块。先将甲、乙组分涂料各自预先搅拌均匀，然后按生产厂家提供的配合比现场配制，要求计量准确，主剂和固化剂的混合偏差不得大于 5%。

涂料的搅拌配料先放入搅拌容器或电动搅拌筒，然后放入固化剂，并立即开始搅拌。搅拌时间一般为 3～5min。

4. 涂刷基层处理剂

基层处理剂的配合比为：聚氨酯甲料∶专供底涂用的乙料＝1∶3～1∶4(质量比)，均匀拌合，涂刷基层处理剂时，要用刷子用力薄刷，不堆积、不露底，使涂料尽量刷进基层表面毛细孔中，并将基层可能留下的少量灰尘等杂质，像填充料一样混入基层处理剂中，使之与基层牢固结合。

5. 特殊部位加强处理

基层处理剂（又称底胶）固化后，在阴阳角、变形缝等复杂部位先涂布防水涂料，涂料固化后，铺贴聚酯无纺布、化纤无纺布或玻纤布等胎体增强材料。增强材料应紧贴基层，不得有空鼓、皱褶、曲叠等缺陷，其表面还要涂布一层涂料，自然固化。为防止收头部位出现翘边现象，所有收头均应用密封材料压边，压边宽度不得小于 10mm。收头处的胎体增强材料应裁剪整齐，如有凹槽时应压入凹槽内，不得出现翘边、皱褶、露白等现象，否则应先进行处理后再涂刷密封材料。

6. 涂刷涂料

基层处理剂均匀涂刷 4～24h（视气候情况而定）后，以手感不粘手时，即可进行涂膜层施工。涂膜防水层施工，可用涂刷法或喷涂法，涂膜防水层应分层分遍涂刷，涂喷后一层的涂料必须待前一层涂料结膜后方可进行，涂刷或喷涂必须均匀。第二层的涂刷方向，应与第一层垂直。每层涂膜不宜过厚，在平面基层上，一般涂布 4 遍聚氨酯防水涂料，每遍涂层厚度用量为 0.6～0.8kg/m^2；在立面基层上，一般涂布 5 遍，为避免防水涂料流淌，每遍涂层的用量为 0.5～0.6kg/m^2。同层涂膜的先后搭接槎应≥51mm。

7. 铺贴油毡保护层

最后一层涂膜固化成膜，经检查验收合格后，在平面和立面可虚铺一层石油沥青纸胎油毡作保护隔离层。铺设时可用少许胶粘剂点粘固定，以防在浇筑细石混凝土时发生位移。

8. 做刚性保护层

平面部位防水层应在隔离层上做 40～50mm 厚细石混凝土刚性保护层，浇筑时必须防止油毡隔离层和涂膜防水层损坏。立面部位在围护结构上涂布最后一道防水涂料后，可随即直接粘贴 5～6mm 厚的聚乙烯泡沫塑料片材作软保护层，也可在立面层涂膜固化后用点粘固定，粘贴时泡沫塑料片材拼缝要严密。最后在立墙油毡保护层表面抹20～25mm 厚 1∶2～2.5 水泥砂浆保护层。

9. 浇筑主体结构混凝土

刚性保护层施工和养护好后，按设计和施工要求绑扎钢筋、支立模板，浇筑混凝土结构。

10. 外墙找平、密封处理

结构外墙施工完毕，拆模后要对表面找平处理，根据不同情况可分别采用抹水泥砂浆和嵌填密封材料的方法进行处理。

11. 涂外墙防水层

先在处理好的外墙上涂布基层处理剂，待其固化后，由上至下涂刷5遍聚氨酯防水涂料，要求每遍涂布均匀，厚薄一致。

12. 做保护层

待结构外墙的聚氨酯防水涂料固化成膜，经验收合格后，用氯丁橡胶系胶粘剂点粘油毡保护层，随后在其上铺贴聚苯乙烯泡沫塑料软保护层。

最后拆除底板的临时保护墙，将永久性保护墙往上砌至结构顶部，保护做好的涂膜防水层，并根据施工安排，尽早进行保护墙外的土方回填。

三、质量验收

1. 主控项目

(1)涂料防水层所用材料及配合比必须符合设计要求。

检验方法：检查出厂合格证、质量检验报告、计量措施和现场抽样试验报告。

(2)涂料防水层及其转角处、变形缝、穿墙管道等细部做法均需符合设计要求。

检验方法：观察检查和检查隐蔽工程验收记录。

2. 一般项目

(1)涂料防水层的基层应牢固，基面应洁净、平整，不得有空鼓、松动、起砂和脱皮现象；基层阴阳角处应做成圆弧形。

检验方法：观察检查和检查隐蔽工程验收记录。

(2)涂料防水层应与基层粘结牢固，表面平整、涂刷均匀，不得有流淌、皱褶、鼓泡、露胎体和翘边等缺陷。

检验方法：观察检查。

(3)涂料防水层的平均厚度应符合设计要求,最小厚度不得小于设计厚度的80%。

检验方法:针测法或割取20mm×20mm实样用卡尺测量。

(4)侧墙涂料防水层的保护层与防水层粘结牢固,结合紧密,厚度均匀一致。

检验方法:观察检查。

四、成品保护

(1)涂膜防水层施工前,应将所有穿过防水层的管道、设备及预埋件安装完毕,防水层施工完毕后,不得在结构上再凿孔打洞、重物冲击,以免破坏防水层的整体性,导致发生渗漏现象。

(2)已铺好的卷材防水层,应及时采取保护措施。操作人员不得穿带钉鞋在结构底板上作业。

五、安全环保措施

(1)涂料应达到环保要求,配料和施工现场应有安全、防火措施。

(2)施工过程中,做好基坑和地下结构的临边防护,防止发生坠落事故。

(3)高温天气施工,要采取防暑降温措施。

(4)施工垃圾要及时清理、清扫;在砂浆拌合时,要尽量避免灰尘飞扬。

第五节 质量通病与防治

一、防水混凝土渗漏

(一)原因分析

与混凝土拌合物的和易性有直接的关系。和易性不好将导致混凝土松散,粘结性不良,在浇筑过程中容易发生分层离析现象,从而造成混凝土产生蜂窝、孔洞、麻面等缺陷,引起渗漏。

(二)防治措施

(1)严格控制混凝土的和易性。主要采取合理选择原材料,严格遵守配合比和搅拌时间等措施来控制。

(2)严格按照施工工艺的要求控制混凝土浇筑全过程的质量,包括配料、搅拌、运输、浇筑、振捣、养护等过程。要求混凝土密实,无蜂窝、孔洞、麻面等缺陷。

(3)固定模板的螺栓不宜穿过防水混凝土结构,必须穿过时,要采取防水处理措施。

二、施工缝渗漏

(一)原因分析

(1)施工缝施工前,未将施工缝的旧混凝土表面进行凿毛、清渣等处理,使新旧混凝土粘结不严而造成渗漏。

(2)采用各种止水带的施工缝未按操作工艺要求精心施工,极易造成止水带与结构之间的缝隙渗漏。

(二)防治措施

(1)施工缝施工前,应进行凿毛清除疏松混凝土层,并将缝内杂物清理干净后,用水冲洗干净,充分湿润后再浇筑混凝土,确保新旧混凝土能连成一起。

(2)施工缝在浇筑新混凝土时,宜先铺一层与混凝土强度等级相同的水泥砂浆(或豆石混凝土),细致捣实。

(3)止水带应位置正确,固定措施得力。浇筑该处混凝土时应格外小心,不仅不得损坏止水带,而且要确保振捣密实。

三、混凝土裂缝渗漏

(一)原因分析

混凝土表面易产生塑性收缩裂缝、干缩裂缝、温度裂缝以及不均匀沉陷裂缝等,当这些裂缝贯穿于混凝土结构断面时,将影响结构强度以及防水、抗渗性能,并发生渗漏。产生裂缝的主要原因有:

(1)混凝土拌合不均匀,水泥品种混用。

(2)所用水泥安定性不合格。

(3)设计不周,使结构发生不均匀下沉,导致混凝土墙、板断裂而出现渗漏。

(4)混凝土结构缺乏足够的刚度,在土侧压力及水压力作用下发生变形而出现裂缝。

(二)防治措施

(1)防水混凝土必须使用同一品种水泥,混凝土的配制、浇筑、振捣必须按工艺规程进行。

(2)设计应充分考虑建筑物周围的地形、地质情况,合理设置施工缝位置,使结构具备足够的刚度,以抵抗外力的作用。

(3)严禁使用安定性不合格的水泥,同时要防止碱骨料反应引起混凝土开裂。

(4)已出现的裂缝可以采取埋设孔道注浆、嵌填密封材料、涂抹聚合物水泥砂浆等系列方法加以治理。

四、预埋件部位渗漏

(一)原因分析

(1)预埋件周围由于浇筑混凝土比较困难,造成振捣不密实。

(2)预埋件表面有锈蚀层,使预埋件与混凝土的粘结难以严密。

(3)暗设(暗配)管接头不严密或者用有缝管,致使地下水从缝隙中渗入管内,又由管内流出。

(4)预埋件因外力作用后产生松动,导致与混凝土之间产生缝隙。

(二)防治措施

(1)预埋件表面必须加强防锈处理。

(2)要严格控制预埋件的标高和平面位置,必要时,可以适当增厚预埋件部位的断面尺寸。

(3)预埋件应进行防水处理(图 8-36),固定措施必须牢靠,浇筑混凝土时,预埋件周围的混凝土要仔细振捣密实。

(4)混凝土暗设管道必须保证接头严密,管道必须使用无缝管,确保管内不进水。

(5)堵漏方法参照第九章的有关工艺进行。

五、管道穿墙(地)部位渗漏

(一)原因分析

穿墙管道包括常温管道、热力管道和电缆等,管道与混凝土接触的地方易产生裂缝而导致渗漏。原因与预埋件部位渗漏的产生原因大致相同。

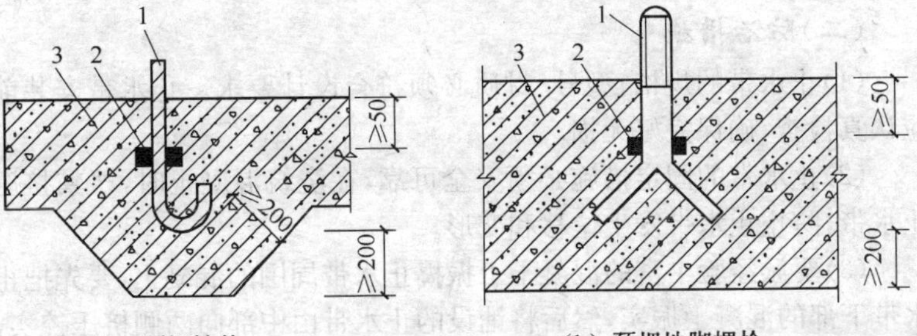

图 8-36　预埋件防水构造

1. 预埋件　2. SPJ 型或 BW 型遇水膨胀止水条　3. 围护结构

（二）防治措施

(1)穿墙管道应根据具体情况采取相应的防水构造。常温穿墙管道可采用图 7-9 所示的构造措施；热力管道穿过外墙时，应采取防水套管方法，以适应管道的温度变化；电缆穿过外墙时应采用套管，套管与电缆之间的空隙应用石棉热沥青嵌填密实。

(2)设计时尽量将管道埋置深度提高至常年地下水位以上。

(3)已发生管道渗漏的部位可以选用第九章的有关堵漏技术进行处理。

六、变形缝渗漏

（一）原因分析

变形缝包括沉降缝、伸缩缝，是地下防水工程的重要部位。变形缝的构造应力求简单，所用材料应满足强度、延伸性、耐老化与耐酸碱的要求。变形缝渗漏的常见原因有：

(1)止水带的固定措施不当，埋设位置不准确或被浇筑的混凝土挤变形。

(2)止水带周围的混凝土包裹不严，混凝土振捣不密实，甚至有漏振、空洞。

(3)止水带周围的钢筋过密，混凝土浇筑有困难或粗骨料过于集中，极易造成局部不密实而导致渗漏。

(4)浇筑混凝土前,未将止水带周围的木屑、灰垢等杂物清理干净。

(二)防治措施

(1)止水带的规格、型号、材质必须符合设计要求。止水带安装前应认真检查,确保完好无损。

(2)止水带的固定措施必须安全可靠,在浇筑混凝土时,严禁挤压止水带,防止止水带发生位移和变形。

(3)要派经验丰富的混凝土工振捣止水带周围的混凝土,要先把止水带下部的混凝土振实,然后将铺设的止水带由中部向两侧挤压控实,再浇筑上部混凝土。

(4)止水带周围钢筋过密时,应采用细石混凝土和小号振捣器仔细振捣,确保止水带周围的混凝土密实,不漏振、不欠振。

(5)若已施工完的变形缝出现渗漏水,可用第九章的有关堵漏方法加以治理。

第九章 密封与堵漏施工

第一节 屋面接缝密封防水施工

屋面系统的各种节点部位和各种接缝是屋面渗漏水的主要通道，密封处理质量的好坏，直接影响到屋面防水层的效果。屋面密封防水主要用于屋面构件与构件、各种防水材料的接缝及收头的密封防水处理、各种防水屋面的配套密封防水处理。

屋面密封防水处理的一般构造如图 9-1 所示。密封防水的接缝宽度由设计确定，缝宽不大于 40mm，不小于 10mm。接缝深度可取缝宽的 0.5～0.7 倍，且不小于 5mm。嵌缝的底部应设置背衬材料；与密封材料粘结部位的接缝基层应涂刷基层处理剂。外露的接缝，上部宜设置保护层，宽度不小于 100mm，可采用卷材、涂料或水泥砂浆。

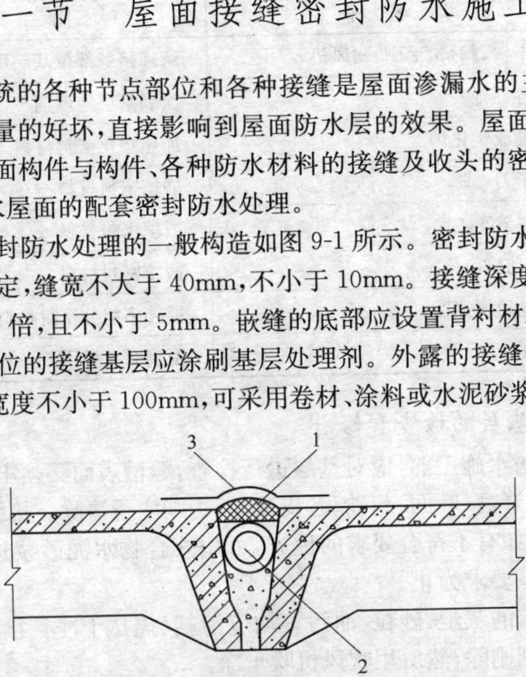

图 9-1 接缝密封防水处理

1. 密封材料 2. 背衬材料 3. 保护层

水落口、伸出屋面的管道与屋面连接处、天沟、檐沟、檐口及泛水收头等节点的密封防水处理做法，可参考第六章的有关内容。

一、施工准备

(一)材料准备

密封材料、背衬材料及其他铺助材料均应按设计要求选购进场，并按规定保管、贮存。进场材料要按规定进行抽样复检，合格后才能使用。

(二)机具准备

嵌填密封材料常用施工机具，应根据密封材料的种类、施工工艺选用，可参考表9-1。

表9-1 嵌填密封材料的施工机具

机具名称	用途
钢丝刷、平铲、扫帚、毛刷、吹风机	清理接缝部位基层用
棕毛刷、容器桶	涂刷基层处理剂
铁锅、铁桶或塑化炉	加热塑化密封材料
刮刀、腻子刀	嵌填密封材料
鸭嘴壶、灌缝车	嵌填密封材料
手动或电动挤出枪	嵌填密封材料
搅拌筒、电动搅拌器	搅拌多组分密封材料
磅秤、台秤	配制时计量用

(三)基层的检查和修补

密封防水施工前，应对基层进行检查，缝槽表面必须牢固、密实、平整，不得有蜂窝、麻面、起砂、起皮现象，否则应予清除。接缝尺寸、平整性、密实性如有不符合要求的地方，可用聚合物水泥砂浆进行处理，直至符合施工要求为止。

基层上的灰尘、砂粒、油污等均应清扫、擦拭干净。接缝处的浮浆可用钢丝刷刷除，然后用吹风机吹干净。

(四)配料与搅拌

正式进行密封防水施工前，要按要求配料与搅拌。当采用双组分密封材料时，必须把甲、乙组分按规定配合比准确计量，并充分搅拌均匀后才能使用。

配料时，甲、乙组分应按质量比分别准确称量，然后倒入容器内进行搅拌。人工搅拌时用腻子刀充分混合均匀，混合量不应太多，以免搅拌困难。搅拌过程中，应防止空气混入。搅拌混合是否均匀，可用腻子刀刮薄后检查，如色泽均匀一致，没有不同颜色的斑点、条纹，则为混合均匀。采用机械搅拌时，应选用功率大、旋转速度慢的机械，以免卷入空气。机械搅拌的搅拌时间为10min左右，为了达到均匀混合的目的，每搅拌2～3min，需停机用刀刮下容器壁和底部的密封材料后，再继续搅拌，直至色泽均匀一致为止。

(五)粘结性能试验

在施工之前，应用简单的方法进行粘结试验，以检查密封材料及基层处理剂是否满足要求。试验时，以实际粘结体或饰面试件作粘结体，先在其表面贴塑料膜条，再涂以基层处理剂，然后在已涂基层处理剂的塑料膜条和涂层上粘上条状密封材料，如图9-2a所示。置于现场固化后，用手将密封材料条揭起，如图9-2b所示。当密封条拉伸直到破坏时，粘结面上仍留有破坏的密封材料，则可认为密封材料与基层处理剂粘结性能合格。

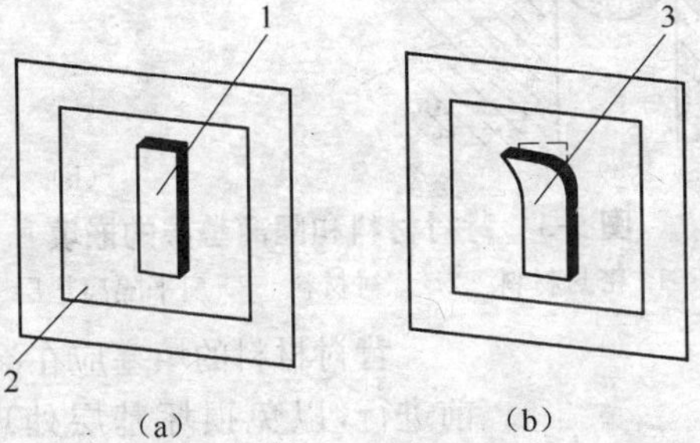

图9-2 粘结性能试验

1. 密封材料 2. 塑料膜条 3. 揭起的密封材料

二、密封施工工艺

(一)工艺流程

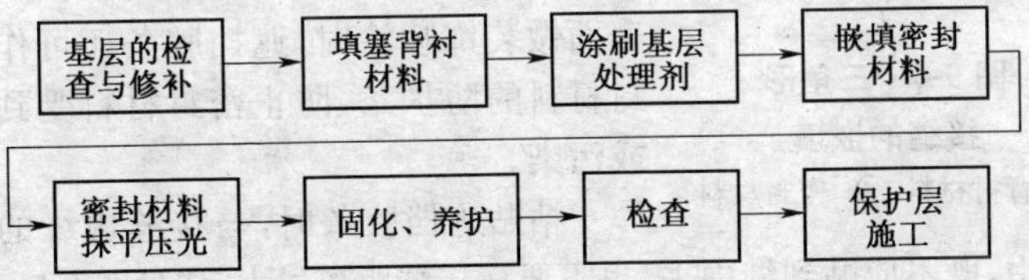

(二)操作工艺

1. 嵌塞背衬材料

常用背衬材料有聚乙烯泡沫塑料、沥青麻丝、油毡或其他卷材,形状有圆形、方形的棒状或片状。

填塞时,圆形的背衬材料其直径应大于接缝宽度 1～2mm,如图 9-3a所示。如用方形背衬材料,应与接缝宽度相同或略小于接缝宽度 1～2mm;如果接缝较浅,可用扁平的隔离垫层隔离,见图 9-3b。对于具有一定错动的三角形接缝,在三角形转角处,应粘贴密封背衬材料,见图 9-4。

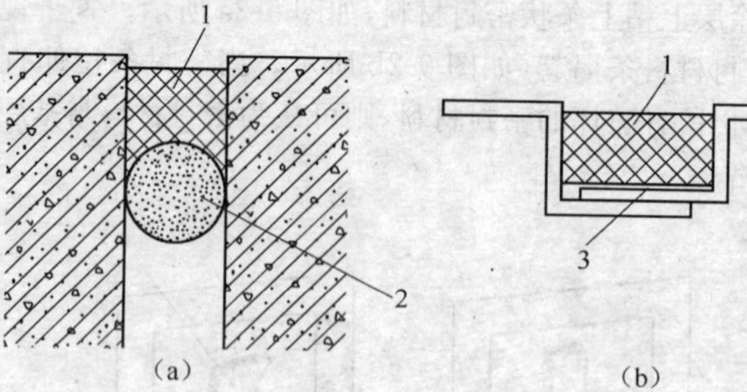

图 9-3 背衬材料和隔离垫层的嵌填

1. 密封材料 2. 背衬材料 3. 扁平隔离垫层

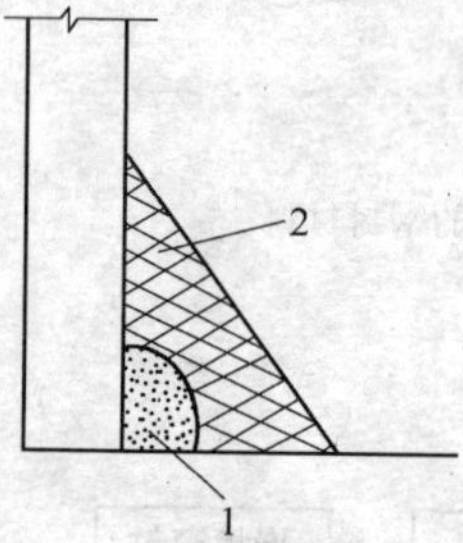

图 9-4 三角形接缝的嵌填

1. 背衬材料 2. 密封材料

背衬材料的填塞应在涂刷基层处理剂前进行,以免损坏基层处理剂,削弱其作用。背衬材料的填塞高度以保证设计要求的最小接缝深度为准。

2. 铺设遮挡胶条

遮挡胶条的作用是在施工中防止密封材料污染被粘结体两侧的表面,被粘结体表面做装饰喷涂时,遮挡胶条还可作为密封材料的防护条,防止密封材料受到损坏或污染。

粘贴遮挡胶条时,与接缝边缘的距离应适中,既不应贴到缝中去,也不要离接缝距离过大,详见图 9-5。

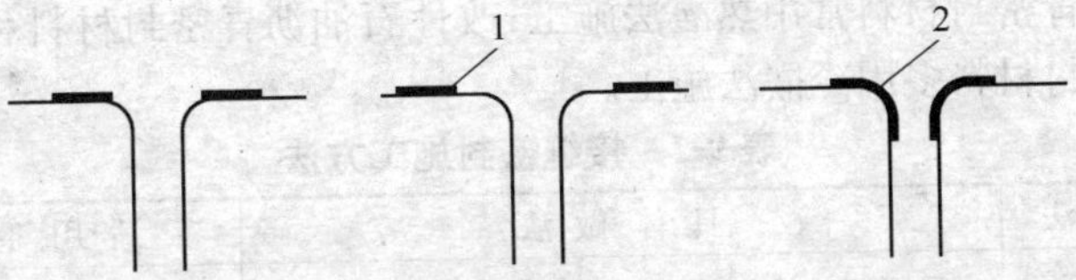

图 9-5　遮挡胶条的铺设

1. 离接缝边过远　2. 贴到了接缝内

遮挡胶条在密封材料刮平后，要立即揭去。尤其在气温高时，如停留时间过长，遮挡胶条胶粘剂易渗透到被粘结面上，使遮挡胶条不易揭去，并产生污染。

3. 涂刷基层处理剂

涂刷基层处理剂应注意以下几点：

(1)基层处理剂有单组分和双组分两种。双组分的配合比，应按产品说明书中的规定执行。当配制双组分基层处理剂时，要考虑有效时间内的使用量，不得多配，以免浪费。单组分基层处理剂要摇匀后使用。基层处理剂干燥后应立即嵌填密封材料，干燥时间一般为 20～60min。

(2)基层处理剂要选用大小合适的刷子涂刷，使用完后，应用溶剂洗净刷子，以便再用。

(3)涂刷基层处理剂时，如发现有露白或涂刷后间隔时间超过 24h 时，则应重新涂刷一次。

(4)贮存基层处理剂的容器应密封，用后即应加盖封严，防止溶剂挥发。

(5)不得使用已过期、凝聚的基层处理剂。

4. 嵌填密封材料

嵌填密封材料的正确时间在基层处理剂表面干燥后立即进行，太早或过迟均可能降低基层处理剂的使用效果，削弱密封材料与基层的粘结力。

密封材料的嵌填方法有热灌法和冷嵌法两种，见表 9-2。改性煤焦油沥青密封材料常用热灌法施工；改性石油沥青密封材料和合成高分子密封材料多用冷嵌法施工。

表 9-2　接缝密封施工方法

施工方法		具体做法	适用条件
热灌法		采用塑化炉加热，将锅内材料加温，使其熔化，加热温度为 110℃～130℃，然后用灌缝车或鸭嘴壶将密封材料灌入接缝中，浇灌时温度不宜低于 110℃	适用于平面接缝的密封处理
冷嵌法	批刮法	密封材料不需加热，手工嵌填时可用腻子刀或刮刀先将密封材料批刮到缝槽两侧的粘结面，然后将密封材料填满整个接缝	适用于平面或立面接缝的密封处理
	挤出法	可采用专用的挤出枪，并根据接缝宽度选用合适的枪嘴，将密封材料挤入接缝内。若采用桶装密封材料时，可将包装筒塑料嘴斜向切开作为枪嘴，将密封材料挤入接缝内	适用于平面或立面接缝的密封材料

(1)热灌法操作工艺

热灌法一般适用于平面接缝的密封防水处理。采用热灌法工艺施工的密封材料，需在现场塑化或加热，使其具有流塑性后使用。加热设备可用塑化炉，也可在现场搭砌炉灶，用铁锅或铁桶加热。

加热时，先将热塑性密封材料装入锅中，装入量以锅容量的 2/3 为宜，然后用文火缓慢加热，使其熔化，并随时用棍棒进行搅拌，使锅内材料升温均匀，以免锅底材料温度过高而老化变质。

密封材料的熬制温度及浇灌温度应按不同类型材料的要求严格控制。在加热过程中，要注意温度变化，可用 200℃～300℃的棒式温度计测量温度。测温方法是：将温度计插入锅中心液面下 100mm 左右，并不断轻轻搅动，至温度计停止升温时，便测得锅内材料的温度。加热温度一般为 110℃～130℃，最高不得超过 140℃。加热到规定温度后，应立即运至现场进行浇灌，浇灌时的温度宜不低于 110℃，若运输距离过长时，应采用保温桶运输。

当屋面坡度较小时，可采用特制的灌缝车(图 9-6a)或塑化炉灌缝，以减轻劳动强度，提高工效。檐口、山墙等节点部位灌缝车无法使用或灌缝量不大时，宜采用鸭嘴桶(图 9-6b)浇灌。灌缝时应从最低标高处开始向上连续进行，尽量减少接头。一般先灌垂直于屋脊的板缝，后灌平行于屋脊的板缝。纵横交叉处，在灌垂直屋脊时，应向平行屋脊缝两侧延伸 150mm，并留成斜槎。灌缝应饱满，略高出板缝，并浇出板缝两侧各 20mm 左右。灌垂直于屋脊板缝时，应对准缝的中部浇灌；灌平行于屋脊板缝时，应靠近高侧浇灌，如图 9-7 所示。

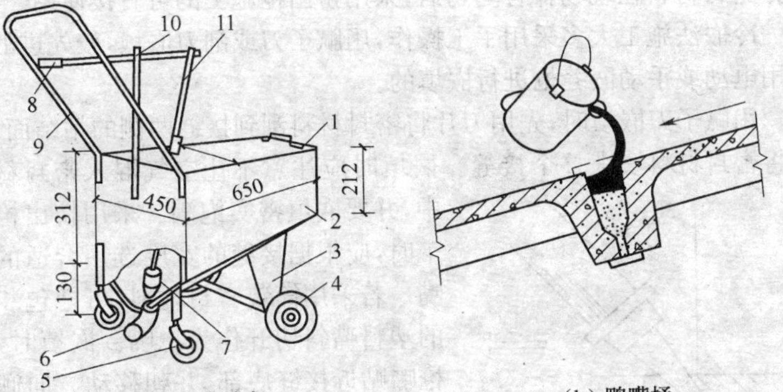

(a) 灌缝车　　(b) 鸭嘴桶

图 9-6　灌缝车与鸭嘴桶

1. 盖　2. 双层保温车身，间隙 25mm，内填保温材料，有效容积 50L　3. 支架　4. ϕ200 硬胶轮　5. ϕ75 硬胶轮　6. ϕ60 出料口　7. 柱塞　8. 操纵杆　9. 车把　10. 支柱　11. 柱塞杆

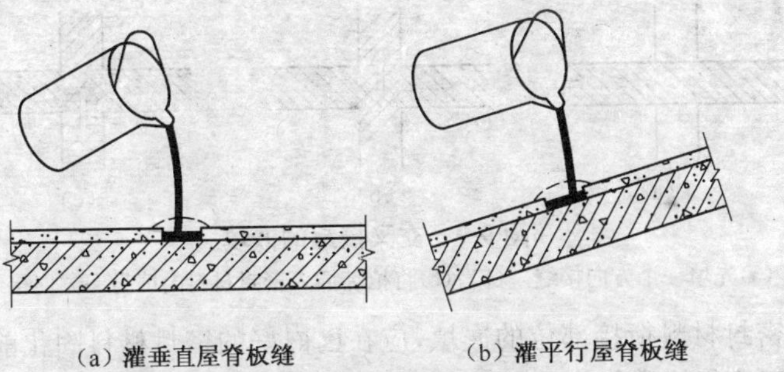

(a) 灌垂直屋脊板缝　　(b) 灌平行屋脊板缝

图 9-7　密封材料热灌法施工

灌缝完毕后，应立即检查密封材料与接缝两侧面的粘结是否良好，有无气泡，若发现有脱开现象和气泡存在，应用喷灯或电烙铁烘烤后压实。

(2)冷嵌法操作工艺

多组分密封材料现场配制时，要根据规定的配合比准确称量，拌合均匀。每次拌合量、拌合时间、拌合温度应按不同材料的规定执行。单组分密封材料在现场拌合均匀后，采用挤出枪施工的可直接使用。

冷嵌法施工大多采用手工操作，用腻子刀或刮刀嵌填，较先进的有采用电动或手动嵌缝枪进行嵌填的。

用腻子刀嵌填时，先用刀片将密封材料刮到接缝两侧的粘结面，然后将密封材料填满整个接缝。嵌填时应注意不让空气混入密封材料中，并要嵌填密实饱满。采用挤出枪施工时，应根据接缝的宽度选用合适的枪嘴。若采用筒装密封材料，可把包装筒的塑料嘴斜切开作为枪嘴。嵌填时，把枪嘴贴近接缝底部，并朝移动方向倾斜一定角度，边挤边以缓慢均匀的速度使密封材料挤出从底部充满整个接缝，如图 9-8 所示。

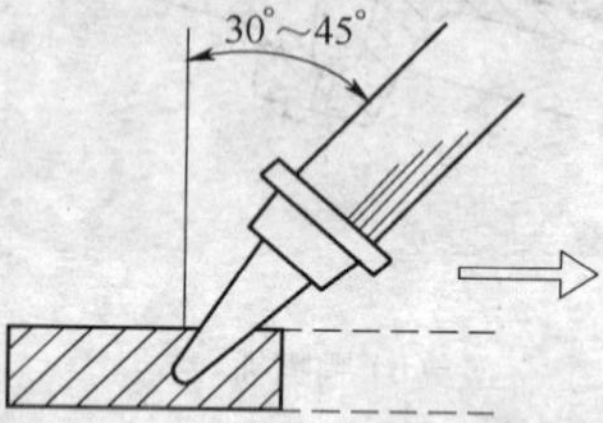

图 9-8 挤出枪嵌填

嵌填接缝的交叉部位时，先填充一个方向的接缝，然后把枪嘴插进交叉部位已填充的密封材料内，填好另一方向的接缝，见图 9-9。

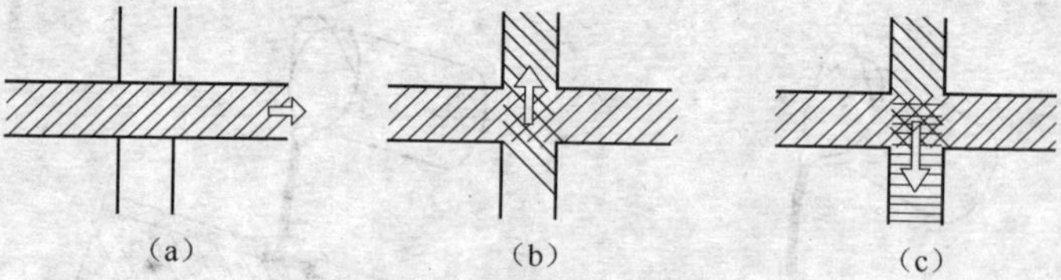

图 9-9 交叉接缝的嵌填

(a)先填一个方向接缝 (b)、(c)将枪嘴插入密封材料内填另一方向接缝

密封材料衔接部位的嵌填，应在已嵌好的密封材料固化前进行。嵌填时应将枪嘴移动到已嵌填好的密封材料内重复填充。以保证衔接部位的密实饱满。

填充接缝端部时，只需要填到离顶端200mm处，然后从顶端向已填好的方向填充，确保接缝端部密封材料与基层粘结牢固。

如接缝尺寸大，宽度超过30mm，或接缝底部是圆弧形时，宜采用二次填充法嵌填，即待先填充的密封材料固化后，再进行第二次填充，见图9-10。

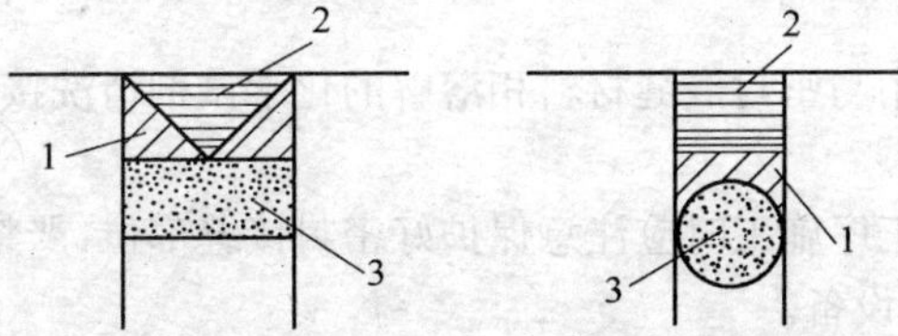

(a) 较宽接缝　(b) 底部为弧形接缝

图9-10　二次嵌填密封材料

1. 第一次嵌填　2. 第二次嵌填　3. 背衬材料

5. 密封材料抹平压光

为了保证密封材料的嵌填质量，应在嵌填完的密封材料未干前，用刮刀压平与修整。压平时应稍用力，朝与嵌填时枪嘴移动相反的方向进行，不要来回揉压。压平一结束，即用刮刀朝压平的反方向缓慢刮压一遍，使密封材料表面平滑。

压平整修完毕后，应立即揭除遮挡胶条。如果在接缝周围沾有密封材料或留有遮挡胶条胶粘剂的痕迹，应选用相应的溶剂擦净，在清洗过程中应防止溶剂损坏接缝中的密封材料。

6. 固化、养护

嵌填完毕的密封材料应养护2～3d，在养护期内，不得碰损或污染密封材料。在固化后的密封材料上，一般不宜做饰面。必须做饰面时，应选用对密封材料没有化学侵蚀作用，且在太阳暴晒、风吹雨淋等不利环境条件下不会产生咬色或变色现象的饰面材料。同时，饰面材料也应有一定的柔韧性，能与密封材料的胀缩相适应。

7. 保护层施工

最后应按设计要求做保护层，设计无要求时，可使用密封材料稀释剂作涂料，衬加一层胎体增强材料，做成宽度为200～300mm的一布二涂的涂膜保护层。

三、成品保护

(1)严禁在接缝嵌填处打洞、凿孔、重物冲击,不得任意堆放杂物和其他构筑物。

(2)严禁在密封防水施工部位和周边加热。不得用脚踩密封接缝部位。

(3)不准用与密封嵌缝材料相溶解的化学试剂清洗接缝界面,以免影响密封效果。

(4)后续工序施工时应注意保护好密封接缝部位,严禁在接缝上部使用大型振动设备。

四、质量标准

(一)主控项目

(1)密封材料的质量必须符合设计要求。

检验方法:检查产品出厂合格证、配合比和现场抽样复验报告。

(2)密封材料嵌填必须密实、连续、饱满,粘结牢固,无气泡、开裂、脱落等缺陷。

检验方法:观察检查。

(二)一般项目

(1)嵌填密封材料的基层应牢固、干净、干燥,表面应平整、密实。

检验方法:观察检查。

(2)密封防水接缝宽度的允许偏差为±10%,接缝深度为宽度的0.5～0.7倍。

检验方法:尺量检查。

(3)嵌填的密封材料表面应平滑,缝边应顺直,无凹凸不平现象。

检验方法:观察检查。

五、质量通病防治

密封材料施工后常见的质量问题有接缝周边结构开裂、密封材料自身开裂、粘结界面脱落等,由于开裂和脱落而造成渗漏。产生的主要原因是未掌握密封材料的使用条件和局限性,选用的密封材料档次过低或者过分节省工程费用,也存在一些施工不认真,操作不熟练的问题。

第二节　建筑防水堵漏施工

一、地下防水工程堵漏施工

地下防水工程出现渗漏水的主要原因是由于结构层存在孔洞、裂缝和毛细孔等造成孔洞漏水、裂缝漏水、防水面渗水或是上述几种渗漏水的综合。因此，堵漏前必须查明其原因，确定其位置，弄清水压大小，根据不同情况采取不同措施。堵漏的原则是先把大漏变成小漏、缝漏变成点漏、片漏变成孔漏，然后堵住漏水。

(一)孔洞堵漏方法

1. 直接堵塞法

一般在水压不大、孔洞较小的情况下，根据渗漏水量大小，以漏点为圆心剔成凹槽，凹槽壁尽量与基层垂直，并用水将凹槽冲洗干净。用配合比 1∶0.6 的水泥胶浆捻成与凹槽直径相接近的锥形体，待胶浆开始凝固时，迅速将胶浆用力堵塞于凹槽内，并向槽壁挤压严实，使胶浆立即与槽壁紧密结合，堵塞持续半分钟即可，随即按漏水检查方法进行检查，确认无渗漏后，再在胶浆表面抹素灰和水泥砂浆一层，最后进行防水层施工。

2. 下管堵漏法

水压较大，漏水孔洞也较大，可按下管堵漏法处理，如图 9-11 所示。先将漏水处剔成孔洞，深度视漏水情况决定，在孔洞底部铺碎石，碎石上面盖一层与孔洞面积大小相同的油毡或铁片，用一胶管穿透油毡到碎石中。若是地面孔洞漏水，则在漏水处四周砌筑挡水墙，用胶管将水引出墙外，然后用促凝剂水泥胶把胶管四周孔洞一次灌满。待胶浆开始凝固时，用力在孔洞四周压实，使胶浆表面低于地面约 10mm，表面撒干水泥粉检查无漏水时，拔出胶管，再用直接堵塞法将管孔堵塞。最后拆除挡水墙，表面刷洗干净，再按防水要求进行防水层施工。

3. 木楔子堵塞法

适用于水压很大(水位在 5m 以上)，漏水孔洞不大的情况，如图 9-12所示。先将漏水处剔成孔洞，把孔洞四周松散石子剔除干净。用

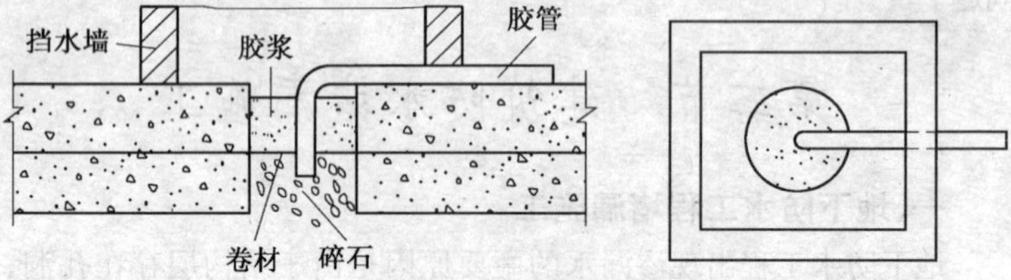

图 9-11　下管堵漏法

水泥胶浆把一铁管稳牢在漏水处剔成的孔洞内，根据漏水量大小决定铁管直径，铁管一端打成扁形，用水泥胶浆把铁管埋设在孔洞中心，使铁管顶端低于基层表面 30～50mm。按铁管内径制做一个木楔，木楔表面应平整，并涂刷冷底子油一道。待水泥胶浆凝固一段时间后（约24h），将沥青浸渍过的木楔打入铁管内把水堵住，楔顶距铁管上端约30mm。用促凝剂水泥砂浆（水灰比约为 0.3），把楔顶上部空隙填实。经检查无漏水现象后，随同其他部位一道做好防水层。

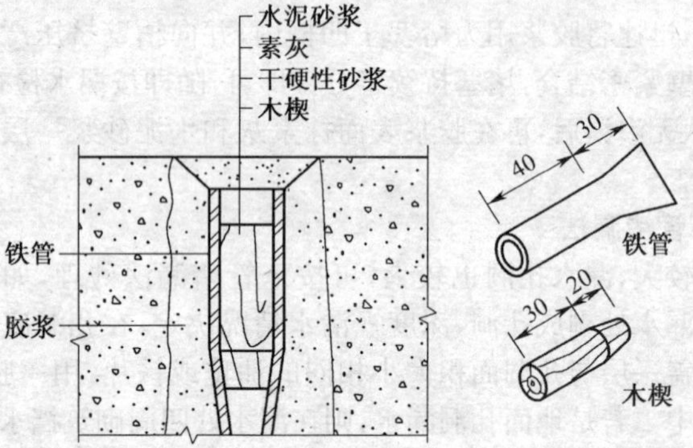

图 9-12　木楔堵塞法

4. 预制套盒堵漏法

在水压较大，漏水严重，孔洞较大时，可采用预制套盒堵漏法处理。将漏水处剔成圆形孔洞，在孔洞四周筑挡水墙。根据孔洞大小制作混凝土套盒，套盒外半径比孔洞半径小 30mm，套盒壁上留有数个进水孔及出水孔。套盒外壁做好防水层，表面做成麻面。在孔洞底部铺碎石及芦席，将套盒反扣在孔洞内。在套盒与孔壁的空隙中填入碎石及胶浆，并用胶管插入套盒的出水孔，将水引到挡水墙外。在套盒顶面抹好素灰、砂浆层，并将砂浆表面扫成毛纹。待砂浆凝固后拔出胶管，按“直接堵塞法”的要求将孔眼堵塞，最后随同其他部位按要求做防水层，如图 9-13 所示。

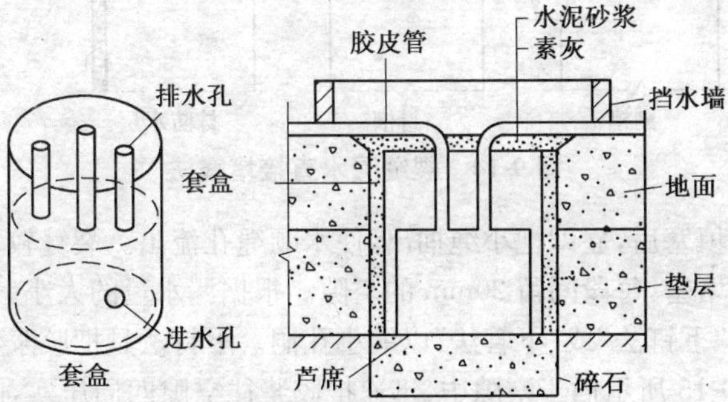

图 9-13　预制套盒堵塞法

(二)裂缝渗水的处理

收缩裂缝渗漏水和结构变形造成的裂缝渗漏水，均属于裂缝漏水范围。裂缝漏水的修堵，也应根据水压的大小采取不同的处理方法。

1. 直接堵塞法

水压力较小的裂缝慢渗、快渗或急流漏水，可采用直接堵塞法处理，如图 9-14 所示。先以裂缝为中心沿缝方向剔成八字形边坡沟槽，并清洗干净，把拌合好的水泥胶浆捻成条形，待胶浆快要凝固时，迅速填入沟槽中，向槽内或槽两侧用力挤压密实，使胶浆与槽壁紧密结合，若裂缝过长可分段进行堵塞。堵塞完毕经检查无渗水现象，用素灰和砂浆把沟槽抹平并扫成毛面，凝固后(约 24h)随同其他部位一起做好防水层。

2. 下线(或下钉)堵塞法

适用于水压较大的慢渗或快渗的裂缝漏水处理。先按裂缝漏水直接堵塞法剔好沟槽，在沟槽底部沿裂缝放置一根小绳(直径视漏水量确定)，长度为 200～300mm，将胶浆和绳子填塞于沟槽中，并迅速向两侧

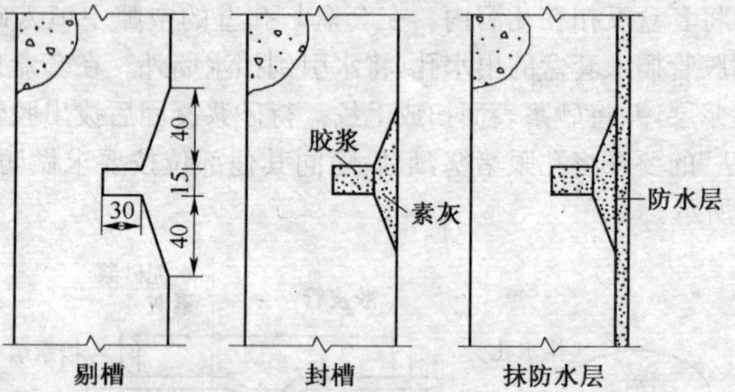

图 9-14　裂缝漏水直接堵塞法

压密实。填塞后，立即把小绳抽出，使水顺绳孔流出。裂缝较长时可以分段逐次堵塞，每段间留 20mm 的空隙。根据漏水量的大小，也可在空隙处采用“下钉法”或“下管法”以缩小孔洞。下钉法是把胶浆包在钉杆上，如图 9-15 所示插于空隙中，迅速把胶浆往空隙四周压实，同时转动钉杆立即拔出，使水顺钉孔流出。漏水处缩小成绳孔或钉孔后，经检查除钉眼处外其他无渗水现象时，沿沟槽抹素灰、水泥砂浆各一层，待凝固后，再按“孔洞漏水直接堵塞法”将钉眼堵塞。随后可进行防水层施工。

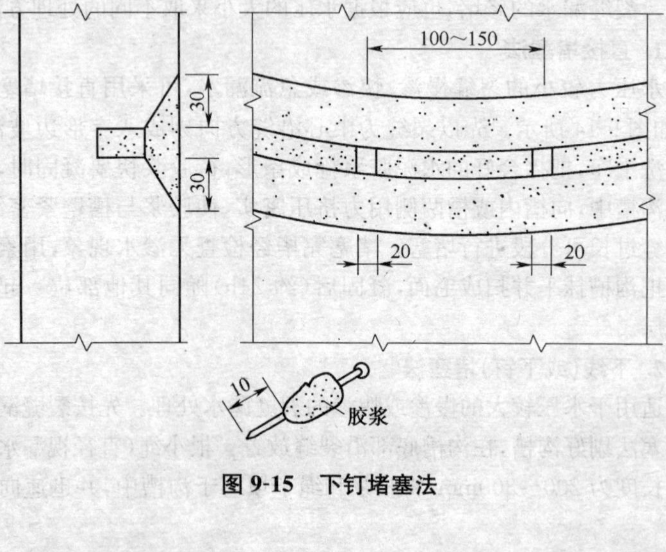

图 9-15　下钉堵塞法

3. 墙角压铁片堵漏法

此法适用于水压较大的裂缝急流漏水的情况。如图 9-16 所示，把漏水处剔成八字形边坡沟槽，尺寸可根据漏水量确定。在沟槽底部扣上半圆铁片，每隔 500～1000mm 放一个带圆孔的半圆铁片，将胶管插入铁片的孔内。按裂缝漏水直接堵塞法分段堵塞，漏水顺胶管流出。施工完后经检查无渗漏后，在裂缝处抹 1～2 层防水层，待防水层凝固后拔出胶管，按孔洞漏水直接堵塞法将管眼塞好即可。

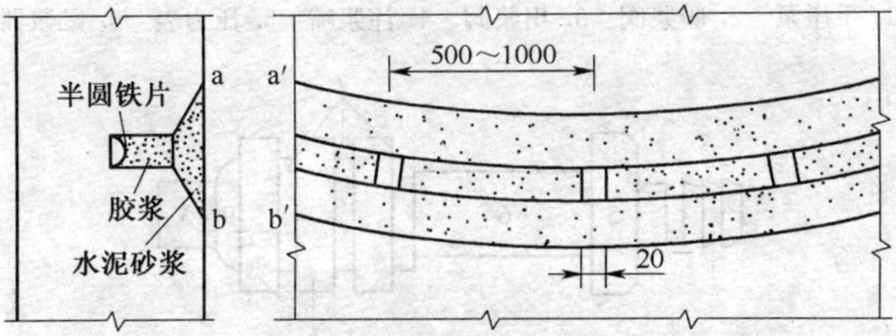

图 9-16　压铁片堵漏法

4. 氰凝(聚氨酯)类灌浆堵漏法

(1)灌浆设备:分为风压灌浆和手压泵灌浆两类，图 9-17 所示，是风压灌浆示意图；手压泵灌浆示意图见图 9-18；灌浆嘴形式见图 9-19。

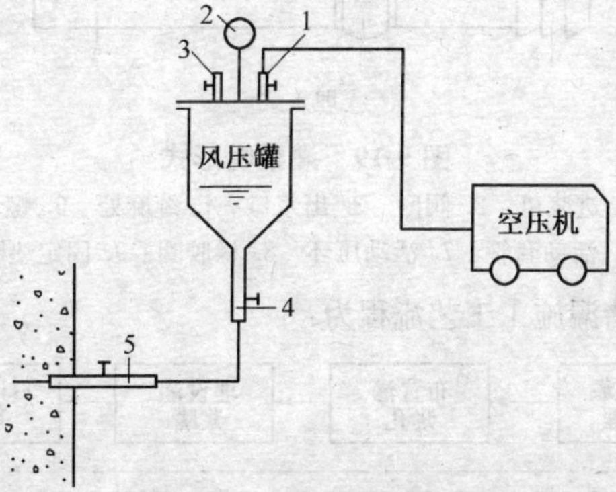

图 9-17　风压灌浆示意图

1. 进风口　2. 压力表　3. 进浆口　4. 出浆口　5. 注浆嘴

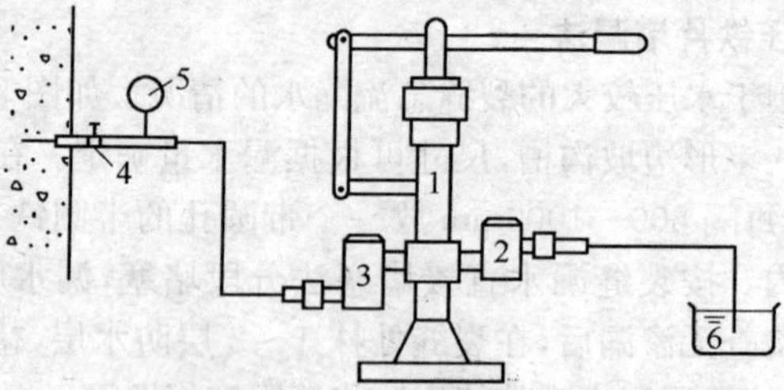

图 9-18 手压泵灌浆示意图

1. 手压泵 2. 吸浆阀 3. 出浆阀 4. 注浆嘴 5. 压力表 6. 贮浆器

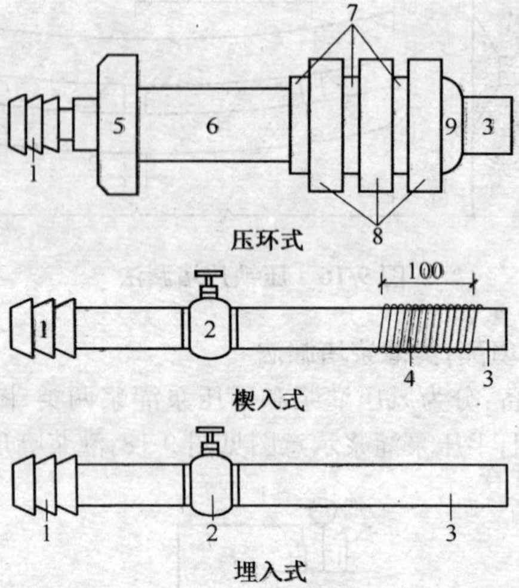

图 9-19 灌浆嘴形式

1. 进浆口 2. 阀门 3. 出浆口 4. 缠麻处 5. 螺母
6. 活动套管 7. 活动压环 8. 橡胶圈 9. 固定垫圈

(2)灌浆堵漏施工工艺流程为：

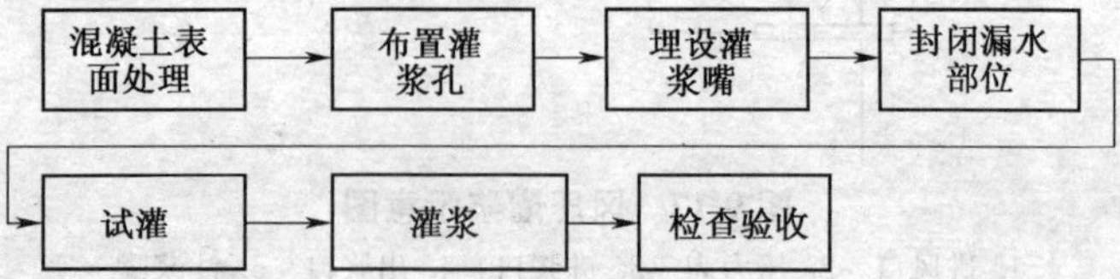

①混凝土表面处理：将裂缝两侧混凝土剔成沟槽并清理干净，以便于封闭和观察水源，并记录裂缝大小及分布情况、漏水量与水质分析等。

②布置灌浆孔：灌浆孔要布置在水源和纵横裂缝交叉处，灌浆孔距离应根据裂缝大小、漏水量多少及浆液的扩散半径而定，一般为0.5～1m，并要交错布置，孔深不应穿透结构物。

③埋设灌浆嘴：灌浆嘴是输浆管与被灌浆部位相连接的部件。灌浆嘴因埋设方法不同其构造形式有所不同。图9-20所示为埋入式灌浆嘴埋设的一个实例，灌浆嘴分两节，中间用阀门连接，管径视裂缝大小而定。灌浆嘴埋设时，用风钻在埋设处钻出孔洞，其直径比灌浆嘴的直径大30～50mm，深度不小于50mm，成孔后，用水冲洗干净，埋入半圆铁片和灌浆嘴，并用快凝胶浆把灌浆嘴稳固于孔洞内。

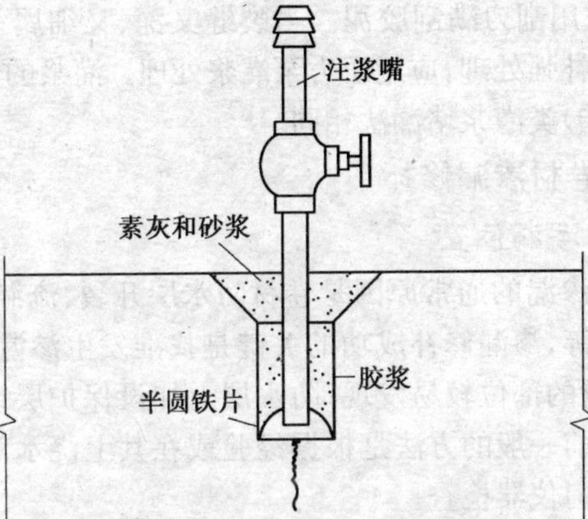

图9-20　埋入式注浆嘴的埋设

④封闭漏水部位：除灌浆嘴内漏水外，其他凡有漏水现象或有可能漏水的部位都要采取封闭措施，以免出现漏浆、跑浆现象。按前面所述各种形式的渗漏水的封堵方法处理。

⑤试灌：试灌应在漏水处封闭和埋设灌浆嘴后并具有一定强度时进行。试灌时采用颜色水代替浆液试灌，以计算灌浆量、灌浆时间，为确定浆液配合比、灌浆压力等提供参考。同时观察封堵情况和各孔连通情况，确保灌浆正常进行。

⑥灌浆：灌浆是整个灌浆堵漏施工的重要环节。灌浆前应对灌浆系统进行全面检查，确认灌浆机具运转正常、管路畅通后方可进行灌浆。氰凝浆液采用单液灌浆形式。浆液仅需一套压泵系统，通过压力泵加压后直接压入漏水缝隙中，灌浆压力一般为0.4～0.5MPa。灌到不再进浆时，停止压浆。应先关闭注浆阀，再停止压浆，以防浆液回流堵塞管道。

⑦后期处理：灌浆结束，待浆液固结后，拔出灌浆嘴并用水泥砂浆封固灌浆孔，观察灌浆堵漏效果，必要时可重复灌浆。

5. 环氧树脂类灌浆堵漏法

灌浆堵漏时应根据裂缝的宽度和深度选用灌浆设备。裂缝在2mm左右时，可用医用注射器灌注；细小裂缝则用毛笔涂刷；裂缝大于2mm的裂缝宜用刮刀满刮胶泥。当裂缝又深、又细属于贯穿裂缝时，结构需要进行补强处理，应用压力泵灌浆处理。灌浆的具体方法，与前述氰凝(聚氨酯)类灌浆堵漏法相同。

二、屋面卷材渗漏修补

(一)探查渗漏位置

屋面卷材渗漏的通常原因是卷材防水层开裂、流淌、鼓泡、老化或构造节点损坏等，渗漏修补成功的关键是找准发生渗漏的位置。外露的防水层，渗漏的部位较易发现；防水层上加设保护层或饰面层时，则难以查找。目前一般的方法是根据经验或在其上浇水观察，较先进的方法是采用专门仪器检查。

(二)卷材开裂的维修

1. 沥青防水卷材破损

先将卷材两边各500mm左右宽度范围内的保护层材料铲除，用吹尘器将裂缝中的浮灰杂物吹干净，随即用快挥性冷底子油涂刷一道。待冷底子油干燥后，在缝中嵌填密封材料，并高出表面1mm左右，缝上干铺一层300mm宽的卷材条，其上再铺设同屋面一样的卷材防水层，如图9-21所示。

当裂缝转弯时，干铺卷材应切断，再另搭接一条，搭接长度不小于100mm。卷材铺贴时，应顺水搭接，其搭接长度不小于150mm。卷材

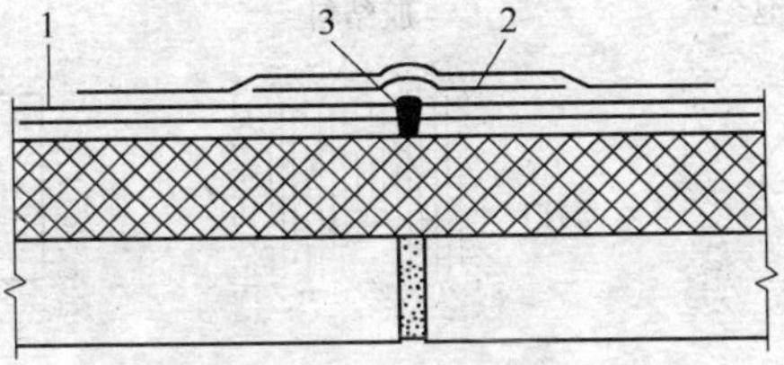

图 9-21　裂缝的维修

1. 卷材防水层　2. 干铺卷材条　3. 密封膏

两边一定要封贴密实，不得有翘边。

2. 改性沥青卷材破损

先将破损部位展平，必要时可剪除破损的残边，采用与铺贴屋面相同的热熔法，在破损部位覆盖一块“补丁”，周边一定要热熔粘贴严密。

（三）沥青防水卷材防水层流淌的维修

先将局部因流淌而拉开脱空和皱褶严重的卷材切除，保留平整部分的卷材。把切除处的沥青玛帝脂铲除干净，并将切口周围 150mm 左右范围内的保护层材料铲除，再用熨烫加热法分层剥开铲除保护层下的卷材，尽量刮除剥开处的沥青玛帝脂，将待修基面清理干净。待基面干燥后，即可涂刷冷底子油一道，冷底子油干燥后铺贴卷材，并做保护层。铺贴时卷材应按流水方向进行搭接并封贴严密。

（四）卷材鼓泡的维修

1. 小鼓泡的维修

先将鼓泡处及周围 100mm 见方的范围内的保护材料及其胶结料铲除，清扫干净后用小刀戳破鼓泡，将卷材下的空气赶出，使卷材复平。然后在铲除范围内上、左、右涂刷沥青玛帝脂（即洞口及其下方部位不粘结），铺贴事先裁好的卷材一层，在新贴的卷材上再做保护层。维修过程中，要保证出气口及其下方不被粘结封死，使鼓泡处的水气能自由排出，维修步骤如图 9-22 所示。

2. 大鼓泡的维修

先将鼓泡处及周围 100mm 见方的范围内的卷材层切除（一般切成方形或长方形），再将切口之外 100mm 范围内保留卷材上的保护层材料铲除，并尽量刮除其胶结料。然后将切口内基层面铲刮干净，待其干

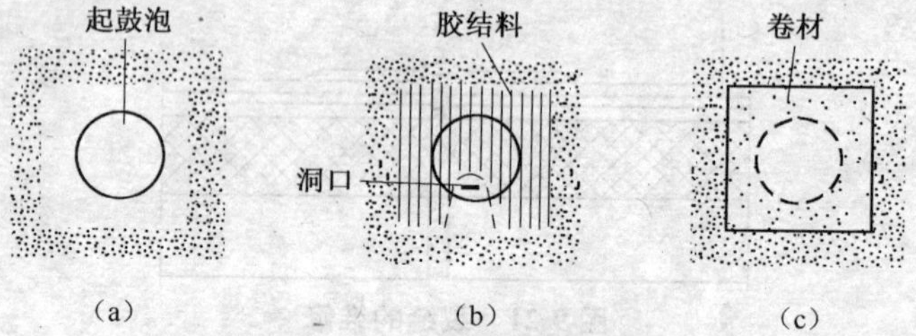

图 9-22 小鼓泡维修步骤

(a)清除鼓泡周围保护层材料

(b)在鼓泡处开洞口，并在上、左、右涂刷胶结料

(c)补贴卷材做保护层

燥后，涂刷一道冷底子油，待冷底子油干燥后，在切口处铺贴卷材。底层卷材同切口大小相同，中层卷材比切口处卷材每边各大 50mm，面层卷材同铲除保护层的范围一致。若屋面只铺二层卷材，则在切口处不铺中层卷材，只贴底层卷材和面层卷材，并在面层上做保护层。维修步骤如图 9-23 所示。

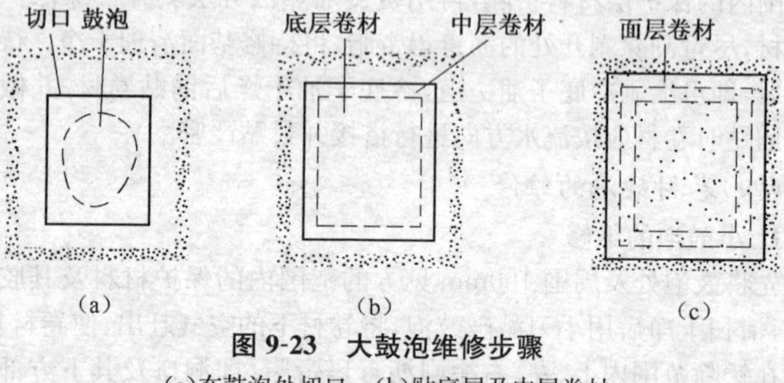

图 9-23 大鼓泡维修步骤

(a)在鼓泡处切口 (b)贴底层及中层卷材

(c)贴面层卷材及做保护层

沥青油毡防水卷材屋面渗漏严重或年久失修，卷材老化时，应全部翻修。

三、涂膜防水层渗漏的维修

(一)涂膜开裂维修

先将开裂处及其附近的涂膜防水层铲除，铲口周边留成斜槎，清理基层后用同样同质的防水涂料分遍涂抹，前一层涂膜干燥成膜后再涂下一道涂料，涂至到达规定要求的涂膜厚度。

(二)鼓泡维修

产生鼓泡的原因多为防水涂料质量不好，维修时，先将开裂处及其附近的涂膜防水层铲除，铲口周边留成斜槎，清理基层后用质量好的防水涂料分遍涂抹，前一层涂膜干燥成膜后再涂下一道涂料，涂至到达规定要求的涂膜厚度。

(三)构造节点维修

构造节点渗漏的主要原因是胎体增强材料设置不当，密封处理不到位。维修时，应先将原处涂膜防水层铲除，清理基层，加铺胎体增强材料，再用新的防水涂料分层涂抹至要求的厚度。若密封材料开裂或剥落，应将其铲除干净，用新的密封材料嵌填。

四、刚性防水渗漏的修补

出现刚性防水渗漏的原因主要有：混凝土结构板面裂缝、板缝或分格缝开裂、屋面防水节点开裂以及板面风化破损等。

(一)板面裂缝的修补

根据板面裂缝的具体情况，可以对症采取如下修补方法：

1. 灌缝法

一般可在缝中嵌灌低黏度环氧树脂、聚氨酯和丙烯酸树脂防水涂料，外面用水泥砂浆或聚合物防水砂浆抹平。其中嵌灌低黏度环氧树脂的操作工艺为：

(1)在裂缝处凿槽，槽宽 30mm，深 50mm，剔成上大下小的 V 形槽，如图 9-24 所示。

(2)用钢丝刷和吹风机将凿槽清理干净。

(3)将配备好的底胶均匀涂刷于整个槽面及两侧，并使其自然干燥。

(4)将配备好的胶料在槽内涂刷两遍，每道间隔 24h。

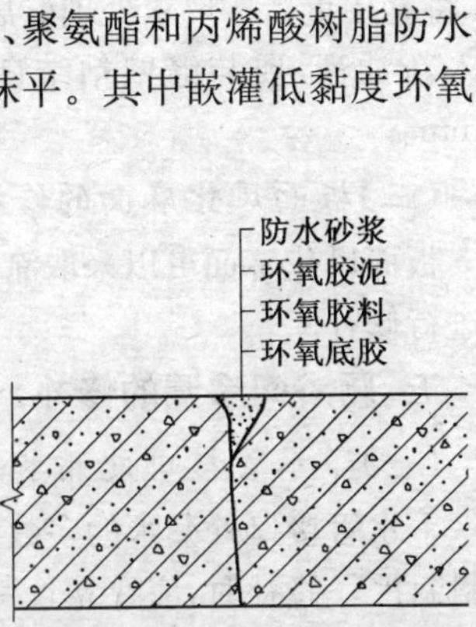

图 9-24 刚性裂缝修补方法

(5)将配备好的胶泥嵌填于槽内,嵌填深度约 20mm。

(6)嵌缝经检查合格后,用 1∶2 水泥砂浆压缝,要求抹平压光;也可以用掺氯丁胶乳等聚合物水泥砂浆填平,胶乳量为水泥用量的 15%~20%。

2. 封闭法

可用玻璃丝布及粘结性能良好的的防水涂料进行封闭贴缝,常用防水涂料有聚氨酯、氯丁胶乳、硅橡胶等。工艺流程为:

(1)在裂缝处凿槽,槽宽 15~30mm,深 20~25mm,剔成上大下小的 V 形槽,并清理干净。

(2)用钢丝刷和吹风机将凿槽清理干净。

(3)在剔凿好的槽内涂刷两遍防水涂料,每道间隔 4~6h。

(4)用防水涂料与水泥配备成防水腻子,嵌填于槽内,用铲刀刮平。

(5)清理缝两侧各 50mm 的平面,做成一布三涂防水层覆盖修好裂缝。

(6)嵌缝经检查合格后,在防水层表面涂刷银粉涂料或 AAS 浅色涂料作保护层。

(二)屋面板缝的维修

维修时,先将脱落或粘结不好的油膏或胶泥挖掉,把断面修成斜槎,将基层重新按要求处理好后,先涂一层底胶(密封胶+稀释剂),再嵌入新油膏,要与缝壁粘结良好,并高出板缝 10mm,缝两边各宽出 20mm。

(三)板面风化麻面的修补

板面风化麻面可以采取涂刷防水涂料或刮涂聚合物水泥砂浆的方法进行修补。

五、厕浴间渗漏的修补

(一)下水管接口处漏水的维修

下水管接口处漏水的多数原因是下水管接口处未用油麻丝或密封材料封严。修补时,应在立管一定范围内刨开地面,将接口处用油麻丝缠紧,随后用密封材料嵌严,外面用聚合物水泥砂浆抹面,最后将刨开的地面用水泥砂浆修补好,恢复地面。

（二）管根处渗漏的维修

管根处漏水，可以将管根处凿开，沿管根周围凿成凹槽，最好凿至原防水层，找到破损处用防水涂料修补好，并用密封材料嵌严，最后用聚合物水泥砂浆抹面。

（三）墙、地面渗漏的修补

厕、浴间墙、地面的渗漏处理时，使用的防水材料一定要与旧防水层的材料相同，以利于新老防水层牢固地粘结在一起。厕、浴间墙、地面的渗漏的维修，首先要认真查明原因，随后用前述相应的方法进行根治。

六、灌浆安全措施

(1)丙凝粉剂与浆液均有一定的毒性，因此，接触粉剂的施工人员要戴好口罩及橡胶手套，配制浆液和灌浆时应穿工作服和胶靴，避免与皮肤接触。如已沾上粉末或浆液，应立即用肥皂水洗涤。

(2)在通风不良的地方进行灌浆施工时，应有通风和排气设备，确保施工安全。

(3)灌浆材料大多易燃，施工现场要远离火源并严禁吸烟，严防火灾发生。

第十章　厕浴间防水施工

第一节　厕浴间防水构造

厕浴间管道多、卫生洁器形状复杂，工作面小，基层结构复杂，致使卷材施工困难，防水质量难以保证，一般采用涂膜防水材料较为适宜。

一、设防标准和材料要求

（一）设防标准

《北京市厕浴间防水推荐做法》（京 2002TJ1）中提出的防水等级与防水层构造可供参考，见表 10-1。

表 10-1　厕浴间防水等级与防水层构造

项　目	Ⅰ类（重要的工业与民用公共建筑或民用高层建筑）	Ⅱ类（一般的工业与民用公共建筑）
防水层选材	宜选用单组分聚氨酯防水涂料、聚合物水泥防水涂料（Ⅰ型）等材料	宜选用聚合物水泥防水涂料（Ⅱ型）等材料
防水层构造	单层柔性防水或采用刚柔复合防水	单层柔性防水
防水层厚度	≥1.5mm	

（二）材料要求

厕浴间防水材料质量要求见表 10-2。

表 10-2　厕浴间防水涂料性能质量要求

序号	项　目	单组分聚氨酯防水涂料		聚合物水泥防水涂料	
		L	H	Ⅰ型	Ⅱ型
1	固体含量（%）≥	80		65	

续表 10-2

序号	项目		单组分聚氨酯防水涂料		聚合物水泥防水涂料	
			L	H	Ⅰ型	Ⅱ型
2	干燥时间	表干时间(h)≤	12		4	
3		实干时间(h)≤	24		8	
4	拉伸强度(无处理)(MPa)≥		1.9	2.45	1.2	1.8
5	断裂伸长率(无处理)(%)≥		350	450	200	80
6	低温柔性 ϕ10mm 棒		−40℃ 弯折无裂纹		−10℃ 无裂纹	—
7	不透水性,0.3MPa,30min		不透水		不透水	不透水
8	潮湿基面粘结强度(MPa)≥		—		0.5	1.0

注:L 指低强度高延伸率型,H 指高强度低延伸率型。

二、防水构造

(一)楼地面结构层与找坡层

厕浴间地面构造一般做法如图 10-1 所示。地面结构层宜选用整体现浇钢筋混凝土,如选用空心楼板时,其板缝间可用防水砂浆堵严、抹平,在缝上放置宽度为 250mm 的胎体增强材料一层,并涂刷二道防水涂料。

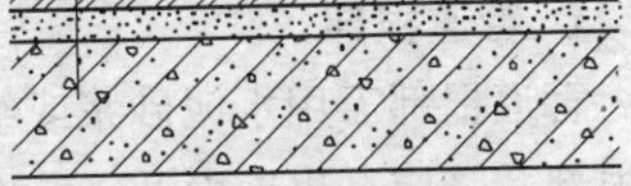

图 10-1 厕浴间地面构造

1. 陶瓷锦砖 2. 水泥砂浆找平层 3. 找坡层 4. 涂膜防水层 5. 水泥砂浆找平层 6. 结构层

厕浴间的地面应坡向地漏,坡度为 1%～3%,地漏口标高低于地面标高应不小于 20mm,以地漏为中心半径 250mm 范围内,排水坡度应为 3%～5%。厕浴间设有浴缸(盆)时,浴缸下地面坡向地漏的排水坡度也为 3%～5%。厕、浴、厨房间的地面标高低于门外地面标高应不小于 20mm。

(二)找平层与阴阳角

找平层可用水泥砂浆找平,配合比为 1∶25～1∶3,水泥砂浆内宜掺外加剂,厚度为 20mm,抹平压光。

地面与墙面阴阳角应先做一层胎体增强材料的附加防水层,其宽度应不小于 300mm。一般厕浴间浴缸、洗水池及大便器剖面如图10-2所示。

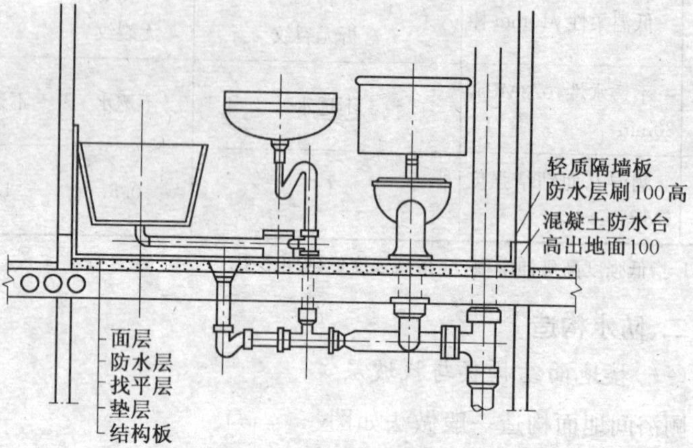

图 10-2 厕浴间剖面图

(三)细部节点构造

1. 管道根部

管道根部需用水泥砂浆或细石混凝土填实,并用密封材料嵌严,管道根部套管应高出地面 20mm,管道根部防水做法如图 10-3 所示。

2. 地漏

在做涂膜防水层之前,厕浴间找平层应按规定向地漏找扇形坡,并在地漏上口四周用 10mm×15mm 建筑密封膏封严。地漏箅子安装于面层，四周向地漏找坡 2%，为便于排水，可在地漏四周 50mm 范围内找坡 5%。地漏防水做法见图 10-4。

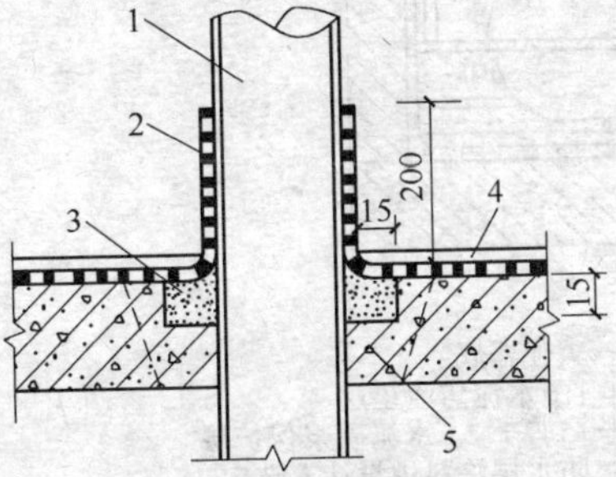

图 10-3　立管防水构造

1. 穿楼板管道　2. 涂膜防水
3. 15mm×15mm 凹槽内嵌密封材料
4. 地面面层　5. 细石混凝土灌缝

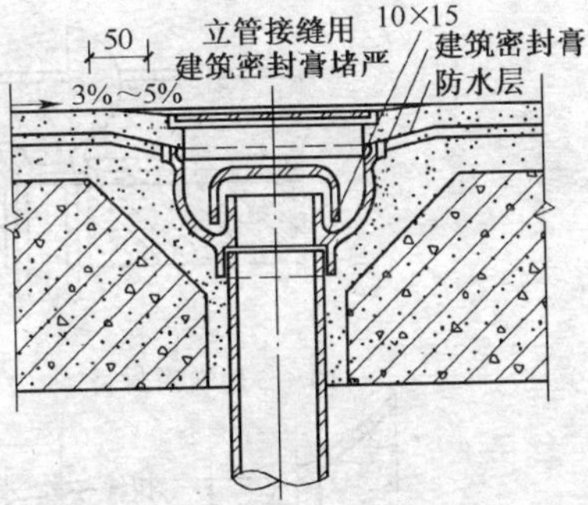

图 10-4　地漏防水构造

由于混凝土固化时有微量收缩、铸铁地漏口大底小，外表面与混凝土接触处易产生裂缝。为防止地漏四周裂缝渗水，最好在原地漏的基础上加铸铁防水托盘，如图 10-5 所示。

3. 大便器

大便器尾部进水处与管接口应用油麻丝及水泥砂浆封严，外做涂膜防水保护层，如图 10-6 所示。大便器蹲坑根部防水做法见图 10-7。

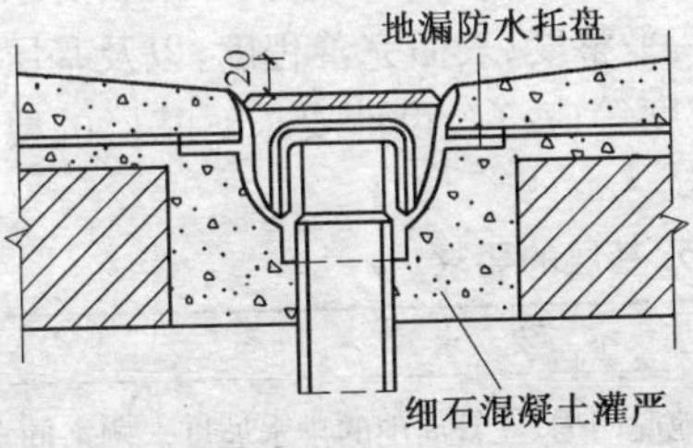

图 10-5　地漏处防水托盘

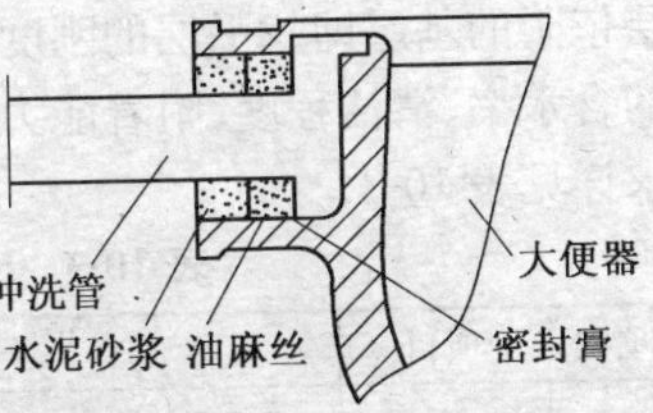

图 10-6　大便器进水管与接口连接

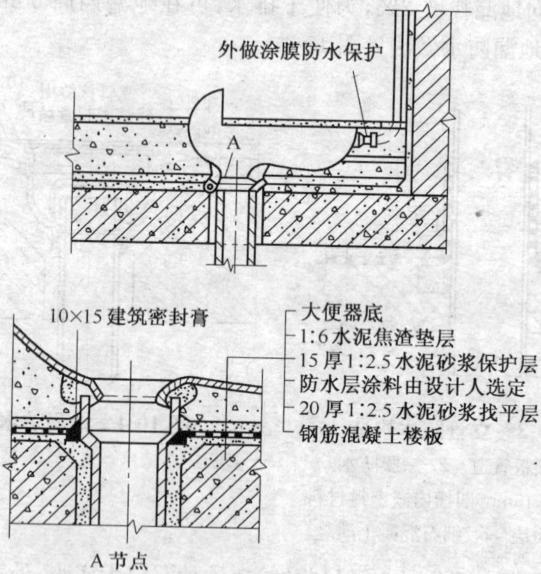

图 10-7 大便器蹲坑防水做法

第二节 施工准备及节点增强处理

一、基层要求

厕浴间地面各构造层次按规定的施工工艺要求完成后，涂膜防水层依附的基层即找平层的刚度、强度、平整度、表面完善程度，以及基层的含水率、清洁程度、附着能力、酸碱度等应符合设计要求。基层的要求详见表 10-3。

表 10-3 涂膜防水基层的要求

项次	项目	基本要求
1	坡度	按设计要求检查地面、地漏四周、立管周围的排水坡度。厕浴间地面排水坡度应控制在 2%～3%，地漏周围的排水坡度宜不小于 5%

续表 10-3

项次	项目	基本要求
2	平整度	不平整的找平层很容易造成防水涂膜的厚度不均匀和涂层表面积水，从而降低防水能力。涂膜施工前，用 2m 靠尺检查找平层，最大间隙不大于 3mm，但允许间隙平缓变化，且每 1m 长度范围内不得多于一处。平整度要求包括顺坡度方向和垂直坡度方向
3	强度	为保证涂膜与基层表面粘结牢固，要求找平层应有足够的强度，表面光滑，不起砂，不起皮。对于不满足强度要求的基层，应将低强度的表面凿除，用聚合物砂浆或其他高粘结性砂浆修补平整
4	含水率	基层含水率是影响涂膜质量的重要因素，在涂膜施工前必须检查基层含水率。由于各种涂料对含水率要求不同，因而应根据所选用防水涂料的品种和要求，确定基层含水率是否满足要求。一般情况下，溶剂型防水涂料比水乳型防水涂料的允许基层含水率要低一些，宜不大于 6%
5	表面清洁	清除表面杂物、油污、灰尘、砂子、凸出表面的石子、砂浆疙瘩等应清除干净，清扫工作必须在施工中随时进行
6	修补	若找平层平整度超过规定要求，则应将凸起部位铲平，低凹处应用1：2.5水泥砂浆掺 15%（与水泥质量之比）的 108 胶补抹；较薄时，应用掺 108 胶的水泥浆涂刷；找平层为沥青砂浆时，则用热沥青胶结材料或沥青砂浆补抹 起砂、起皮处应将表面清除，用掺入 15% 的 108 胶的水泥砂浆涂刷，并抹平压光；对小于 0.5mm 的裂缝用密封材料刮封，其厚度为 2mm，宽度为 30mm，上铺一层隔离条；对宽度超过 0.5mm 的裂缝，应沿裂缝将找平层凿成 V 形缝，其上口宽 20mm、深 15～20mm，清扫干净，缝中嵌密封材料，再沿缝做 100mm 宽的涂料层

二、施工准备

（一）材料准备

施工所使用的防水涂料、胎体增强材料及其他辅助材料均应按设备要求选购进场，进场防水涂料要按规定进行抽样复检，不合格的材料不能使用。

（二）机具准备

涂膜施工的机具准备参见本书第七章第二节的有关内容。

（三）做样板

涂料施工前，应根据设计要求和操作工艺先试做样板间，用以确定涂膜实际厚度和实际涂刷遍数，经质检技术部门鉴定合格后，再进行大面积施工。

在施工过程中，涂料的黏度必须有专人负责，不得任意加入稀释剂或水。

（四）作业条件

（1）防水层施工前，所有管件、卫生设备、地漏等必须安装牢固，接缝严密。上水管、热水管、暖气管应加套管，套管应高出基层 20～40mm，并在做防水层前于套管处用密封材料嵌严。管道根部应用水泥砂浆或豆石混凝土填实，并用密封材料嵌严。

（2）防水基层应严格按表 10-3 的要求去做，应仔细检查有无裂缝及其他质量缺陷，缺陷部位应采取切实措施进行修补。处理好的基层应干净、干燥，含水率不大于 9%（能在湿基面上固化的防水涂料除外）。

（3）地面坡度应符合防水构造要求。

（4）水泥砂浆找平层应做到平整、坚实，无麻面、起砂、起壳、松动及凹凸不平现象。

（5）自然光线较差的厕浴间，应准备足够的照明。通风较差时，应增设通风设备。

（6）涂膜防水层施工时，环境温度应在 5℃以上。

三、施工工艺

（一）工艺流程

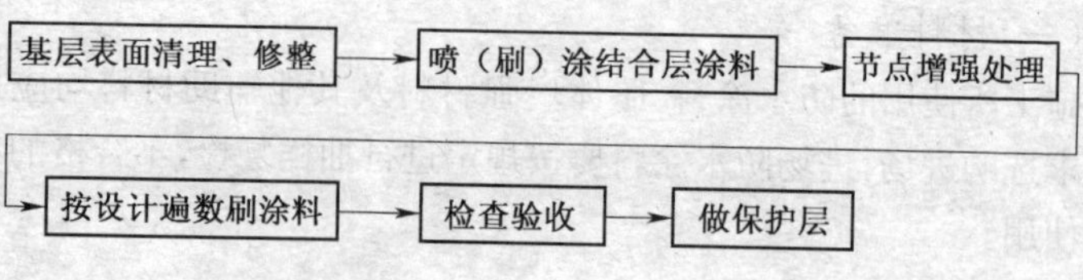

(二)节点增强处理

1. 立管

(1)立管定位后,楼板四周缝隙应用1∶3水泥砂浆堵严,缝大于20mm时宜用C20细石混凝土堵严。

(2)管根四周宜做成凹槽,其尺寸为15mm×15mm,将管根周围及凹槽内清理干净,务必做到干净、干燥。

(3)将密封材料挤压在凹槽内,并用腻子刀用力刮压严实,使之饱满、密实、无气孔。为使密封材料与管根口四周混凝土粘结牢固,在凹槽两侧与管根口周围,应先涂刷基层处理剂,凹槽底部应垫以牛皮纸或其他背衬材料。

(4)将管道外壁200mm高的范围内,清除灰浆和油垢杂质,涂刷基层处理剂,并按设计规定涂刮防水涂料。

另外,立管如为热水管、暖气管时,则需加设套管。此时可根据立管的实际尺寸加钢套管,套管高20～40mm,留管缝2～5mm。上缝亦用建筑密封材料封严,套管高出地面约20mm。

2. 地漏

(1)立管定位后,楼板四周缝隙应用1∶3水泥砂浆堵严,缝隙大于20mm时宜用C20细石混凝土堵严。

(2)厕浴间找平层向地漏处找2%坡度,找平层厚度小于30mm时用水泥混合砂浆找坡;大于30mm时用水泥炉渣材料找坡。

(3)地漏上口四周用10mm×15mm密封材料封严,上面做涂膜防水层。

3. 大便器

(1)大便器立管定位后,楼板四周缝隙用1∶3水泥砂浆堵严,缝隙大于20mm时宜用C20细石混凝土堵严、抹平。

(2)立管接口处四周用密封材料封严,尺寸为10mm×10mm。上面防水层做至管顶部。

(3)大便器尾部进水处与管接口用沥青麻丝及水泥砂浆封严,外做涂膜防水保护层。

第三节　防水涂料地面施工

一、聚氨酯(非焦油)防水涂料地面防水施工

(一)工艺流程

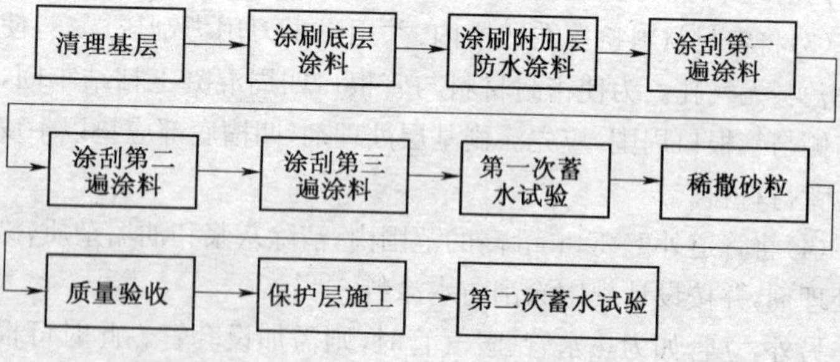

(二)操作要点

1. 清理基层

将基层清扫干净；基层应做到找坡正确，排水通畅，表面平整、坚实，无起灰、起砂、起壳及开裂等现象。涂刷基层处理剂前，基层表面应达到干燥状态。

2. 涂刷底层涂料

底层涂料为低黏度聚氨酯，可以起到隔离基层潮气，提高涂膜与基层粘结强度的作用。

底层涂料的配制：将聚氨酯甲料与乙料及二甲苯按 1∶1.5∶1.5 的比例配料，混合后用电动搅拌器搅拌均匀(也可直接将聚氨酯甲料与乙料按规定比例混合均匀稀释使用)，即可涂刷于基层上。用油漆刷先在阴阳角、管道根部均匀涂刷一遍，然后用长柄辊刷进行大面积涂刷。涂刷时应满涂、薄涂，涂刷均匀，不得过厚或过薄，不得露白见底。一般底层涂料材料用量为 0.15～0.20kg/m^2。涂刷后应干燥 24h 以上，才能进行下道工序的施工。

3. 涂刷附加层防水涂料

在地漏、管道根部、阴阳角等容易渗漏部位，均匀涂刷一遍附加层

防水涂料。配合比为甲料：乙料＝1：1.5。

4. 涂刮第一遍涂料

将聚氨酯防水涂料按产品说明书提供的配合比调配。先将甲组分涂料倒入搅拌桶中，随后倒入乙组分涂料，开动电动搅拌器，用100～500r/min的转速搅拌3～5min即可。

涂刮第一遍涂料在局部处理涂料干燥固化后进行，可将搅拌好的拌合料分散倾倒于涂刮面上，用胶皮刮板均匀涂刮一遍。操作时要均匀用力，厚薄一致，不得过厚、过薄或厚薄不均。刮涂厚度以1.5mm左右为宜，用料量为0.8～1.0kg/m^2。立面涂刮高度应不小于100mm。应根据施工地点的面积大小、形状和工作环境，事先安排刮涂顺序和施工退路。

5. 涂刮第二遍涂料

待第一遍涂料固化干燥后（一般24h），按上述方法在第一遍涂料上涂刮第二遍涂料。涂刮方向应与第一遍相垂直，用料量与第一遍相同。

6. 涂刮第三遍涂料

待第二遍涂料涂膜固化后，再按上述方法涂刮第三遍涂料，用料量为0.4～0.5kg/m^2。

7. 第一次蓄水试验

待防水层完全干燥后，可进行第一次蓄水试验。蓄水试验24h后无渗漏时为合格。

8. 稀撒砂粒

为了增加防水涂膜与粘结饰面层之间的粘结力，在防水层表面需边涂刷涂料，边稀撒砂粒（砂粒不得有棱角）。砂粒粘结固化后，即可进行保护层施工。

9. 保护层施工

防水层质量检查合格后，即可进行保护层施工或粘铺地面砖、陶瓷锦砖等饰面层。

10. 第二次蓄水试验

厕浴间装饰工程全部完成后。工程竣工前还要进行第二次蓄水试验，以检验防水层完工后是否被水电或其他装饰工程损坏。

二、聚合物水泥防水涂料地面防水施工

(一)工艺流程

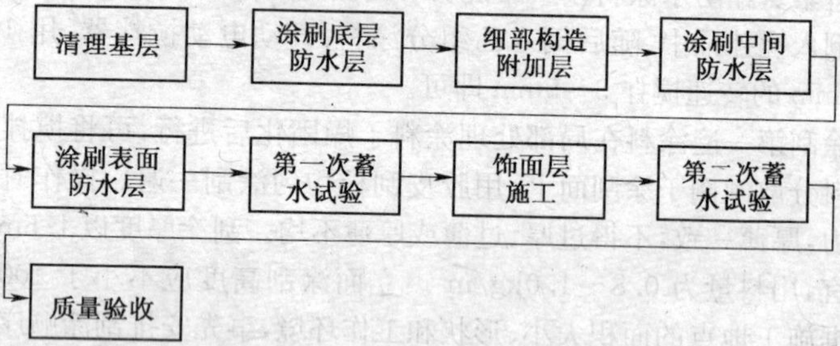

(二)操作要点

1. 基层处理和清理

基面要求必须平整、牢固、干净、无明水、无渗漏,凹凸不平及裂缝处需先找平,渗漏处需先进行堵漏处理,阴阳角要做成圆弧形,表面必须清扫干净。不得有浮尘、杂物和积水等。

2. 涂刷底层防水层

按规定的配合比配料,用手提电动搅拌器搅拌均匀,使其不含有未分散的粉料。然后用滚刷或油漆刷均匀地涂刷于基层表面,不得漏底,一般用量为 0.3~0.4kg/m^2。待涂层干固后,方可进行下一道工序。

3. 细部构造附加层施工

对地漏、管根、阴阳角等易发生漏水的部位,应先密封或做加强处理。此时可在这些薄弱的部位铺设一层胎体增强材料,附加层宽度应不小于 300mm,搭接宽度应不小于 100mm。

施工时应在细部构造部位先涂一层聚合物水泥防水涂料,再铺胎体增强材料(应用聚酯长纤维无纺布或优质玻璃纤维网格布),最后再涂一层聚合物水泥防水涂料。

4. 涂刷中间及表面防水层

按表 10-4 提供的防水涂料配合比配制拌合料,如需加水,先在液料中加水,用搅拌器边搅拌,边徐徐加入粉料,充分搅拌至不含粉料为止。将配制好的拌合料均匀地涂刷于已干固的底面防水层上。每遍涂

刷用量以0.8～1.0kg/m² 为宜，涂覆要均匀，需多遍涂刷使涂料与基层之间不留气泡，粘结严密。

表 10-4　涂料配合比

涂料型号		配合比(质量计)
Ⅰ型	底层涂料	液料：粉料：水＝10：(7～10)：14
	中、面层涂料	液料：粉料：水＝10：(7～10)：(0～2)
Ⅱ型	底层涂料	液料：粉料：水＝10：(10～20)：14
	中、面层涂料	液料：粉料：水＝10：(10～20)：(0～2)

各层涂膜必须按规定用量取料，不能过厚或过薄，若最后防水层的厚度不够，可加涂一层或数层，直至达到设计规定的涂膜厚度。涂刷遍数、厚度与材料用量见表10-5。

表 10-5　涂刷遍数、厚度与材料用量

涂料型号	涂刷遍数	涂料用量(kg/m²)	涂膜厚度(mm)
Ⅰ型	4	约3.2	1.5
Ⅱ型	4	约2.8	1.5

注：涂料用量均为液料和粉料原材料的用量，不计稀释加水量。

5. 第一次蓄水试验

在最后一遍防水层干固48h后进行蓄水试验，蓄水深度宜为50～100mm，24h后检查无渗漏为合格。

6. 饰面层施工

第一次蓄水试验合格后。即可做饰面层施工。

7. 第二次蓄水试验

在饰面层完工后应进行第二次蓄水试验．以确保厕浴间防水工程质量。

三、防水与堵漏复合施工工艺

这是一种将柔性防水涂料与刚性防水材料复合使用在一起的防水施工工艺。柔性防水涂料选用聚合物水泥防水涂料，刚性防水材料选用堵漏材料“水不漏”。

“水不漏”是吸收国内外先进技术开发的高效防潮、抗渗、堵漏材料，也是极好的粘结材料，该材料分速凝型、缓凝型两种，均为单组分灰色粉料。

（一）产品特性

（1）带水施工、防潮、抗渗、快速堵漏。

（2）迎水面、背水面均可使用，简单方便。

（3）无毒、无害、无污染，可用于饮水工程。

（4）凝固时间可任意调节。

（5）抗渗强度高、粘结能力强，防水、粘贴一次完成。

（6）与基层结合成整体，不老化、耐水性好。

（二）适用范围

（1）适用于一切新旧混凝土和砖面结构的墙体、屋面、厨房、卫生间、地面、坑道、人防工程、地铁、游泳池、污水池、大型蓄水池等工程的防水堵漏。

（2）用于迎水面或背水面防水工程。特别适用于新旧地下防水工程难以解决原大面积渗漏部分的止渗堵漏。

（3）本产品主要用法分别为：速凝型用于渗水面和漏水孔、洞、裂缝的防潮、防水、堵漏；缓凝型用于无渗水面防水、抗渗。

（三）技术指标

凝固时间：1～90min 可调；

抗压强度：>12MPa；

粘结强度：≥1.2MPa；

抗渗压力：透层 7d≥0.4MPa；

　　　　　砂浆 7d≥1.5MPa；

耐高温：100℃，水煮 5h 无开裂、起皮、剥落；

耐低温：−40℃，水煮 5h 涂层无变化。

（四）施工准备

1. 技术准备

做好两种不同防水材料施工要求技术交底，最好先做样板间。

2. 材料准备

聚合物水泥防水涂料和刚性防水材料“水不漏”应有产品合格证，进场材料要按规定抽样复检，不合格的材料不得使用。

3. 主要机具

(1)清理工具：如铲子、锤子、凿子、钢丝刷、扫帚、抹布等。

(2)配料工具：如水桶、台秤、称料桶(盆)、搅拌器。

(3)抹面涂刷工具：如滚子、刷子、刮板、抹子、镏子等。

(五)施工工艺

1. 工艺流程

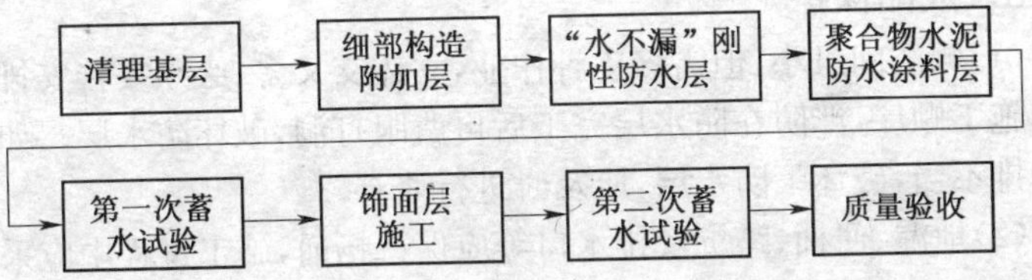

2. 操作要点

(1)清理基层：基面应充分湿润至饱和(但无明水)，并要求牢固、干净、平整、不平处先用水泥砂浆或用“水不漏”补平。

(2)细部构造附加层：要求同聚合物水泥防水涂料施工。

(3)刚性防水层施工：细部构造附加层干固后，将缓凝型“水不漏”按粉料∶水＝1∶0.3～0.35配料(质量比)，将“水不漏”慢慢加入到水中，并搅拌至均匀细腻。

然后用抹子或刮板分两次在基层上涂抹“水不漏”浆料，总厚度1.5mm，材料用量2～3kg/m^2(指粉料)。要求表面抹压平整，阴阳角处抹成圆弧形。具体操作步骤为：

①先用抹子或刮板上第一遍料，每层材料参考用量为1～1.5kg/m^2(指粉料)。待涂层硬化后(手压不留纹即可)将其喷湿，但不能有积水。

②再用抹子或刮板上第二遍料，上料时要稍用力并来回几次刮涂，使其密实，同时注意搭接。

③保湿养护：待涂层硬化后，马上进行保湿养护以防粉化，养护时间2～3d。养护方式可用喷水、盖湿物或涂养护液。在特别潮湿处或涂层上做保护层或粘结块才可免养护。

(4)柔性防水层施工：刚性防水层到达规定的强度后，在其上涂刷聚合物水泥防水涂料。该涂料层分为底层、中层及面层。有关涂刷遍数、防水层厚度、材料用量及施工注意事项等，参见前述聚合物水泥防水涂料地面防水施工的有关内容。

四、质量验收

(1)厕浴间经蓄水试验不得有渗漏现象。

(2)各种涂膜防水材料进场复验后，应符合有关技术标准。

五、成品保护

(1)厕浴间虽小，但需多工种作业，立体交叉多，必须妥善安排各工种的施工顺序，严防在防水层完工后再凿眼打洞，破坏防水层。如果由于安排不当，破坏了防水层，应及时进行修补。

(2)地漏、便桶、蹲坑及排水口等应保持畅通，施工过程中应采取措施加以保护，不允许堵塞灰浆及其他建筑垃圾。

(3)每次涂刷前应清理周围环境，防止尘土污染。涂料未干前不得清理周围环境。

(4)涂膜防水层未干时无关人员不得进入施工现场。在第一次蓄水试验合格后应及时进行饰面层施工，以免损坏防水层。

(5)施工人员不得穿带钉子鞋作业，涂膜防水层施工完毕，要及时清理现场遗留的钉子、木棒、砂浆等杂物。在涂膜干燥前应派人看管，不允许上人踩踏，也不准靠墙立放铁锹等工具。

(6)施工时不允许涂膜材料污染墙面、卫生洁具及门窗等，如有污染应及时清除。